国防科技大学建校70周年系列著作

自动目标识别评估方法及应用

（第二版）

付　强　何　峻　卜凡康　傅瑞罡　著

科学出版社

北　京

内 容 简 介

本书是一本关于自动目标识别评估理论、方法、技术及应用的专著，是作者长期以来科研工作的总结.书中广泛收集了该领域国内外专家的成果，结合作者的研究成果，提出了一些独立的学术见解. 全书共 8 章：第 1 章回顾 ATR 技术发展历程，概述国内外 ATR 评估方法，点明本书特色；第 2 章讨论概率型指标（以识别率为典型代表）的估计；第 3 章讲解如何以识别率为比较准则进行算法的选优和排序；第 4 章阐述多指标的 ATR 评估决策方法；第 5 章探讨 ATR 的技术有效性，使用 DEA 方法进行技术效率评估；第 6 章分析影响 ATR 效率的因素，基于 MPI 定量测算影响因素作用；第 7 章分析 ATR 系统评估结果的可信度问题，提出若干新的研究成果；第 8 章介绍 ATR 评估工具平台并给出应用实例.

本书可供模式识别、人工智能、决策分析等领域的科研与应用工作者阅读，亦可作为有关专业的高年级本科生、研究生和高校教师的参考书.

图书在版编目（CIP）数据

自动目标识别评估方法及应用 / 付强等著. —2 版. —北京：科学出版社，2023.9

（国防科技大学建校 70 周年系列著作）

ISBN 978-7-03-076397-6

I.①自… II.①付… III.①自动识别–评估 IV.①TP391.4

中国国家版本馆 CIP 数据核字 (2023) 第 178678 号

责任编辑：李 欣 孙翠勤 / 责任校对：彭珍珍

责任印制：赵 博 / 封面设计：无极书装

科学出版社 出版

北京东黄城根北街 16 号

邮政编码：100717

http://www.sciencep.com

中煤（北京）印务有限公司印刷

科学出版社发行 各地新华书店经销

*

2013 年 8 月第 一 版 开本：720×1000 B5

2023 年 9 月第 二 版 印张：13 1/4

2024 年 1 月第三次印刷 字数：267 000

定价：98.00 元

（如有印装质量问题，我社负责调换）

总　序

国防科技大学从 1953 年创办的著名“哈军工”一路走来, 到今年正好建校 70 周年, 也是习主席亲临学校视察 10 周年.

七十载栉风沐雨, 学校初心如炬、使命如磐, 始终以强军兴国为己任, 奋战在国防和军队现代化建设最前沿, 引领我国军事高等教育和国防科技创新发展. 坚持为党育人、为国育才、为军铸将, 形成了“以工为主、理工军管文结合、加强基础、落实到工”的综合性学科专业体系, 培养了一大批高素质新型军事人才. 坚持勇攀高峰、攻坚克难、自主创新, 突破了一系列关键核心技术, 取得了以天河、北斗、高超、激光等为代表的一大批自主创新成果.

新时代的十年间, 学校更是踔厉奋发、勇毅前行, 不负党中央、中央军委和习主席的亲切关怀和殷切期盼, 当好新型军事人才培养的领头骨干、高水平科技自立自强的战略力量、国防和军队现代化建设的改革先锋.

值此之年, 学校以“为军向战、奋进一流”为主题, 策划举办一系列具有时代特征、军校特色的学术活动. 为提升学术品位、扩大学术影响, 我们面向全校科技人员征集遴选了一批优秀学术著作, 拟以“国防科技大学迎接建校 70 周年系列学术著作”名义出版. 该系列著作成果来源于国防自主创新一线, 是紧跟世界军事科技发展潮流取得的原创性、引领性成果, 充分体现了学校应用引导的基础研究与基础支撑的技术创新相结合的科研学术特色, 希望能为传播先进文化、推动科技创新、促进合作交流提供支撑和贡献力量.

在此, 我代表全校师生衷心感谢社会各界人士对学校建设发展的大力支持！期待在世界一流高等教育院校奋斗路上，有您一如既往的关心和帮助！期待在国防和军队现代化建设征程中，与您携手同行、共赴未来！

国防科技大学校长

2023 年 6 月

第二版前言

自动目标识别 (Automatic Target Recognition, ATR) 作为信息时代智能化的核心技术之一, 能够根据目标暴露的征候进行分析和判断, 达到辨认和识别场景中感兴趣目标的身份、属性的目的. ATR 技术为目标探测、侦察监视和精确制导等领域的研究提供了有力支持, 具有广泛的应用前景. 由于 ATR 技术的实质是要将目标识别这项重要的任务交由机器完成, 因此如何评估 ATR 所取得的实际作用就显得极为重要.

本书将自动目标识别评估 (ATR evaluation) 定义为以 ATR 作为评估对象的行为活动. ATR 评估能够为 ATR 技术的改进提供决策依据, 并贯穿其整个研制过程, 对促进 ATR 技术的快速发展具有重要意义. 围绕 ATR 技术发展中的现实问题, 本书系统深入地研究 ATR 评估领域中的理论、技术和方法, 广泛收集了该领域国内外专家近年来的研究成果, 融入作者自己的观点和思考, 并进行了总结. 作者还结合在科研项目中取得的实际经验, 对其中一些技术和方法进行了改进创新, 取得了一定的应用基础研究成果. 因而, 本书具有重要的理论意义和工程应用价值.

较 2013 年的第一版, 本书再版时根据 ATR 技术的研究现状及最新发展对绪论进行了更新, 并且增加了第 7 章 "性能预测与可信度检验", 体现作者的最新研究成果. 全书内容与结构除了新增的第 7 章, 尽量保持原有的写作特点; 同时, 更新了参考文献, 特别是在各章内容之后的 "文献和历史评述" 部分, 根据各研究主题的最新发展情况进行了补充和修订. 第二版全书共分八章, 主要内容分别为: 技术发展概述、识别率估计、选优与排序、多指标综合评估、有效性度量、影响因素作用分析、性能预测与可信度检验、评估系统及其应用.

由于 ATR 技术的研究和应用一直处于高速发展中, 书中每章末尾的文献和历史评价就显得十分必要. 简要地列出一些重要参考文献及评述, 目的是让读者能够有重点地选择参考文献进行阅读. 有些文献可能没有在正文中出现, 但对于理解书中的内容大有裨益, 请读者自行选择阅读.

本书可供自动目标识别方向的研究人员、工程技术人员、高校教师等作为专业参考书, 亦可作为有关专业的研究生课程的教学参考书.

本书再版之时又逢国防科技大学筹办 70 周年校庆，学校对本书的出版给予了资助和大力支持，在此特别表示诚挚的谢意！写作过程中，作者参阅和引用了许多国内外专家学者的文献及观点，在此一并鸣谢. 由于水平所限，对某些问题的理解并不一定十分透彻，书中难免有不妥之处，也恳请广大读者批评指正.

付　强　何　峻　卜凡康　傅瑞罡

2023 年 5 月于国防科技大学

第二版前言

自动目标识别 (Automatic Target Recognition, ATR) 作为信息时代智能化的核心技术之一, 能够根据目标暴露的征候进行分析和判断, 达到辨认和识别场景中感兴趣目标的身份、属性的目的. ATR 技术为目标探测、侦察监视和精确制导等领域的研究提供了有力支持, 具有广泛的应用前景. 由于 ATR 技术的实质是要将目标识别这项重要的任务交由机器完成, 因此如何评估 ATR 所取得的实际作用就显得极为重要.

本书将自动目标识别评估 (ATR evaluation) 定义为以 ATR 作为评估对象的行为活动. ATR 评估能够为 ATR 技术的改进提供决策依据, 并贯穿其整个研制过程, 对促进 ATR 技术的快速发展具有重要意义. 围绕 ATR 技术发展中的现实问题, 本书系统深入地研究 ATR 评估领域中的理论、技术和方法, 广泛收集了该领域国内外专家近年来的研究成果, 融入作者自己的观点和思考, 并进行了总结. 作者还结合在科研项目中取得的实际经验, 对其中一些技术和方法进行了改进创新, 取得了一定的应用基础研究成果. 因而, 本书具有重要的理论意义和工程应用价值.

较 2013 年的第一版, 本书再版时根据 ATR 技术的研究现状及最新发展对绪论进行了更新, 并且增加了第 7 章 “性能预测与可信度检验”, 体现作者的最新研究成果. 全书内容与结构除了新增的第 7 章, 尽量保持原有的写作特点; 同时, 更新了参考文献, 特别是在各章内容之后的 “文献和历史评述” 部分, 根据各研究主题的最新发展情况进行了补充和修订. 第二版全书共分八章, 主要内容分别为: 技术发展概述、识别率估计、选优与排序、多指标综合评估、有效性度量、影响因素作用分析、性能预测与可信度检验、评估系统及其应用.

由于 ATR 技术的研究和应用一直处于高速发展中, 书中每章末尾的文献和历史评价就显得十分必要. 简要地列出一些重要参考文献及评述, 目的是让读者能够有重点地选择参考文献进行阅读. 有些文献可能没有在正文中出现, 但对于理解书中的内容大有裨益, 请读者自行选择阅读.

本书可供自动目标识别方向的研究人员、工程技术人员、高校教师等作为专业参考书, 亦可作为有关专业的研究生课程的教学参考书.

本书再版之时又逢国防科技大学筹办 70 周年校庆, 学校对本书的出版给予了资助和大力支持, 在此特别表示诚挚的谢意! 写作过程中, 作者参阅和引用了许多国内外专家学者的文献及观点, 在此一并鸣谢. 由于水平所限, 对某些问题的理解并不一定十分透彻, 书中难免有不妥之处, 也恳请广大读者批评指正.

付 强 何 峻 卜凡康 傅瑞罡
2023 年 5 月于国防科技大学

第一版前言

自动目标识别 (Automatic Target Recognition, ATR) 作为信息时代智能化的核心技术之一, 能够根据目标暴露的征候进行分析和判断, 达到辨认和识别场景中感兴趣目标的身份、属性的目的. ATR 技术为目标探测、侦察监视和精确制导等领域的研究提供了有力支持, 具有广泛的应用前景. 由于 ATR 技术的实质是要将目标识别这项重要的任务交由机器完成, 那么如何评估 ATR 所取得的实际作用就显得极为重要.

本书将自动目标识别评估 (ATR evaluation) 定义为以 ATR 作为评估对象的行为活动. ATR 评估能够为 ATR 技术的改进提供决策依据, 并贯穿其整个研制过程, 对促进 ATR 技术的快速发展具有重要意义. 本书围绕 ATR 技术发展中的现实问题, 系统深入地研究 ATR 评估领域中的理论、技术和方法, 广泛收集了该领域国内外专家近年来的研究成果, 并融入作者自己的观点和思考进行了总结归纳. 作者还结合在科研项目中取得的实际经验, 对其中一些技术和方法进行了改进创新, 取得了一定的应用基础研究成果. 因而, 本书具有重要的理论意义和工程应用价值. 全书共分七章, 主要内容为: 技术发展概述、识别率估计、选优与排序、多指标综合评估、有效性度量、影响因素作用分析、ATR 评估系统及应用.

由于 ATR 技术的研究和应用正处于高速发展阶段, 书中每章末尾的文献和历史评价就显得十分必要. 简要地列出一些重要参考文献及评述, 并非企图记录整个历史发展过程或者赞扬某些研究者, 目的是让读者能够有重点地选择参考文献进行阅读. 有些文献可能没有在正文中出现, 但对于理解书中的内容大有裨益, 请读者自行选择阅读.

本书适用于自动目标识别方向的研究人员、工程技术人员、高校教师等作为专业参考书, 亦可作为有关专业的研究生研讨课程的教材.

本书成稿正值国防科学技术大学筹办 60 周年校庆时节, 学校对本书的出版给予了重点资助和大力支持引领, 在此特别表示诚挚的谢意！郭桂蓉院士对本书研究工作给予了方向的引领和具体的指导, 提出了十分重要的学术意见和建议, 使作者获益良多. 郭桂蓉院士是自动目标识别 (ATR) 领域的开拓者, 在此向这位尊敬的学术界老前辈表示衷心的感谢！同时还要感谢国防科学技术大学 ATR 国防科技重点实验室对本书的全力支持！在本书的写作过程中, 作者参阅和引用了许多国内外专家学者的文献及观点, 在此一并表示感谢.

由于水平所限, 对某些问题的理解并不一定十分透彻, 书中难免有不妥甚至错误之处, 恳请广大读者批评指正.

付　强　何　峻

2013 年 5 月于国防科学技术大学

目　　录

第 1 章 绪　　论

信息时代到来后, 人类生活的各个领域都出现了无缝隙监控管理需求. 探测系统覆盖范围的扩大, 信息化程度的提高, 使得人们已不再满足于对日益丰富的信息进行简单的监视、记录. 深层次的信息利用 (如对场景中感兴趣目标的辨认、身份属性识别等) 的需求越来越迫切. 目标识别就是根据目标暴露的征候进行分析和判断, 达到辨认和识别目标身份、属性的目的. 随着计算机处理能力的提高, 人们希望这一判别过程不需要人的干预自动完成, 因此产生了自动目标识别 (Automatic Target Recognition, ATR) 的概念[1].

1958 年, Barton 通过 AN/FPS-16 雷达对苏联人造卫星 Sputnik II 的外形特征作出准确论断. 世界各国对于雷达 ATR 的研究已有五十多年历史. 在这一期间, 基于雷达、红外以及激光等多种传感器, ATR 技术在军事应用领域中取得了一系列重大进展. 此外, ATR 在医学 CT 诊断、生物特征识别、手写输入、语音鉴别等民用领域中也受到了广泛重视, 并取得了长足的进步. 由此产生的直接问题就是, 如果将目标识别这项重要的任务交由机器来完成, 我们应该如何评估 ATR 所取得的实际作用.

"测试和评估在任何技术的发展和应用过程中都是重要的"[2], 尤其是对于 ATR 这种开放、复杂、高度集成化的应用系统, 更是如此. ATR 评估作为一项新兴课题, 其方法研究在理论探索和实践应用上都存有较大的发展空间. 对于评估方法的深入研究能够指导 ATR 技术的改进优化, 有力地推进 ATR 技术发展. 通过科学的测试评估, 我们可以预测给定的算法或系统的性能, 这正是 "ATR 成为科学的领域所应具备的基本要素"[3].

在 ATR 不断发展的过程中, 有不少学者结合自身的研究背景给出了 ATR 的概念或定义. 借鉴众多观点后, 本书 ATR 的含义是 "具备目标判别功能的实体". 后文中使用 ATR 一词时, 更多指具有目标识别功能的算法或系统等实体. 相应地, 将 ATR 评估 (ATR evaluation) 概括为 "以 ATR 作为评估对象的行为活动".

看到这里, 读者或许对 ATR 评估究竟要研究什么仍然心存疑惑. 作为本书的第 1 章, 绪论部分将着重阐述几个基础问题: 目标识别技术发展概况、贯穿于研制过程的 ATR 评估、评估方法的发展现状、ATR 评估的重要课题等. 显然, 上述问题之间存在着紧密的联系.

1.1　自动目标识别发展概况

1.1.1　基本概念及领域特色

IEEE 图像处理汇刊给出的定义是[4]: 自动目标识别一般指通过计算机处理来自各种传感器的数据, 实现自主或辅助的目标检测和识别. 其中, 提供数据的传感器包括前视红外 (FLIR)、合成孔径雷达 (SAR)、逆合成孔径雷达 (ISAR)、激光雷达 (LADAR)、毫米波 (MMW) 雷达、多/超光谱传感器、微光电视 (LLLTV)、视频摄像机等.

ATR 研究的一个突出特点是强调复杂情况下的应用. ATR 的研究领域包括[3]: 利用各种传感器 (声、光、电、磁等), 从客观世界中获取目标/背景信号; 使用光/电子及计算机信息处理手段自动地分析场景; 检测、识别感兴趣的目标以及获取目标各种定性、定量的性质等. ATR 的理论、模型、方法和技术是实现自然场景中复杂系统自动化、智能化工作的基础. 例如: 机器人装置的技能将更灵活、有效, 从而扩大制造过程的自动化程度, 并促进在恶劣环境下自主式遥控机器人的使用; 新型现代医学成像诊断设备将能自动辅助医疗人员发现病症、诊断疾病, 对病灶进行自动化手术与治疗; 装备自动辨识生物特征系统的机要部门、银行和智能大厦将更加安全、方便; 遥感观测系统将更加快速、可靠地从二维、三维乃至多维的数据中发现矿藏、森林火灾和环境污染; “发射后不管” 的武器系统从复杂背景中检测、识别弱小目标的能力以及从假目标中识别出真实目标的能力将大大增强, 武器的精确性、可靠性及效率将大大提升.

ATR 研究的另一个特点是多学科交叉与融合. ATR 是光电子、智能控制、地球与空间科学、人工智能、模式识别、计算机视觉、脑科学等多学科十分关注的交叉学科前沿[3]. 在各种权威国际刊物和学术会议上, 每年都涌现大量与之相关的理论和应用研究论文.

1.1.2　ATR 技术发展过程

1. 继承与初步发展[1]

目标识别源于模式识别, 发展之初大量继承了模式识别的基本理论和思维方式. 这些理论和方法要点是: 基于不同类别模式的特征在多维特征空间中具有聚集性和可分性的假设, 使用统计和结构化技术对所属类别模式进行判断. 所谓的 “模式” 是指存在于时间和空间中可观测的事物, 在具体应用中往往表现为具有时间或空间分布的信息 (这种分布关系一般是比较确定的). 因此, 模式识别的主要工作集中在特征提取、选择以及分类器的构造这三个方面. 典型的应用包括印刷体汉字识别[5]、视觉系统对空间结构的识别等.

20 世纪 80 年代中期以前, 目标识别可以看作是模式识别理论与方法的应用研究, 主要的工作沿袭了特征提取与选择、模板建库、分类器设计、匹配决策等模式识别的基本处理环节. 以武器系统目标识别为例, 其结构可归纳为如图 1.1[6] 所示的经典模式识别处理流程.

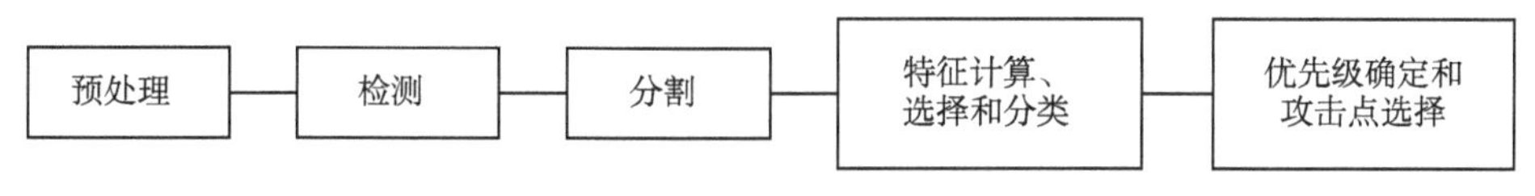

图 1.1[6] 经典 ATR 系统的处理结构

这一时期发表的绝大多数研究论文都循着模式识别的思路, 在特征提取与选择方面取得的成果较多, 主要集中在结合传感器的物理特性来寻找不变特征. 以雷达传感器为例, 研究的目标特征从飞机动力构件调制特征、目标谐振区极点特征、极化散射矩阵的不变量、微动特征, 到雷达成像的各种散射中心、结构特征, 不胜枚举[7]. 特别是随着成像传感器的大量应用, 基于视觉不变性的特征分析方法颇具吸引力, 人们在面向目标提取的可视特征方面开展了大量的研究工作》.

受当时处理器能力的限制, ATR 系统主要采取面向目标 (或局部区域) 的方法来提取特征[6]. 例如, 提取目标的分割算法并不处理整个图像, 而只是处理目标可能位置附近的像素点, 由这些点找到闭合的边界; 之后再根据闭合边界描述的目标提取特征, 通过匹配完成分类识别. 到 1997 年, 基于图像的目标识别研究论文数量众多, IEEE 图像处理汇刊出版了自动目标识别研究的专辑, 从图像处理和分析的各个角度探讨了目标识别问题[3]. 专辑的主要思想仍然沿用传统模式识别的思路, 聚焦在目标本身不变特征的寻找和利用上, 并以此作为特征模板进行匹配识别. 客观地说, 这一时期 ATR 系统的识别能力远未达到人们的预期效果.

然而, ATR 不能等同于传统模式识别. 模式识别最典型的例子是文字识别、机器人对障碍物的识别等, 所要识别的模式不会随时间或空间发生变化, 属于静态场景中的识别. ATR 主要考虑在动态变化场景中的识别问题[8], 而训练 ATR 系统的数据集相对实际情况又非常有限, 导致所建立匹配模板的标准状态与目标的实际状态通常出现较大差异. 例如, 雷达观测条件不尽相同, 目标结构相应发生不同程度的变化, 最终导致用于匹配的特征模板 (或目标数据) 与实际情况不一致.

2. 实践检验与变革[1]

到了 20 世纪 90 年代, 人们开始认识到基于模板匹配方法的局限性, 对此提出运用模型预测来应对实际情况中的目标特性变化[9]. 以雷达目标识别为例, 该类方法的核心是目标对雷达照射电磁波散射的预估模型. 这类 ATR 系统在工作时会根据待识别目标所处状态, 实时计算出候选目标的雷达图像, 然后进行比对判别. 这一时期美国国防高级研究计划署 (DARPA) 组织实施了 MSTAR(Moving and Stationary Target Acquisition and Recognition) 计划, 集中开展了基于数据模板和模型预测的各种 ATR 技术在地面车辆识别中的实用性检验. 经过 20 多类地面目标不同状态下大量实测数据的检验, 发现这种模型预测的匹配方法仅适用于目标受环境扰动较小的情况. 其中一项堑壕遮挡影响的实验很具有说服力: 当 M109 坦克周围堆起 1m 高的土堆作为堑壕时, 识别正确率从没有堑壕时的 95% 降低到 43%. 这说明尽管引入了模型预期机制, 面向目标的方法仍不能很好地解决战场环境下地面装甲车辆的识别问题.

如图 1.1 所示的处理结构很难引入外部信息, 造成目标识别过程中缺少相关知识的利用. 因此, 文献 [9] 建议采用知识推理辅助的方法进行目标识别. 这类方法中, 基于上下文知识 (context) 的目标识别技术首先得到了关注和深入研究[10]. 上下文知识是一种目标或组成部分与相邻客体之间关系的描述, 例如: 目标各组成部分之间的关系、目标与环境之间的关系, 等等. 上下文知识的引入, 意味着目标识别关注的视野不再局限于目标本身, 相邻客体对目标的约束信息也被纳入考虑并做出贡献. 美国军方资助的基于知识的目标识别计划, 主要体现在 "上下文知识" 技术在目标识别中的应用, 例如在 1983 年, 就资助 Martin Marietta 和 Hughes Aircraft 两家公司, 目的是发展一种利用图像上下文信息的人工智能目标识别方法[10].

Hughes Aircraft 公司的方法是一种基于视觉抽象的识别方法. 借助空间黑板的媒介, ATR 系统保持了场景的多级抽象信息用于继承关系的推理. 例如, 最底层可能包括原始的像素、第二层是增强的像素、第三层是对比驱动的线分割、第四层是闭合的分割边界, 等等. 系统保持每个实体的层次化连接关系, 以便回溯查询之用. 一幅图像中各种内在的上下文关系信息 (如战场监视和数字地形数据) 可融入黑板系统, 形成一个表达场景的符号化表示. 模型目标 (如坦克、卡车、APC(装甲人员运输车)) 和它们潜在的上下文关系构成的知识库是知识处理的焦点. 每个模型目标用语义框架维持, 表达其在特定任务场景中将会遇到的期望目标类型. 这种基于知识的模型具有层次化的本质, 便于层次化分类器使用. 分类器试图匹配每一个未知的符号模型, 并与已知的基于知识的模型进行对比, 最终确定目标的类别属性和对应的分类置信度.

Martin Marietta 公司的方法与 Hughes Aircraft 公司稍有不同. 不像黑板结构那样从底层到高层都整合人工智能, 它把不同层次的知识分开来独立处理. 在原有 ATR 系统的基础上, 增加全局区域分类、运动目标指示、先进的目标识别等处理算法. 当与数字地图、监视数据、天气条件、时间段等形式的辅助数据进行组合时, 这些信息构成一个符号化的场景表达反馈给上下文分析器. 这个上下文分析器是基于模型的规则推理系统, 能够根据场景上下文进行推理, 确定真实目标和区域的分类. 识别的置信度则由证据框架提供, 采用原有 ATR 的输出作为分类置信度的初值, 系统采用三种类型的上下文证据 (否定证据、支持证据和中立证据), 对分类识别结构进行更新. 例如: 目标在湖里的事实是坦克存在的否定证据; 在陆地上是支持证据; 目标是一块大石头则是中立证据.

3. 蓬勃发展时期[1]

20 世纪 90 年代中期以后, ATR 技术在许多应用领域都取得了重要突破. 在人体生物特征识别领域, 就不乏成功的范例, 例如指纹识别、DNA 鉴别. 这些成功实例的共同特点是可以通过纯技术手段来实现, 属于本领域特性认知基础上的 "点" 识别技术. 这些技术所利用的信息变化相对稳定, 且信息内涵单一 (如单纯的生物特征). 识别时不需要更多相关领域知识的利用, 是在很低的知识维度上进行的标准化处理. 可以预见, 只要特定领域通过基础研究找到了这样的具有标识性的信息特征, 该领域的识别就可望取得较好的应用. 因此, 人们寻找不同应用领域新特征量的研究热情始终非常高涨. 生物基因工程是目前最活跃的领域, 人类基因组的破译就是一个范例. 这也反映了当前目标识别的技术水平, 我们还不能很好地驾驭不够稳定的、内涵丰富、多种来源的信息.

多源异质信息的综合利用需要借助大量描述信息之间关系的知识. 相比较而言, 追溯同质信息随时间的变化规律更容易实现一些, 医学上用的动态心电仪就是这样的例子. 动态心电仪通过查找心跳在一天内的变化特征来辅助病情诊断. 该仪器对于信息的利用已经把 "点" 知识沿时间轴扩充为 "线" 知识, 从而增加了判断可检验的维度. 因此, 寻找已有特征信息随时间变化的规律, 也是目标识别领域研究的一个前沿性课题.

对于军事目标来说, 其场景多样性决定了以现有的技术手段很难找到 "放诸四海而皆准" 的特征信息. 甚至, 特征信息随时间变化的活动规律也不是一成不变的, 引入与目标环境相关的知识作为主要的解决思路, 也是一种不得已的办法. 因为这样做可以控制和减少各种不确定因素的影响, 提高目标模式搜索匹配的效率. 另外, 军事领域的目标识别是对目标做出具有军事语义的解释, 这也必然需要感知数据以外的其他信息 (没有这些信息和作战规则方面的知识, 即使是军事领域的专业人员, 其目标识别结果的信任程度也会很低). 若要将一些与观测信息存在较大跨度的领域知识纳入处理系统, 还必须借助现有扩充知识体系的技术手段, 如本体论方法[11]、可视化方法[12] 等.

值得一提的是 "知识辅助的目标识别方法"[1]: 人对外界事物的认知具有联想记忆的特点, 善于运用相关的背景知识辅助认知, 并非对事物本身外在表现的死记硬背. 它将待辨认的事物纳入到与之相关的背景知识体系之中, 通过异同点的比较建立与已有知识体系的联系. 因此, 人是从全局知识体系的角度来认知外物的, 通过建立联系也将外物融入已有知识体系当中. 从这一认知规律来看, 知识辅助的目标识别技术更接近于人类认知的本来面目, 或许能够成为 ATR 技术未来的发展方向. 然而建立全局知识体系还有赖于人工智能的重大突破, 远非现有技术手段所能掌控. 因此, 当前知识辅助的 ATR 技术研究, 更多地体现在利用全局知识体系中可量化或规则化的知识点. 例如, 如果所利用的知识点主要反映时间维度上的联系, 知识辅助的目标识别就是积累规律辨识的识别方法; 如果所利用的知识点主要反映特性维度上的差异, 就成为特征参数比对的方法.

下面用 "车辆目标运动状态估计来推断车辆类型" 的例子, 说明如何引入背景知识辅助对识别结果的判断. 这个例子的基本思路是: 根据对车辆位置的测量, 估计车辆的运动状态, 并与将来时刻车辆实际位置进行比较, 得到车辆类型的判断. 如图 1.2[1] 所示, 除了直接测量目标不同时刻所在位置外, 还需要引入多种外部信息以及这些信息与所求解问题的关联性知识. 这些信息和知识包括土壤含水量, 道路的谱特征、结构特征, 道路的长度和边缘, 道路上的车辆情况等, 这些都是能够通过其他手段获取的物理量. 根据这些物理量, 可以推测道路的坡度和弯度、路基的稳固程度、道路的可通过能力以及道路上交通拥挤的程度等与状态估计问题密切相关的外部变量. 外部变量在一定程度上决定了各种车辆在特定道路上可达到的最大速度. 而车辆的类型及其可达到的最大速度、车辆的当前速度和路径等都是求解目标状态的隐含变量. 利用这些隐含变量, 可以预测车辆下一时刻到达的位置, 并能通过对问题物理量的连续观测, 进行数据的印证, 从而实现车辆类型的推断[13].

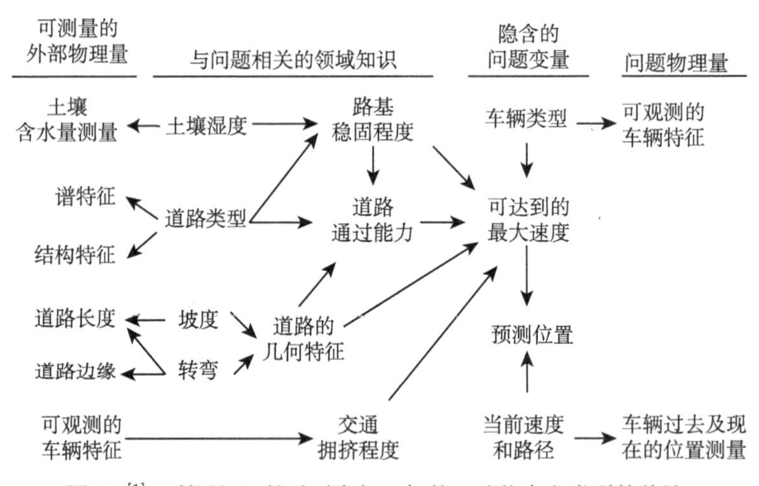

图 1.2[1]　利用知识辅助对车辆目标的运动状态和类型的估计

上面这个例子是合成孔径雷达 (SAR) 车辆目标识别应用的典型实例. 由于成像空间分辨率等原因, 待识别车辆的类型很难做出准确判断. 借助地理信息系统及环境条件确定道路类型, 进而引入通行能力的知识, 为后续关于目标状态和类型的时空推理提供了有力的支撑. 因此, 基于地理信息的识别技术得到了广泛重视, 其标志是美军的地理空间情报系统[14]. 该系统将传感器发现的战场目标叠合在地理信息之上, 通过空间关系推理, 将重要地标等信息融入识别当中.

另外一些具有代表性的阶段性成果包括[3]: 美国国防高级研究计划署提出的"自动目标识别的计算智能"需求, 旨在改进基于模型的目标识别算法的有效性, 并促进其他创新方法的研究. 鉴于低级哺乳动物对视觉景象的解释都比目前的 ATR 技术好得多, 采用生物模型成为新算法设计的重要技术途径之一. 美国海军水面作战中心把仿生神经网络用于红外/激光雷达识别目标, 据称不受目标/背景亮度、对比度反转和相对传感器几何关系等因素的影响. 美国 ID 图像公司、哥伦比亚大学、麦道公司联合研制的用于面向跟踪识别的凝视算法系统, 也采用了仿生设计, 以视频速率进行 ATR 和跟踪.

另一个受到越来越多关注的领域是视频自动监视. 关注点集中在复杂环境中实时观察人和车辆, 以达到对目标行为和相互关系的描述和理解. 自动监视系统在商业、执法、军事上都有迫切的应用需求. 与当前流行的记录式 (事后审查记录图像数据) 电视监控系统不同, 自动监视系统能够及时警告安全人员预防犯罪事件发生、测量交通流量、检测高速公路上的交通事故、监视公共场所的人员拥挤等. 其中主要的技术难题包括移动目标检测和跟踪、目标的分类、运动分析和活动理解等. 该研究方向涉及计算机视觉、模式分析和人工智能的许多核心问题. 复杂环境中并非所有运动都是感兴趣目标的运动, 这就是所谓的运动杂波干扰问题. 如何滤除运动杂波的干扰实现运动目标的识别, 也是特别值得研究的课题 [3].

可见, 目标识别逐渐摆脱了传统模式识别思路的束缚, 关注的视野从目标本身的局部信息逐步放大到目标所处的环境背景. 这个时期目标识别研究的范围, 已经扩展到与待识别目标发生作用的更广泛、更全局的信息使用上来.

4. *深度学习方法*[15]

早期的自动识别方法大多采用神经网络分类器[16-18], 从输入的图像或信号中进行训练学习已完成目标识别任务[19]. 近年来新兴的人工智能深度学习理论与方法的不断进步, 一般将这类新方法称为深度学习方法. 深度学习方法的里程碑事件是 AlexNet 网络在光学图像 ATR 中的巨大成功[20]. 随后深度卷积神经网络 (Convolutional Neural Networks, CNN) 在声呐图像、雷达图像等 ATR 研究领域中取得了广泛应用[21-23], 其技术特点为利用 CNN 来完成特征提取和分类识别全过程[24]. 各类深度学习网络已被应用于多种输入形式的 ATR 算法或系统, 包括一维距离像、红外图像和 SAR 图像[25-34], 还在具体的应用中与完全学习机[35]、联合稀疏表示[36]、深度嵌套[37]、注意力机制[38] 等方法相结合, 并有不少成功案例.

但是, 近期研究也发现了某些深度卷积神经网络在抗欺骗方面存在一定缺陷[39-40], 开展对抗条件下的鲁棒神经网络研究已成为当前研究的一个热点[41-44]. 此外, 深度学习方法的 "可解释性" 较差, 而这一点却往往是军事背景的 ATR 技术需要回答的问题[45]. 军用 ATR 领域的另一个突出问题是需要识别大量的非合作目标, 因而缺乏足够数量的真实标记数据. 如果可以通过将一个训练好的网络应用到另一个相似任务中进行识别[46], 无疑具有重要的军事应用价值, 因此, 有关迁移学习[47-52] 方面的研究也成为当前深度学习 ATR 的一个研究热点.

1.1.3 对于 ATR 的认识

1. 高峰后的再认识[1-3]

ATR 技术在战场侦察、监视、制导等方面的重要性不言而喻. 以雷达目标识别为例: 从 20 世纪 50 年代末国外学者开始雷达目标识别领域的技术研究[53], 其后经历了冷战时期弹道导弹防御、80 年代到 90 年代精确制导武器以及反恐作战三个阶段, 促进了目标识别技术的快速发展. 美国对于自动目标识别技术的研究在 1997 年达到巅峰, 无论是从发表的学术论文, 还是美国政府支持研究所产生的报告数量, 都是如此[54]. 然而, 科索沃战争成为一个明显的转折点. 北约具有强大的空中优势, 空中照相侦察提供了前所未有的高清晰、宽谱覆盖的战场信息, 精确打击武器的命中精度无与伦比, 但是南联盟的地面坦克部队最终几乎完好无损. 此后, 美国政府支持研究的强度迅速下降, 以至于科索沃战争之后, 美国军方对 ATR 技术的信任度大为降低. 美国军方态度的巨大转变使人们意识到, 解决战场目标识别问题还任重道远[8]. 我们有必要重新审视目标识别几十年的发展历程, 对目标识别的理论方法进行重新梳理.

人类对客观世界的认知, 为我们提供了目标识别研究最直观、最生动的启迪. 我们完全可以类比人的认知方式, 重新思考目标识别技术的内在规律. 我们知道, 人的认知过程符合从简单到复杂、从特殊到一般的规律. 从前面分析也可以看到, 目标识别从比对目标自身不变特征参数开始, 逐步发展到利用目标的相关信息与知识的 "广义目标识别" 阶段. 据此, 文献 [1] 按照不同发展阶段的特点, 将目标识别分为以下三种方式.

(1) 特征参数比对

这种识别方式源自经典的模式识别理论, 适用于目标明确、孤立的场景. 识别的一般流程为: 首先, 获取的传感器信息, 提取能够有效刻画目标的稳定、唯一的特征或模型参数 (例如, 反导预警雷达提取弹头的微运动特征); 随后, 将所提取的特征参数与已知目标特性数据库中的模板或模型进行匹配, 实现目标分类识别. 特征参数比对的识别, 注重在目标特性维度上挖掘信息的可区分度, 所采用的技术手段主要表现在特征有效性分析和分类器容错设计两个方面.

(2) 积累规律辨识

当目标状态具有动态变化的不确定性时, 仅依靠某一时间点上的特征参数比对就难以解决识别问题. 这是因为, 一方面实际中很难获得完备的目标特征参数; 另一方面, 目标之间的差异很难在较小的时空观测范围内被察觉. 因此, 目标识别的另一个方式, 就是通过寻找特征参数的变化规律来辨识目标, 即考虑目标的行为特点. 例如, 当辨识在轨工作和失效卫星时, 一段时间内获得的轨道特征仍不足以可靠地区分; 而当通过较长时间观测, 获得轨道特征的变化规律 (轨道长半轴是否衰变) 后, 两类目标的辨识才成为可能. 再比如对弹头和伴飞诱饵的区分, 同样需要一段时间的观测信息积累, 才能根据雷达反射信号的周期性变化规律找出目标姿态变化的特点, 保证识别的可靠性. 积累规律辨识的识别, 重在挖掘观测数据在时间维度的内部变化规律, 所采用的技术手段主要是信号积累或数据互联的相关技术.

(3) 知识辅助识别

当目标本身提供的识别信息非常有限, 且易受环境因素影响时, 如果目标与周围环境具有较强的依赖关系, 就可以引入有关目标的背景知识并将其转化为对直接测量信息的约束. 这种借助领域知识或经验的识别方式, 文献 [1] 称为 "知识辅助识别". 实际上, 目标识别要比判断目标是否出现更为困难. 识别程度和对象的范围较广时, 单一的信息来源往往不具备充分的排他性. 因此, 复杂场景中的目标识别更需要借鉴知识辅助识别的思路. 知识辅助识别所能够采用的技术手段十分丰富[10], 既可以采用贝叶斯理论将知识转化为先验概率, 也可以借助人工智能的研究成果构建专家系统. 目标本身结构特点以及与环境相互作用产生的新特征, 可以通过判断规则、发生概率、关系图等知识表示和转化方式, 融合到目标识别的信息处理流程中. 背景知识与直接观测得到的特征具有完全不同的信息特性, 二者的有机结合是智能化识别的必由之路. 例如, 轮式和履带式车辆的区分可以用是否在道路上行进作为一条辅助判别依据; 又比如对海上舰船目标的识别, 尾迹特征与目标的关联性是重要的辅助判别依据.

以上三种识别方式, 分别对应了认知过程从 "点" 到 "线" 或 "面", 再到 "体" 的三个阶段. 特征参数比对是在 "点" 上思考问题, 积累规律辨识建立在 "线" 或 "面" 的基础上, 知识辅助识别是从整个知识 "体" 的角度探讨识别问题.

实际中遇到的目标识别问题, 依靠单一的方法一般难以解决, 因为识别效果主要取决于目标特性信息的积累和关联方式. 如果目标特性通过与周围空间环境的相互作用来呈现, 就需要构建依托空间环境的知识辅助识别系统. 比如地理空间情报系统就是将目标特性与地理信息相结合, 才能够较好地解决固定或慢速移动目标的识别问题. 如果目标特性主要反映在时间变化上, 则需要依托目标状态估计系统在时间维度上寻找特性变化规律. 空间目标识别就是典型的例子, 比如将目标状态随时间的变化转化为轨道根数及其变率, 就可以作为一类有效的识别特征. 另外, 识别的难度越高, 要求目标特征信息在时间、空间等维度上积累的效率也越高. 例如, 对于导弹目标的识别, 就应在时、空、频、极化几个维度上同时展开, 以便在最短时间内获得弹道目标最丰富的信息约束关系. 这种约束首先可以起到运动杂波过滤的作用, 因为一些偶然进入或离开视场中的物体 (如脱落的头罩等伴飞物) 并不满足感兴趣目标的运动特征[55]. 通过信息积累过程中对目标特性的不断筛选, 实际上也就完成了大部分的目标识别任务.

2. 认知 ATR 的视角[15]

从识别的基本原理来看, ATR 可归于模式识别范畴, 关注的是目标特征问题, 这是从特征识别的视角来认知 ATR. ATR 系统的性能与任务需求、探测器及平台特性、目标环境状态以及整个探测体系支持等都直接相关, 其能力是系统各相关功能的集成, 因此需要从任务驱动、系统资源优化调度以及整个探测体系支撑等视角来分析与理解. ATR 系统具有固有的不确定性, 需要从不确定性的视角来认知 ATR. 学习能力是任何识别系统的核心支撑, 因此要从开放环境动态学习的视角来认知 ATR 系统自组织、自生长的内在需求. 图 1.3[15] 示意了从特征识别、任务驱动、优化调度、体系支撑、不确定性和动态学习 6 个不同视角来认知 ATR 的内涵与特点.

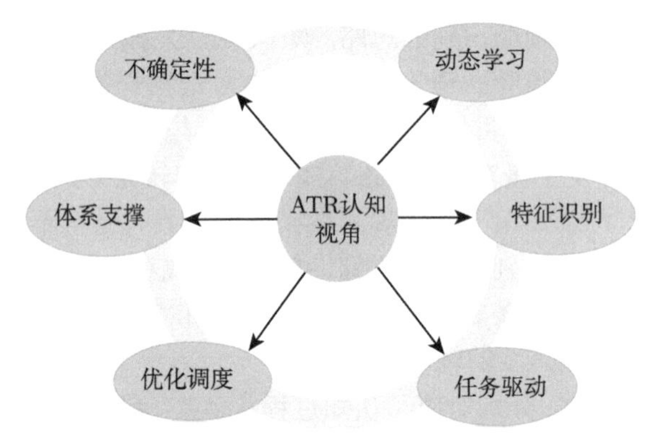

图 1.3[15] ATR 的认知视角

1.1.4 困难与挑战

ATR 是一个多学科交叉的领域, 其发展离不开传感器、处理算法、处理系统结构、硬件/软件系统及其评价等诸多方面的各种理论、方法、技术和专门知识. 从发展历程来看, ATR 在传感器和处理硬件上已取得重要进步, ATR 算法也正在取得大的进展. 但是, 由于实际问题的复杂性, 目前真正实用的 ATR 系统仍然很少. ATR 技术发展所面临的困难主要有[3]

1) 目标信号的变化、传感器参数、目标现象学、目标/背景相互作用等因素引起的组合爆炸.

2) 在面对变化中的复杂背景时, 要求 ATR 系统必须保持低的虚警率和实时运行能力.

3) 当给定实际有限的数据集时, 如何评估和预测 ATR 系统的整体性能, 因为这些数据很可能不能充分代表所有的实际情况.

4) 能够随时嵌入一个新的目标并在线训练算法, 进而使得 ATR 系统更灵活地应用于实际的复杂环境.

除了目标识别问题的内在复杂性以外, 目前 ATR 领域也缺乏系统、科学的测试评估方法. ATR 评估方法研究的不足, 导致对于许多新的技术途径, 只能采用在实践中逐步摸索的经验性方法来区分良莠. ATR 评估正是要致力于改变这一现状. “最重要的是把 ATR 从一门艺术 (art) 转变为一门科学 (science). 这将允许对一组给定的 ATR 算法, 可以预测它们的性能, 这是一个成为科学的领域所应具备的基本要素. ”[3] “可以肯定, 未来实用的 ATR 系统的诞生, 必将先建立在有效的 ATR 性能测试评估系统上. ”[56]

1.2　各研制阶段的 ATR 评估

ATR 评估实际上贯穿于整个 ATR 研制过程. 以研制一个 ATR 算法为例, 图 1.4[57] 给出了 ATR 评估在各个阶段的不同内容.

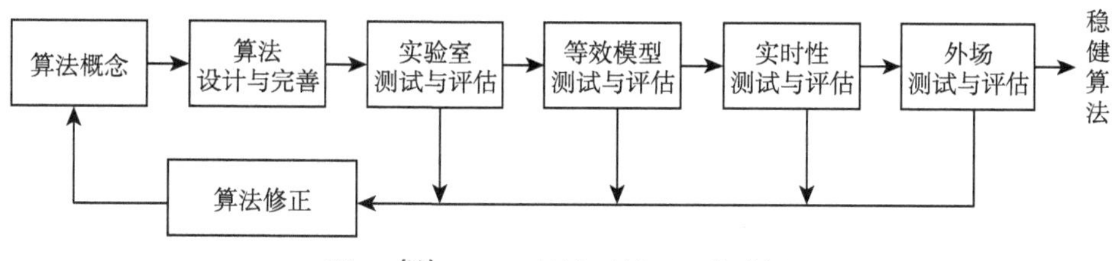

图 1.4[57]　ATR 算法研制及评估过程

尽管 ATR 评估是 ATR 技术研究中非常重要的环节, 但最初并未引起足够的重视. 因此, ATR 评估方法的研究相对滞后, 在一个时期内甚至成为 ATR 技术发展的瓶颈. 近年来, 随着 ATR 技术的快速发展与实际应用, 各国普遍加强了 ATR 评估理论与方法的研究力度. 重视并加强对 ATR 评估理论与方法的研究, 已成为深入持续发展 ATR 技术的迫切需求和必然趋势.

ATR 评估在各个研制阶段的侧重点有所不同:

1) 实验室测试与评估阶段: 侧重于评估是否具备 ATR 功能, 仅有少量甚至只有一个评估指标 (如识别率). 这一阶段需要解决的主要问题是 ATR 评估指标的定义与度量.

2) 等效模型及实时性测试与评估阶段: 侧重于评估 ATR 是否具有实用化潜力, 评估指标的数目和类型都将增加. 这一阶段需要解决的主要问题是多种类型的多指标 ATR 综合评估.

3) 外场测试与评估阶段: 侧重于评估各种实际工作条件下的 ATR 性能, 可能仍使用前阶段的评估指标, 但重点在于分析各种实际条件下的性能变化 (通过一些指标值反映). 这一阶段需要解决的主要问题是各种工作条件下的 ATR 实用性检验与分析.

1.3 ATR 评估方法概述

根据 ATR 评估在不同阶段的侧重点, 将 ATR 评估方法的研究概括为三个方面: 指标定义与度量、多指标综合评估、实用性检验与分析.

1.3.1 ATR 评估指标

指标的定义是开展评估工作的基础. ATR 评估中存在多种类型的指标, 各类指标反映评估对象不同侧面的特性. 使用某个指标进行 ATR 评估, 实际上就是以该指标作为价值评判的准则.

1. 性能指标

ATR 评估指标可以分为性能指标和代价指标两大类. 其中, 性能指标的定义与度量是 ATR 评估方法研究中开展较早的内容. 原因之一在于, 识别算法或原理系统作为评估对象, 以往的考核重点放在识别性能方面. 伴随着 ATR 技术的发展, 对性能指标 (Measures of Performance, MOP) 的研究也开展了较长时间. 许多机构和学者结合自身的研究领域, 提出了不少性能指标及度量方法, 大致可概括为以下几类.

(1) 混淆矩阵

混淆矩阵 (confusion matrix) 是一种被广泛使用的性能指标, 其基本形式是由行和列构成的二维表, 因而也可以抽象为矩阵形式. 混淆矩阵中的单元格 (cell) 可用一个二维坐标 (i, j) 定位. 单元格 (i, j) 内的数据表示, 当目标 i 出现时, 判定为目标 j 的次数或可能性. ATR 的全过程可用一个完整混淆矩阵来记录, 但实际应用中往往将之分解为检测混淆矩阵和分类混淆矩阵.

以混淆矩阵为准则进行 ATR 评估, 实质上是对比二维表格所含的数据, 并研究这些数据的实际意义. 最常见的方法是考察对角线上单元格中的数据, 因为这些数据反映了 ATR 过程中对各类目标的识别能力. 不同的混淆矩阵在差异明显时可以直观比较, 但差异较小时就难以比较. 为此, 文献 [58] 提出一种基于混淆矩阵的评估方法, 其本质是做皮尔逊 (Pearson) χ^2 拟合检验. 文献 [59] 则将混淆矩阵作为列联表, 从关联性和一致性的角度作了深入讨论, 其中许多结论对于 ATR 评估方法研究具有借鉴意义.

(2) 概率型性能指标

混淆矩阵可以记录 ATR 过程中不同目标类属 (object-taxonomy) 层次上的识别结果, 但由于所含单元格较多, 不便于度量与比较. 概率型性能指标 (probability performance measures) 作为另一类常用指标, 就显得更灵活方便.

概率型指标反映 ATR 过程中特定事件的发生概率. Ross[60] 结合 SAR ATR 技术背景, 发展出一个较为庞大 (含 100 个左右指标) 的概率型指标族, 其中的核心指标包括: 检测概率 (Probability of Detection, P_{DET} 或 P_D)、虚警概率 (Probability of False Alarm, P_{FA})、正确种类识别概率 (Probability of Correct Classification, P_{CC})、正确类型识别概率 (Probability of Correct Identification, P_{ID}) 和判别概率 (Probability of Correct Declaration, P_{DEC}) 等. 虽然各种概率型指标的定义明确, 但实际情况下 ATR 测试的次数必然是有限的. 于是, 以概率型指标为准则的 ATR 评估一般都可以抽象为统计推断问题. 文献 [61] 采用求解置信区间的方式研究了概率型指标估计问题, 并提出若干估计准则; 文献 [62] 通过假设检验方式研究了 ATR 系统识别率是否达标的问题.

(3) 数率型性能指标

数率型性能指标是 ATR 评估中一类常用指标, 典型例子是图像 ATR 系统的虚警率 (False Alarm Rate, FAR).

FAR 反映检测过程中将图像背景中的干扰 (clutter) 误认为目标的虚警次数. FAR 与 P_{FA} 在概念上有相似之处, 但二者并不等同: FAR 反映在检测无目标区域 (图像) 时的虚警次数, 有具体量纲, 如次数/km^2、次数/帧、次数/秒等; 而 P_{FA} 反映检测决策过程中将非目标 (non-target) 错判为目标的可能性, 这种可能性采用概率描述即为虚警概率, 无单位可言. 文献 [61] 采用不同的统计模型 (以 Poisson 分布描述 FAR, 而以 Bernoulli 分布描述 P_{FA}) 区分了这两个指标的内涵.

(4) 基于 ROC 曲线的性能指标

ROC(Receiver Operating Characteristic) 曲线最早出现在雷达目标检测领域, 用于描述接收机检测概率和虚警概率之间的制约关系. 通过 ROC 曲线, 可以全面了解接收机的检测性能. 随后, ROC 曲线逐步应用于其他研究领域, 如医学图像研究中诊断 (识别) 系统的评估. 近年来, ROC 曲线还被陆续应用于机器学习、数据挖掘等领域的评估研究.

获取 ROC 曲线的方法可分为参数法和非参数法两类. 参数法适用于两类目标决策变量概率分布已知的情况 (常假设两类变量均服从正态分布); 非参数法则适用于决策变量概率分布未知的情况. 在基于 ROC 曲线的众多性能指标中, 最常用的是曲线下面积 (Area Under the Curve, AUC). 对于参数法, 可通过解析计算获得 ROC 曲线的 AUC; 对于非参数法, 只能通过插值等方法近似计算 AUC. 文献 [63] 对 AUC 的计算进行了较为系统的总结. 除了 AUC 外, 基于 ROC 曲线的性能指标还有: 平均度量距离 (average metric distance)[64]、改进的 SAUC(Scored AUC)[65]、考虑错分代价的最佳工作点、考虑拒判的 P_{FP}-P_{TP}-P_JROC 曲线[66]、针对多分类情况的 VUS (ROC 表面下体积)[67] 等. 此外, 一些研究人员对 ROC 曲线的坐标轴进行了改进. 例如, 纵轴由 P_{DET} 改为 P_{CC}[68], 横轴由 P_{FA} 改为 P_{DET}[69] 等. 这些改进后的 ROC 曲线同样被广泛使用. 文献 [70] 系统总结了基于 ROC 曲线的性能指标, 并且比较了几种典型指标的评估效果.

(5) 可信度性能指标

很多 ATR 算法具有 "软判决" 功能. 也就是说, 在完成识别任务的决策过程中, 能够产生中间变量, 如似然比[71](likelihood ratio)、匹配分数[72-73](matching score)、均方误差[74](Mean Square Error, MSE) 等. 这些中间变量提供了丰富信息, 可用于深入了解 ATR 过程及结果的可信度. 因而, 由中间变量形成的 "软判决" 与传统的 "硬判决" 一起, 逐渐成为 ATR 评估的研究内容. 文献 [75] 在评估 Thales 防空体系对非合作目标的识别性能时, 就分析了识别结果的可信程度.

随着 ATR 结果由传统的二值变量向连续的决策变量发展, 出现了一些可信度性能指标 (confidence MOPs). 文献 [76] 研究了可信度性能指标的基本理念、定义方式、估计方法、评估试验设计等问题, 分别从信息论和统计论的观点出发, 引入了 4 种可信度指标, 分别为: 平均标准互熵 (mean Normalized Cross Entropy, mean NCE)、最小标准互熵 (minimum NCE)、后验估计错误 (Error in the Posterior estimate, EP) 和分段后验估计错误 (Binned EP, BEP). 其中, EP 与文献 [70] 和 [77] 定义的 RMSD(Root Mean Squared Difference) 指标等价. 可利用混淆矩阵计算的指标还有自评价分数 (self-assessment score)[78] 等. 但总的来说, 可信度性能指标的定义与度量方法均有待完善.

2. 代价指标

在 ATR 技术的实用化过程中, 需要考虑为实现目标识别功能而占用的各项资源. Ross 等[79] 认为: 性能 (performance) 和代价 (cost) 是 ATR 技术中相互牵制的两个方面; 对于性能指标和代价指标, ATR 评估过程中应该加以区分. 为此, 文献 [79] 对照 "性能指标" 提出了 "代价指标"(cost measures) 的概念, 并从数据采集 (data-collection)、数据存储 (data-storage) 和数据处理 (data-processing) 三个方面阐述了这一概念的具体含义.

1.3.2 多指标 ATR 评估

运用多项指标进行综合评估是认知事物的重要方法. ATR 系统作为一个复杂的工程系统, 显然需要采用多个指标才能实现综合评估. 针对一般性的多指标综合评估问题, 国内外学者进行了大量的理论研究, 提出了多种综合评估模型与方法. 从最初的评分评估法、组合指标评估法、综合指数评估法、功效系数法, 到后来的多元统计评估法、模糊综合评判法、灰色系统评估法、AHP 法, 再到近年来的数据包络分析 (DEA) 法、ANN 法等, 评估方法日趋复杂化、多学科化. 多指标综合评估已成为一种边缘性、交叉性的科学技术.

尽管多指标综合评估的研究成果相当丰富, 但针对 ATR 技术背景的多指标评估方法研究却很有限. 目前 ATR 评估研究中的多指标评估理论体系主要有以下几种.

1. 价值/效用函数体系

客观事物的评判结果与决策者价值取向密切相关. 多属性价值函数是决策者对多个确定性属性 (指标) 后果的价值量化; 而多属性效用函数则反映多个不确定性属性后果对于决策者的实际价值. 从决策者价值取向的角度来构建评估模型, 是求解多指标 ATR 评估问题的一类重要技术途径.

2002 年, Klimack 和 Bassham 等在分析 ATR 技术发展中面临的规划决策问题时, 将决策分析 (Decision Analysis, DA) 理论引入到 ATR 评估研究中. 在文献 [78] 中, Klimack 以价值 (value) 函数和效用 (utility) 函数作为不同量纲属性的转化工具, 其评估思路是: 首先建立具有树状结构的指标体系; 然后对指标体系进行赋权, 并获取底层指标的价值 (效用) 函数; 最后给出多属性价值 (效用) 函数, 得到评估对象的综合价值 (效用). 随后, Klimack 又提出了一种混合的价值/效用 (hybrid value-utility) 模型[80-81], 并将整套理论方法运用于 ATR 评估研究.

Bassham[58] 等采用价值/效用函数理论体系, 对多指标的 ATR 系统评估问题进行了仿真分析. 根据不同评估目的, Bassham 分别研究了针对 ATR 技术研究人员的评估者决策 (evaluator DA) 模型和针对 ATR 系统装备使用人员的作战者决策 (warfighter DA) 模型, 两种决策模型都能够根据多个评估指标给出 ATR 系统的综合价值 (效用). 其中, 作战者决策模型采用一些反映 ATR 技术提升作战效果的效能指标 (Measures of Effectiveness, MOE), 因而需要将部分性能指标 (MOP) 通过作战模型 (combat model) 转换为效能指标. Bassham 取得的研究成果有助于决策者知道, 怎样的性能组合 (多个性能指标值构成的决策向量) 才能在实战环境中发挥出最佳的综合效能.

2. 模糊综合评估体系

ATR 系统是典型的复杂系统, 在多指标综合评估过程中需要结合决策者的主观判断. 而人们在判断复杂事物的过程中, 往往蕴涵了大量模糊性因素. 国防科技大学李彦鹏等人基于模糊综合评估理论, 提出了用于 ATR 效果评估的理论体系. 该理论体系借助模糊数学理论, 将一些难以精确表达的模糊性因素变成模糊集, 并利用这种柔性的数据结构提供决策信息. 李彦鹏等的研究成果主要有: 评估参照信息选择及测度方法、识别效果评估指标体系、多种综合评估模型与方法, 以及一些仿真与实例研究. 其中, 比较典型的多指标评估方法有: 基于模糊综合评判的方法、基于 Sugeno 模糊积分的方法、基于模糊聚类的方法、基于模糊游程理论的方法、基于测度论的方法以及基于 Lyapunov 稳定性理论的方法等. 文献 [2] 综述了模糊综合评估体系.

1.3.3 ATR 实用性检验

实用化是 ATR 技术的发展要求. 实用检验技术与分析方法的研究与 ATR 技术自身的研究是紧密结合在一起的. 例如, 对分类器泛化能力的研究中就包含了实用性检验内容. 20 世纪 80 年代中期, 人们测试了许多 ATR 系统在不同场景中的性能, 从而认识到: 已有 ATR 系统的主要局限在于无法适用于各种工作场景. 研制实用化的 ATR 系统至今仍是极具挑战性的课题, 而相关问题就是, 如何检验并分析 ATR 适应实际工作环境中的能力.

客观世界的复杂性决定了 ATR 系统所面临的观测样本空间具有无限维度. 对工作条件多样性的分析是定义实用性概念的前提, 也是检验 ATR 实用性的基础. 对于基于图像信号的 ATR 系统, Bhanu[6] 早在 1986 年就分析了其观测空间的多样性, 提出了一些需要着重考虑的观测要素, 如地形、气象、光线情况等. Ross 等[82] 结合 MSTAR(Moving and Stationary Target Acquisition and Recognition) 的研究背景, 对 SAR 图像 ATR 进行了深入剖析, 提出了工作条件空间 (operation condition space) 的概念, 将每一个可能影响 ATR 性能的因素都作为工作条件的一个维度, 并将因素归纳为目标、环境和传感器三类.

以上对工作条件多样性的研究都结合了具体的应用背景, 如前视红外 (FLIR) 图像 ATR、SAR ATR 等, 由此造成不同应用背景下的分析方法各不相同. 对此, Ross 等[79] 针对一般性的情况, 给出了基于模型 ATR 系统的工作条件定义. 他们还定义了测试条件 (testing condition)、训练条件 (training conditions) 和建模条件 (modeled condition), 用于评估 ATR 系统的准确性 (accuracy)、稳健性 (robustness)、扩展性 (extensibility) 和有效性 (utility). 大部分情况下, ATR 评估可以通过训练和测试完成, 不同的训练/测试集代表不同的工作条件. 为此, Mossing 等[74] 根据训练/测试的数据差异, 进一步提出了标准工作条件 (Standard Operation Condition, SOC) 和扩展工作条件 (Extended Operation Condition, EOC) 的概念, 并基于 MSTAR 数据研究了 ATR 算法的扩展性. 文献 [83] 概括了 MSTAR 项目中 EOC 的概念, 并结合 SAR ATR 评估研究给出了具体的指导原则.

ATR 技术的实用性检验离不开反映真实工作条件的实验数据. 由于数据的使用与数据库建设密切相关, 因而这方面的工作主要由各大型研究机构牵引并组织实施. 美国陆军的夜视与电子传感器管理局 (Night Vision and Electronic Sensors Directorate, NVESD) 在弗吉尼亚州成立了一个 ATR 技术评估中心. 该中心专门设置了一个 400:1 的背景地形场地, 用来控制数据采集过程中的诸多条件要素, 如目标参数、场景特性以及气象因素等[84]. 美国空军在新墨西哥州、佛罗里达州和亚拉巴马州三处采集 MSTAR 项目的目标数据, 并在亚拉巴马州北部的一个约 100 km^2 区域内采集背景数据[82]. 许多工作中遇到的问题都表明, 完全依靠实测数据不能满足 ATR 评估中工作条件多样性的要求. 尽管关于合成数据对 ATR 技术发展的作用仍有待深入研究, 但人工合成及仿真计算等方式实际上已经成为 ATR 评估中的重要数据来源. 随着软件技术的不断发展, 依靠仿真手段合成的数据, 其效果也在不断接近实测数据. 例如, AFRL 主持研发的 Xpatch 软件[85] 是目前 SAR ATR 评估中的重要数据来源, 该软件工具箱已经成为美国国防部多项重大研究计划的基础, 并且被全美国 420 多个机构使用.

数据获取手段的多元化给 ATR 评估带来了一些新问题. 例如, 既然可以用合成数据来补充测试集, 从而得到具有统计意义的评估结果, 那么是否可用合成数据来补充训练样本的不足, 进而提高评估对象的实用性? 针对以上问题, 德国 EADS(European Aeronautic Defence and Space) 公司与挪威 KDA(Kongsberg Defence & Aerospace) 开展合作, 调研了当时市场上的多种红外图像仿真系统, 选择了其中 6 个系统的仿真图像与真实图像作对比, 并且通过实验评估了 ATR 性能的改善效果[86]. 事实上, 使用评估数据不仅仅是管理问题, 还涉及评估实验设计甚至技术研发等多个环节, 应从 ATR 技术发展的高度进行统一规划. AFRL 在这方面的研究比较活跃, 如文献 [87] 结合 SAR ATR 这一技术背景, 系统总结了 MSTAR 数据的使用原则.

1.4 ATR 评估的重要课题

通过以上概述, 可知 ATR 评估的一些重要课题, 与实际应用联系紧密的主要工作有

1. 完善指标度量方法

ATR 评估中存在许多不同类型的指标. 尽管指标的定义明确, 但是如果测试数据有变动, 测试结果就有可能出现波动. 这种不确定性很大程度上由测试样本的容量有限所导致, 即有限抽样的测试样本带来的随机性. 指标测试结果的不确定性给度量方法带来了困难: 无法再用确定的实数值来精确描述评估指标, 并由此引起评估方法和结论性质的转变.

目前 ATR 评估中的主流做法是采用概率分布描述不确定性指标, 将指标的度量转变为参数估计或假设检验问题. 但是现有的评估方法中普遍缺乏对于先验

知识、测试样本容量以及结论可信度之间关系的定量分析, 容易造成方案设计时顾此失彼, 最终得不到满意的结论. 因此, 有必要进一步完善一些重要的评估指标 (特别是概率型性能指标) 度量方法及相关问题研究.

2. 加强多指标综合评估

单个指标只能度量评估对象某一方面的特性. 因此, ATR 评估中时常需要多个评估指标实施综合评估. 目前, 针对 ATR 评估问题的多指标评估方法主要基于多属性效用理论或模糊评估理论.

应用基于多属性效用理论的评估方法需要解决两个关键问题: ① 处理好评估指标值向效用值的转变; ② 将多个单属性效用值聚合成综合效用值. 然而, 效用函数不仅与决策者的主观偏好有关, 还取决于决策者的风险态度, 即效用函数的构建实际上带有强烈的主观性. 应用基于效用理论的评估方法时, 不仅需要决策者给出对每个指标偏好的权重, 还需要决策者根据自身的风险态度给出每个指标的效用函数, 这无疑增加了实施难度. 另外, 基于效用理论的评估方法还有另一个局限, 那就是需要事先明确所有指标的概率分布.

应用基于模糊评估理论的评估方法也需要解决两个问题: ① 确定评语集; ② 构建评估指标的隶属函数. 而这些也都依赖于决策者的主观认识, 增添了实际操作的困难. 此外, 模糊性更多的是反映人们由于认识上的模糊特点而造成对于评估对象判定的不确定性. 模糊性在本质上属于由于 "排除律的破缺而造成的不确定性"[88], 而不是客观事物自身所固有的不确定性 (如随机性).

指标在决策分析理论中也称为评估对象的 "属性", 因而多指标的 ATR 评估问题实质上是一类特殊的多属性决策问题. 借鉴多属性决策理论来解决多指标的 ATR 评估问题不失为一种有效的技术途径. 虽然多属性决策理论经过多年的发展已经比较完备, 但即使是再完善的评估模型与方法, 在实际应用过程中也需要根据具体问题进行调整. 如何从 ATR 评估的方法研究中抽象出具有共性的多属性决策问题, 如何根据 ATR 技术特点对已有的评估模型与方法进行改进创新. 这些都是评估方法研究中有待加强的方面.

3. 深化实用性评估方法

ATR 系统的实际工作环境中存在着许多影响系统性能的因素. 实际经验和理论分析均表明: 当条件因素发生变化时, ATR 系统的性能很可能发生变化. Ross[82] 虽然提出了在工作条件变化情况下的 ATR 评估思路, 也给出了扩展性 (extensibility) 和量测性 (scalability) 定义, 但并没有展开深入的方法研究, 对于评估指标的讨论也只停留在概念研究阶段.

扩展性和量测性评估方法要实现具体应用还存在着不少困难. 其中一个主要问题是: 评估 ATR 系统的扩展性 (量测性) 时, 需要对 ATR 系统的代价 (性能) 进行严格约束, 要求系统代价 (性能) 始终保持不变. 这一要求对单个 ATR 系统而言都难以实现, 更何况同时存在多个 ATR 系统的情况. 扩展性和量测性评估方法中存在的另一个问题是: 同时出现多个性能指标和代价指标时, 如何形成评估对象的综合性能和综合代价? 可见, ATR 实用性检验与分析方法的研究仍有待深化.

对于以上所提的几个问题, 本书将在后文陆续展开论述.

1.5 本书特色

本书广泛收集了 ATR 评估技术领域国内外近年来的研究成果, 并融入作者自己的观点进行了较为全面的总结归纳. 此外, 作者在实际工作中也对其中一些技术和方法进行了改进创新, 提出了不少具有实用价值的 ATR 评估方法. 这一节将本书特色着重表述如下:

1) 完善了概率型指标的估计方法, 基于贝叶斯统计理论给出了估计精度与样本容量关系的分析原则. 讨论了指标估计中的置信区间类型、估计准则及精度要求, 对典型情况下的所需样本容量进行了数值计算. 定量分析了引入先验信息的作用, 并且讨论了考虑测试值下限后的样本容量递减效应. 所得的结论及数据图表为 ATR 评估方案设计提供了重要参考.

2) 对传统的识别率准则展开深入剖析, 给出了一种基于不确定推理的概率型指标比较方法. 不同于基于假设检验原理的评估方法, 这种新方法可利用先验信息并设置停止法则, 能够有效比较多个评估对象的识别性能. 书中采用该方法定量分析了结论置信度与测试样本容量的关系, 得出了一些具有参考价值的结论. 使用该方法揭示并证明了经验做法中隐含的最大似然原理, 为一些简化方法的使用提供了理论支撑.

3) 对系统级的多指标综合评判作决策分析, 给出了几种结合应用背景的多指标综合评估方法. 基于评估分值模型, 给出区间加权法和区间 TOPSIS 法用以解决 ATR 评估中的区间数多属性决策问题; 基于评估关系模型, 给出偏好矩阵法和次序关系法用以解决 ATR 评估中的混合型多属性决策问题. 实际算例表明, 这几种方法满足 ATR 评估问题的需求特点, 实用有效.

4) 对实用性检验与分析问题给出了新的评估理念, 发展出一种基于 DEA 原理的 ATR 技术有效性度量方法. 该方法针对扩展性和量测性方法的局限, 从 ATR 技术效率的角度出发, 无需限制参评系统的性能或代价. 书中同时解决了求解过程中的模型选择、权重限制、技术效率计算和有效性判定等技术细节, 这些工作为 ATR 技术的实用性检验提供了新的求解途径.

5) 对工作条件中因素变化给出了新的度量方式, 着重讨论基于 Malmquist 指数的影响因素分析方法. 多条件下测试结果具有面板数据特性, 通过分析 Malm-

quist 指数得到 ATR 技术变化和效率变化指数, 进而实现因素作用的测算及细化评估. 不同于传统的 ATR 性能建模或因子响应方法, 该方法提供了一种非参数的求解途径.

全书各章概要

本书在绪论部分介绍 ATR 及其评估的基本概念, 回顾 ATR 技术发展历程, 概述国内外 ATR 评估方法, 归纳出若干重要课题, 并说明本书特色. 接下来逐章深化, 分别论述识别率估计、选优与排序、多指标综合评估、有效性度量和影响因素分析等具体需求下的评估方法, 最后介绍评估软件和验证平台.

第 2 章主要讨论了概率型指标 (以识别率为典型代表) 的估计. 我们给出了基于贝叶斯分析的置信区间估计和样本容量预测方法, 并且定量分析了先验信息、结论可信度以及样本容量之间的相互关系.

第 3 章主要讲解以识别率为评估准则的选优和排序. 基于贝叶斯原理, 给出一种不确定推理方法, 定量分析可信度、比较数及样本容量之间的相互关系. 我们还将进一步讨论并证明选优和排序过程中的最大似然原理.

第 4 章主要介绍多指标的 ATR 综合评估. 从决策分析角度, 我们给出几种新的多指标评估方法, 力图解决实际工作中普遍存在的区间数和混合型多属性决策问题. 所列举的具体算例演示有助于对比各种方法固有的优势与不足.

第 5 章主要探讨 ATR 技术有效性的度量. 我们从效率的角度重新审视了扩展工作条件下的 ATR 评估问题, 借鉴 DEA 理论给出一种 ATR 技术有效性度量方法. 只有了解本章的方法和实例, 才可能透彻地理解第 2 章的内容.

第 6 章主要分析影响 ATR 的因素作用. 不同于以往研究中性能建模的思路, 我们继续从效率的角度分析各类因素所发挥的影响. 在这里我们根据面板数据的特点, 利用 Malmquist 指数来分析影响因素对于 ATR 技术效率的作用.

第 7 章主要介绍 ATR 评估方法的具体实现及应用. 我们根据自己的科研课题需求和实际工作经验, 研制了一套比较完整的 ATR 评估工具平台: ATR 评估软件系统为方法层面的评估工作提供决策支持; ATR 测试与演示系统则为 ATR 技术成果的演示验证与工程化研究提供半实物仿真测试平台.

文献和历史评述

自动目标识别 (ATR) 技术从本质上来看与模式识别技术有着许多共同点, 在雷达、光学等诸多感知领域的信息处理研究中都有其专门的研究方向, 许多会议都为 ATR 设有专栏. 文献 [89] 是有关 ATR 技术的较早评述, 其对 ATR 评估重要性和发展的预测很多已被实践所证明. 文献 [1] 是近年来对 ATR 技术现状与发展认识的综述性文献, 而文献 [15] 则从工程视角对 ATR 技术发展进行了评述.

虽然 ATR 评估技术逐渐得到了应有的重视, 但至今仍然缺乏相对独立的发展空间, 很多情况下仍附属于 ATR 技术的研究范畴. 有关 ATR 评估技术的论文散布于众多专业的期刊和会议文集中, 从本章末尾参考文献来源的多样性就可见一斑. Ross 等人在历年国际光学工程学会 (SPIE) 会议上发表了一系列论文[60-61,74,76,79,82,90], 较为系统地阐述他们对于 ATR 评估技术的研究情况.

ATR 评估方法的基础理论并不局限于模式识别或人工智能学科领域. 一旦从具体的应用背景中提炼出本质问题, 评估工作往往可以归结为统计学[59,91-94]、决策理论[95-99]、系统工程[100-104] 乃至管理[105-106]、经济[107-108] 等其他学科和工程领域的学术课题. 上述所列举的文献为本书中 ATR 评估方法的研究提供了理论基础或分析工具. 由此可见, ATR 评估在其理论基础上具有多学科交叉的特点.

最后我们强调, ATR 评估的研究对象始终是 ATR 技术研究过程中面临的各类实际问题, 故而 ATR 评估实质上是一门针对 ATR 技术领域需求的专业性技术. ATR 评估的重要性随着 ATR 技术的不断发展日显重要.

参考文献

[1] 胡卫东. 雷达目标识别技术的再认识 [J]. 现代雷达, 2012, 34(8): 1-5.

[2] 庄钊文, 黎湘, 李彦鹏, 王宏强. 自动目标识别效果评估技术 [M]. 北京: 国防工业出版社, 2006.

[3] 张天序. 成像自动目标识别 [M]. 武汉: 湖北科学技术出版社, 2005.

[4] Bhanu B, Dudgeon D E, Zelnio E G, et a1. Introduction to the special issue on automatic target detection and recognition[J]. IEEE Trans. on Image Processing, 1997, 6(1): 1-6.

[5] 边肇祺, 张学工, 等. 模式识别 [M]. 2 版. 北京: 清华大学出版社, 2000.

[6] Bhanu B. Automatic target recognition: state of the art survey[J]. IEEE Trans. on Aerospace and Electronic Systems, 1986, 22(4): 364-379.

[7] Nebabin V G. Methods and Techniques of Radar Recognition[M]. Boston: Artech House, 1995.

[8] Owens W A, Offley E. Lifting the Fog of War[M]. Bahimore, Maryland: Johns Hopkins University Press, 2001.

[9] Wissinger J, Washburn R B, Friedland N S, et a1. Search algorithms for model-based SAR ATR[A]. Proceedings of SPIE, SPIE Press, 1996, 2757: 279-293.

[10] Gilmore J F. Knowledge-based target recognition system evolution[J]. Optical Engineering, 1991, 30(5): 557-570.

[11] 邓志鸿, 唐世渭, 张铭, 等. Ontology 研究综述 [J]. 北京大学学报 (自然科学版), 2002, 38(5): 730-738.

[12] Keim D A. Information visualization and visual data mining[J]. IEEE Trans. on Visuation and Computer Graphics, 2002, 8(1): 1-8.

[13] 柯有安. 雷达目标识别 (下)[J]. 国外电子技术, 1978, (5): 14-20.

[14] Clarke K C. Geospatial Intelligence[J]. International Encyclopedia of Human Geography, 2009: 466-467.

[15] 郁文贤. 自动目标识别的工程视角述评 [J]. 雷达学报, 2022, 11(5): 737-752.

[16] Ernisse B E, Rogers S K, Desimio M P, et al. Complete automatic target cuer/recognition system for tactical forward-looking infrared images[J]. Optical Engineering, 1997, 36(9): 2593-2603.

[17] Inggs M R, Robinson A D. Ship target recognition using low resolution radar and neural networks[J]. IEEE Trans. on Aerospace and Electronic Systems, 1999, 35(2): 386-393.

[18] Ning W, Chen W, Zhang X. Automatic target recognition of ISAR object images based on neural network[C]. IEEE International Conference on Neural Networks and Signal Processing, Nanjing, China, 2004: 373-376.

[19] Avci E, Coteli R. A new automatic target recognition system based on wavelet extreme learning machine[J]. Expert Systems with Applications, 2012, 39(16): 12340-12348.

[20] Krizhevsky A, Sutskever I, Hinton G E. ImageNet classification with deep convolutional neural networks[J]. Communications of the ACM, 2017, 60(6): 84-90.

[21] Gao F, Huang T, Sun J, et al. A new algorithm for SAR image target recognition based on an improved deep convolutional neural network[J]. Cognitive Computation, 2019, 11(6): 809-824.

[22] Zhu P, Isaacs J, Fu B, et al. Deep learning feature extraction for target recognition and classification in underwater sonar images[C]. IEEE 56th Annual Conference on Decision and Control, Melbourne, Australia, 2017: 2724-2731.

[23] 田壮壮, 占荣辉, 胡杰民, 等. 基于卷积神经网络的 SAR 图像目标识别研究 [J]. 雷达学报, 2016, 5(3): 320-325.

[24] Chen S, Wang H. SAR target recognition based on deep learning[C]. 2014 IEEE International Conference on Data Science and Advanced Analytics, Shanghai, China, 2014: 541-547.

[25] 贺丰收, 何友, 刘准钆, 等. 卷积神经网络在雷达自动目标识别中的研究进展 [J]. 电子与信息学报, 2020, 42(1): 119-131.

[26] Ding B, Wen G, Ma C, et al. An efficient and robust framework for SAR target recognition by hierarchically fusing global and local features[J]. IEEE Trans. on Image Processing, 2018, 27(12): 5983-5995. doi: 10.1109/TIP.2018.2863046.

[27] Zhang J, Xing M, Xie Y. FEC: a feature fusion framework for SAR target recognition based on electromagnetic scattering features and deep CNN features[J]. IEEE Trans. on Geoscience and Remote Sensing, 2021, 59(3): 2174-2187.

[28] Li Y, Du L, Wei D. Multiscale CNN based on component analysis for SAR ATR[J]. IEEE Trans. on Geoscience and Remote Sensing, 2022, 60: 1-12.

[29] Feng S, Ji K, Zhang L, et al. SAR target classification based on integration of ASC

parts model and deep learning algorithm[J]. IEEE Journal of Selected Topics in Applied Earth Observations and Remote Sensing, 2021, 14: 10213-10225.

[30] 王容川, 庄志洪, 王宏波, 等. 基于卷积神经网络的雷达目标 HRRP 分类识别方法 [J]. 现代雷达, 2019, 41(5): 33-38.

[31] Chevalier M, Thome N, Cord M, et al. Low resolution convolutional neural network for automatic target recognition[C]. 7th International Symposium on Optronics in Defence and Security, Paris, France, 2016: 1-9.

[32] 喻玲娟, 王亚东, 谢晓春, 等. 基于 FCNN 和 ICAE 的 SAR 图像目标识别方法 [J]. 雷达学报, 2018, 7(5): 622-631.

[33] Zhang Z, Guo W, Zhu S, et al. Toward arbitrary-oriented ship detection with rotated region proposal and discrimination networks[J]. IEEE Geoscience and Remote Sensing Letters, 2018, 15(11): 1745-1749.

[34] Zhao J, Zhang Z, Yu W, et al. A cascade coupled convolutional neural network guided visual attention method for ship detection from SAR images[J]. IEEE Access, 2018, 6: 50693-50708.

[35] Khellal A, Ma H, Fei Q. Convolutional neural network based on extreme learning machine for maritime ships recognition in infrared images[J]. Sensors, 2018, 18(5): 1490.

[36] 史国军. 深度特征联合表征的红外图像目标识别方法 [J]. 红外与激光工程, 2021, 50(3): 113-118.

[37] Pan M, Liu A, Yu Y, et al. Radar HRRP target recognition model based on a stacked CNN–Bi-RNN with attention mechanism[J]. IEEE Trans. on Geoscience and Remote Sensing, 2022, 60: 1-14.

[38] Li R, Wang X, Wang J, et al. SAR target recognition based on efficient fully convolutional attention block CNN[J]. IEEE Geoscience and Remote Sensing Letters, 2022, 19: 1-15.

[39] Osahor U M, Nasrabadi N M. Design of adversarial targets: fooling deep ATR systems[C]. SPIE 10988, Automatic Target Recognition XXIX, Baltimore, USA, 2019: 82-91.

[40] Huang T, Zhang Q, Liu J, et al. Adversarial attacks on deep-learning-based SAR image target recognition[J]. Journal of Network and Computer Applications, 2020, 162: 102632.

[41] Goel A, Agarwal A, Vatsa M, et al. DNDNet: Reconfiguring CNN for adversarial robustness[C]. 2020 IEEE/CVF Conference on Computer Vision and Pattern Recognition Workshops, Seattle, USA, 2020: 22-23.

[42] Ding J, Chen B, Liu H, et al. Convolutional neural network with data augmentation for SAR target recognition[J]. IEEE Geoscience and Remote Sensing Letters, 2016, 13(3): 364-368.

[43] Bai X, Zhou X, Zhang F, et al. Robust pol-ISAR target recognition based on ST-MC-DCNN[J]. IEEE Trans. on Geoscience and Remote Sensing, 2019, 57(12): 9912-9927.

[44] Zhai Y, Deng W, Xu Y, et al. Robust SAR automatic target recognition based on

transferred MS-CNN with L^2-regularization[J]. Computational Intelligence and Neuroscience, 2019, 2019: 9140167.

[45] 郭炜炜, 张增辉, 郁文贤, 等. SAR 图像目标识别的可解释性问题探讨 [J]. 雷达学报, 2020, 9(3): 462-476.

[46] Huang Z, Pan Z, Lei B. Transfer learning with deep convolutional neural network for SAR target classification with limited labeled data[J]. Remote Sensing, 2017, 9(9): 907.

[47] Malmgren-Hansen D, Kusk A, Dall J, et al. Improving SAR automatic target recognition models with transfer learning from simulated data[J]. IEEE Geoscience and Remote Sensing Letters, 2017, 14(9): 1484-1488.

[48] Zhao S, Zhang Z, Zhang T, et al. Transferable SAR image classification crossing different satellites under open set condition[J]. IEEE Geoscience and Remote Sensing Letters, 2022, 19: 1-5.

[49] Zhao S, Zhang Z, Guo W, et al. An automatic ship detection method adapting to different satellites SAR images with feature alignment and compensation loss[J]. IEEE Trans. on Geoscience and Remote Sensing, 2022, 60: 1-17.

[50] Karjalainen A I, Mitchell R, Vazquez J. Training and validation of automatic target recognition systems using generative adversarial networks[C]. 2019 IEEE Sensor Signal Processing for Defence Conference (SSPD), Brighton, UK, 2019: 1-5.

[51] Yang S, Shi X, Zhou F. Automatic target recognition for low-resolution SAR images based on super-resolution network[C]. IEEE 6th Asia-Pacific Conference on Synthetic Aperture Radar (APSAR), Xiamen, China, 2019: 1-6.

[52] Ahmadibeni A, Jones B, Borooshak L, et al. Automatic target recognition of aerial vehicles based on synthetic SAR imagery using hybrid stacked denoising auto-encoders[C]. SPIE 11393, Algorithms for Synthetic Aperture Radar Imagery XXVII, 2020: 71-82.

[53] 柯有安. 雷达目标识别 (上) [J]. 国外电子技术, 1978, (4): 22-30.

[54] Fuller D F. How to develop a robust automatic target recognition capability by year 2030[D]. Air Command and Staff College, Air University, 2008.

[55] 张兵. 光学图像末制导中的点目标检测与识别算法研究 [D]. 长沙: 国防科学技术大学, 2005: 78-81.

[56] 郁文贤. 智能化识别方法及其在舰船雷达目标识别系统中的应用 [D]. 长沙: 国防科学技术大学, 1992.

[57] Mohd M A. Performance characterization and sensitivity analysis of ATR algorithms to scene distortions[A]. in Architecture, Hardware, and Forward-Looking Infrared Issues in Automatic Target Recognition[C], 1993, Orlando, FL, USA, SPIE 1957: 203-214.

[58] Bassham C B. Automatic target recognition classification system evaluation methodology[D]. AFB, OH: Air Force Inst. of Tech., School of Engineering and Management, 2002.

[59] Bishop Y M M. 离散多元分析: 理论与实践 [M]. 张尧庭译. 北京: 中国统计出版社, 1998.

[60] Ross T D, Mossing J C. The MSTAR evaluation methodology [A]. Algorithms for Synthetic Aperture Radar Imagery VI, 1999, Orlando, FL, USA, SPIE 3721: 705-713.

[61] Ross T D. Confidence intervals for ATR performance metrics [A]. Algorithms for Synthetic Aperture Radar Imagery VIII, 2001, Orlando, FL, USA, SPIE 4382: 318-329.

[62] Mahalanobis P, Mahalanobis A. Statistical inference for automatic target recognition systems[J]. Applied Optics, 1994, 33: 6823-6825.

[63] 孙长亮. 基于 ROC 曲线的 ATR 算法性能评估方法研究 [D]. 长沙: 国防科学技术大学, 2006.

[64] Alsing S G. Evaluation of competing classifiers[D]. AFB, OH: Air Force Inst. of Tech., School of Engineering,2000.

[65] Wu S, Flach P. A scored AUC metric for classifier evaluation and selection[A]. Proceedings of the ICML 2005 Workshop on ROC Analysis in Machine Learning, 2005, Bonn, Germany.

[66] Huang J, Ling C X. Using AUC and accuracy in evaluating learning algorithms[J]. IEEE Trans. on Knowledge and Data Engineering, 2005, 17(3): 299-310.

[67] Ferri C, Hernandez-Orallo J, Salido M A. Volume under the ROC Surface for Multi-class Problems[A]. Proceedings of the Fourteenth European Conference on Machine, 2003, LNAI2837: 108-120.

[68] Kempf T, Peichl M, Dill S, Süß H. ATR perfomance at extended operating conditions for highly resolved ISAR-images of relocatable targets[A]. Radar 2004 - International Conference on Radar Systems, 2004, France.

[69] Smith G E, Vespe M, Woodbridge K, Baker C J. Radar classification evaluation[A]. 2008 IEEE Radar Conference, 2008, Rome, Italy: 1585-1590.

[70] Parker D R. Uncertainty estimation for target detection system discrimination and confidence performance metrics[D]. AFB, OH: Air Force Inst. of Tech., School of Engineering and Management, 2006.

[71] O'Sullivan J A, DeVore M D, Kedia V, Miller M I. SAR ATR performance using a conditionally Gaussian model[J]. IEEE Trans. on Aerospace and Electronic Systems, 2001, 37(1): 91-108.

[72] Li H J, Wang Y D, Wang L H. Matching score properties between range profiles of high-resolution radar targets[J]. IEEE Trans. on A.P., 1996, 44(4): 444-452.

[73] 闫锦. 基于高距离分辨像的雷达目标识别研究 [D]. 北京: 中国航天第二研究院, 2004.

[74] Mossing J C, Ross T D, Bradley J. An evaluation of SAR ATR algorithm performance sensitivity to MSTAR extended operating conditions[A]. Algorithms for Synthetic Aperture Radar Imagery V, 1998, Orlando, FL, USA, SPIE 3370: 554-565.

[75] Marie-Christine S, Jérémie G, Christophe C. NCTR performance assessment methodology[A]. Radar 2004 - International Conference on Radar Systems, 2004, France.

[76] Ross T D, Minardi M E. Discrimination and confidence error in detector reported scores[A]. Algorithms for Synthetic Aperture Radar Imagery XI, 2004, Bellingham, WA, SPIE 5427: 342-353.

[77] Kanungo T, Jaisimha M Y, Palmer J. A methodology for quantitative performance evaluation of detection algorithms[J]. IEEE Trans. on Image Processing, 1995, 4(12):

1667-1674.

[78] Klimack W K, Bassham C B, Bauer K W. Application of decision analysis to automatic target recognition programmatic decisions[R]. Wright-Patterson Air Force Base, OH: Air Force Inst. of Tech., ADA401738, 2002.

[79] Ross T D, Westerkamp L A, Zelnio E G. Extensibility and other model-based ATR evaluation concepts[A]. Algorithms for Synthetic Aperture Radar Imagery IV, 1997, Orlando, FL, USA, SPIE 3070: 554-565.

[80] Klimack B. Hybrid value-utility decision analysis[R]. Military Academy, West Point: Operations Research Center of Excellence, ADA403768, 2002.

[81] Klimack W K. Robustness of multiple objective decision analysis preference functions[D]. AFB, OH: Air Force Inst. of Tech., School of Engineering and Management, 2002.

[82] Ross T D, Bradley J J, Hudson L J. SAR ATR: So what's the problem? - An MSTAR perspective[A]. in Algorithms for Synthetic Aperture Radar Imagery VI[C], 1999, Orlando, FL, USA, SPIE 3721: 662-672.

[83] Keydel E R, Lee S W, Moore J T. MSTAR extended operating conditions: a tutorial[A]. Algorithms for Synthetic Aperture Radar Imagery III, 1996, Arlington, VA, USA, SPIE 2757: 228-242.

[84] Ratches J A, Walters C P, Buser R G, Duenther B D. Aided and automatic target recognition based upon sensory inputs from image forming systems[J]. IEEE Trans. on Pattern Analysis and Machine Intelligence, 1997, 19(9): 1004-1019.

[85] Andersh D, Moore J, Kosanovich S, Kapp D. Xpatch 4: the next generation in high frequency electromagnetic modeling and simulation software[A]. IEEE International Radar Conference, 2000, Alexandria, VA, USA: 844-849.

[86] Seidel H, Stahl C, Bjerkeli F, Skaaren-Fystro P. Assessment of COTS IR image simulation tools for ATR development[A]. Automatic Target Recognition XV, 2005, Bellingham, WA, USA, SPIE 5807: 44-54.

[87] Ross T D, Bradley J, O'Conner M. MSTAR data handbook for experiment planning[R]. AFB, OH: AFRL/SNA with Sverdrup Technology, 1997.

[88] 杨纶标, 高英仪. 模糊数学原理及应用 [M]. 3 版. 广州: 华南理工大学出版社, 2001.

[89] 郁文贤, 郭桂蓉. ATR 的研究现状和发展趋势 [J]. 系统工程与电子技术, 1994, 16(6): 25-32.

[90] Ross T D, Worrell S, Velten V. Standard SAR ATR evaluation experiments using the MSTAR public release data set[A]. Algorithms for Synthetic Aperture Radar Imagery V, 1998, Orlando, FL, USA, SPIE 3370: 566-573.

[91] Keeney R L. Value focused thinking: a path to creative decision making[M]. Cambridge: Harvard University Press, 1992.

[92] Kotz S, 吴喜之. 现代贝叶斯统计学 [M]. 北京: 中国统计出版社, 2000.

[93] Berger J O. 统计决策论及贝叶斯分析 [M]. 贾乃光, 译. 北京: 中国统计出版社, 1998.

[94] 徐泽水. 不确定多属性决策方法及应用 [M]. 北京: 清华大学出版社, 2004.

[95] 仇国芳. 评估决策的信息集结理论与方法研究 [D]. 西安: 西安交通大学, 2003.

[96] 郭均鹏. 区间评估理论方法与应用研究 [D]. 天津: 天津大学, 2003.
[97] 徐玖平, 吴巍. 多属性决策的理论与方法 [M]. 北京: 清华大学出版社, 2006.
[98] 徐扬. 不确定性推理 [M]. 成都: 西南交通大学出版社, 1994.
[99] 岳超源. 决策理论与方法 [M]. 北京: 科学出版社, 2003.
[100] 盛昭瀚, 朱乔, 吴广谋. DEA 理论、方法和应用 [M]. 北京: 科学出版社, 1996.
[101] 唐雪梅. 武器装备小子样试验分析与评估 [D]. 长沙: 国防科学技术大学, 2007.
[102] 魏权龄. 评价相对有效性的 DEA 方法 [M]. 北京: 中国人民大学出版社, 1988.
[103] 魏权龄. 数据包络分析 [M]. 北京: 科学出版社, 2004.
[104] 运筹学教材编写组. 运筹学 [M]. 3 版. 北京: 清华大学出版社, 2005.
[105] 李发勇. 基于定向技术距离函数的技术效率测算及应用 [D]. 成都: 四川大学, 2005.
[106] 苏为华. 多指标综合评价理论与方法问题研究 [D]. 厦门: 厦门大学, 2000.
[107] 李明. 不确定多属性决策及其在管理中的应用 [M]. 北京: 经济管理出版社, 2021.
[108] 李鹏, 李庆胜, 徐志伟, 等. 不确定信息下的案例推理决策方法及应用研究 [M]. 北京: 经济科学出版社, 2021.

第 2 章　目标识别概率估计

2.1　引　　言

我们在本书中所提到的“概率型指标”是指那些描述属性自身就具有不确定性特点的指标. 概率型性能指标能够有效评价 ATR 过程及结果的可信程度, 是 ATR 评估中广泛使用的一类评估指标. 本章主要讨论如何根据单个概率型指标进行 ATR 评估这一基础性问题. 虽然每个概率型性能指标的定义及物理内涵各不相同, 但其数学本质都可以抽象为多重 Bernoulli 试验的成败概率.

最为常见的概率型指标如正确种类识别概率 (Probability of Correct Classification, 一般记作 P_{CC})、正确类型识别概率 P_{ID}(Probability of Correct Identification, 一般记作 P_{ID}) 等. 此外, 由于目前许多应用背景中对目标类别层次的划分还比较粗略 (往往只细分到种类层), 因此也常用准确率 (probability of Classification Accuracy, CA) 来简化 P_{CC} 和 P_{ID}. 为阐述简洁起见, 我们在后续讨论中将 P_{CC}、P_{ID} 和 CA 等具有类似内涵的评价指标统称为目标识别概率 (简称“识别率”), 并且以识别率作为概率型指标的典型代表, 对识别率的估计问题展开深入论述.

识别率等概率型指标所带有的不确定性是造成利用这类指标进行 ATR 评价的主要障碍. 由于指标值本身具有不确定性 (按照概率论的观点具有随机性), 因此不能简单地将正确识别次数除以测试样本容量来计算识别率. 虽然许多文献中的确仅仅简单地给出一个识别率测试值, 然后就以此作为 ATR 性能的定论, 但是这个测试值实际上只是随机变量的一个样本, 其实只能作为识别率的一个点估计结果. 显然, 点估计是无法给出识别率指标的变动范围及相应置信度.

近年来不少学者倾向采用区间估计代替传统的点估计, 丰富了识别率估计结果的信息内涵. 我们推荐采用的估计方法沿用了区间估计的思路, 并且主要基于贝叶斯统计理论. 简单地说, 就是用一个置信区间的方式来估计识别率指标. 区间估计的原理并不复杂, 实际评价工作中制约估计精度的瓶颈在于测试过程中所需要的样本容量. 要实现识别率的精确估计, 一个基本条件是测试样本量充分大. 若采用传统的经典统计模型进行识别率估计, 为保证较高估计精度需要多至几千甚至几万的“大样本”测试集. 这样的测试样本容量需求, 对于新兴的基于深度学习的目标识别方法 (如 LeNet[1]、ALexNet[2], VGGNet[3]、ResNet[4]、DenseNet[5]、NASNet[6] 等等) 并不算太多. 然而在许多军事等非合作应用场合中, 可靠的测试样本仍主要依靠实际测量, 数据采集代价高, 并且受到许多外界条件限制. 另外, 为实现算法自身的学习与完善, 也需要从实测数据中抽出相当部分作为训练样本使用, 能够真正用于算法测试的样本容量不会很大 (多数情况下在几百左右, 不妨称之为 "中样本").

测试样本的相对匮乏使我们很自然地想到采用贝叶斯框架进行区间估计, 这样做带来的好处显而易见: 通过融合先验信息, 所需的实测样本可被有效降低. 为此付出的代价也不容忽视: 由于在试验之前就引入了 "先验的" 的信息, 评价结果不再百分之百的客观, 招致人们对评价结果可信程度的质疑. 由此可见, 对估计结果的高精度追求、引入先验信息的利弊共存以及测试集的样本容量限制是准确估计识别率所需要解决的几个主要问题. 特别是在识别率估计方法研究中, 需要事先对所需的样本容量进行定量分析, 以便让人们在使用该方法前就对需要的测试样本数目有个大致了解.

本书中我们将识别率估计和识别率比较作为两个不同的问题分别讨论. 诚然, 估计问题的目的之一就是为了比较不同 ATR 算法的识别率. 在样本容量趋近无限大时, 单凭估计结果就能够实现比较, 估计/比较二者的区别不大. 但现实中由于受限于测试集的样本数量, 对于识别率的估计和比较则各有侧重: 估计过程关系估计精度, 主要包括置信度和区间长度; 而比较则是以识别率高低为依据进行推断, 更关注于区分出不同算法识别率的高低, 以及比较结果的可信程度. 另外, 识别率比较问题中需要考虑的技术细节更多一些. 比较结果的可信程度不仅与测试样本容量有关, 还与比较算法的数目、不同算法之间的性能差异等因素有关. 我们将在第 3 章讨论识别率指标的比较问题, 而在本章中先将注意力集中在如何准确估计识别率的问题上.

2.2 经典统计估计方法

传统的识别率计算或估计方法主要基于经典的统计学理论, 可分为点估计值法和置信区间估计法. 我们下面先简要介绍两种常见方法, 分析这些方法所得结论的统计特性, 然后指出它们各自的优缺点.

2.2.1 点估计值法

点估计值法是一种非常直接的识别率估计方法, 其核心思想可概括如下:

由于 ATR 算法或系统的单次识别结果可用一个二值变量 x 来表示: $x=1$ 表示正确识别; $x=0$ 表示未能识别. 测试样本容量为 n 时, 则可以用序列 $x_i(x_i=1$ 或 $0, i=1,2,\cdots,n)$ 记录其对整个测试集的识别结果. 可见, 进行一次类型识别相当于做一次 Bernoulli 试验. 设 p 为识别概率 P 的真值, 则 $P(1)=p$, $P(0)=1-p$.

而进行 n 次识别就相当于进行 n 重 Bernoulli 试验. 用 X 表示正确识别的总次数, 即

$$X = \sum_{i=1}^{n} x_i \tag{2.1}$$

则 X 是一个服从二项分布的随机变量 $X \sim B(n,p)$, $X = k(k = 0,1,2,\cdots,n)$ 的概率为 $P\{X = k\} = \begin{pmatrix} n \\ k \end{pmatrix} p^k(1-p)^{n-k}$. 识别率点估计值为

$$\hat{p} = \frac{X}{n} = \frac{\sum\limits_{i=1}^{n} x_i}{n} \tag{2.2}$$

按式 (2.2) 定义的点估计值来估计识别率简单易行, 而且估计结果具有良好的无偏特性.

尽管具有简单和无偏这两个优良特性, 点估计值法还是存在着一个严重缺陷: 无法定量给出估计结果的可信程度. 实际操作中若是要判断识别率的估计结果是否可靠 (可信), 就只能根据 n 的数值来粗略判断.

2.2.2　置信区间估计法

置信区间 (Confidence Interval, CI) 估计法的主要思想是用置信区间来取代识别率点估计值, 进而定量把握估计结果的可信程度 (置信度).

沿用上述符号定义, 不难推导出识别率点估计值 $\hat{p}$ 的方差为

$$\begin{aligned} \mathrm{Var}[\hat{p}] &= \mathrm{Var}\left[\frac{X}{n}\right] \\ &= \frac{1}{n^2} np(1-p) \\ &= \frac{p(1-p)}{n} \end{aligned} \tag{2.3}$$

$\hat{p}$ 的均值 $\mathrm{EXP}[\hat{p}] = p$. 当 n 较大时, $\hat{p}$ 近似服从正态分布[106,107]. 故经推导可得, 置信度为 $1-\alpha$ 下 $\hat{p}$ 的置信区间为

$$\left[\hat{p} - z_{\alpha/2}\sqrt{\frac{\hat{p}(1-\hat{p})}{n}}, \hat{p} + z_{\alpha/2}\sqrt{\frac{\hat{p}(1-\hat{p})}{n}}\right] \tag{2.4}$$

式 (2.4) 中 $z_{\alpha/2}$ 表示标准正态分布 $N(0,1)$ 的 $\alpha/2$ 分位数.

引入经典统计学置信区间的最大好处在于, 借此可以定量地衡量识别率估计结果 (置信区间) 的可信程度. 然而, 上述方法也存在两个较为明显的缺陷: 首先, 用式 (2.4) 进行估计后, 还需要对估计结果进行 “硬截断”, 然后才能保证估计结果

的“合理性”. 具体来说, 就是当区间边界大于 1 或者小于 0 时 (n 较小特别容易出现这种情况), 需要对置信区间进行“硬截断”. 显然, 置信度将因此受到影响. 其次, 将经典统计方法得到的置信区间用于 ATR 评价, 对所得结论的解释存在着一些概念意义上的困难, 具体原因我们将在 2.3 节中结合贝叶斯理论框架进行对比说明.

2.3 贝叶斯分析估计法

我们将识别率的估计方法分为传统概率估计方法和基于贝叶斯分析的估计方法. 两类方法的根本差异在于: 传统估计方法基于经典统计思想, 将识别率视为所要估计的未知常量参数, 而贝叶斯统计学派则将此参数视为具有一定概率分布的随机变量.

尽管从初始假设上看, 基于经典统计学的传统估计方法似乎更加符合我们对于估计识别率指标的期望, 但是现实情况下经常不够充分大的“中样本”测试集使得区间估计成为识别率估计方法的主流. 然而, 经典统计学对于置信区间的解释实质上是存在一定困难的. 例如, 置信度为 0.95 的置信区间不能被解释为此区间内包含参数的概率为 0.95[7]. 若采用传统估计方法作区间估计, 置信度就只能解释为: 进行多次评估测试, 所得区间将以 0.95 的概率覆盖 ATR 算法识别率的真值. 而我们在 ATR 评价中对于“识别率置信区间”概念的期望则是: 识别率将以 0.95 的概率落在所得到的区间内[8]. 贝叶斯分析中将识别率视为随机变量, 因而对于置信区间的解释与我们一般的心理预期一致.

根据贝叶斯公式, 后验概率密度函数可表述为

$$\pi(p|x,n)=\frac{\pi(p)f(x,n|p)}{\displaystyle\int_{\Theta}\pi(p)f(x,n|p)dp} \tag{2.5}$$

式 (2.5) 中 $\pi(p)$ 表示识别率 p 的先验分布, $f(x,n|p)$ 为似然函数, Θ 为 p 的值域. 可见, 后验分布只与先验分布及似然函数有关.

进行 n 次 ATR 测试相当于进行 n 重 Bernoulli 试验. 用 X 表示 n 次测试中正确识别的总次数, 有 $X\sim B(n,p)$, 则正确识别 x 次的概率为

$$f(x,n|p)=\begin{pmatrix} n \\ x \end{pmatrix}p^{x}(1-p)^{n-x} \tag{2.6}$$

式 (2.6) 给出的似然函数建立在每个样本的正确识别概率 p 相等这一假设上, 该假设也是运用识别率描述 ATR 性能的前提条件. 再由 ATR 算法的识别结果 x 为 0-1 形式的二值变量, 因此 ATR 测试可以看作成败型试验. 成败型试验的先验

分布有各种形式的假设, 其中以 β 分布最为常见 (一些其他形式的情况将结合样本容量需求问题在 2.4 节继续讨论).

假设先验信息 $\pi(p)$ 为 β 分布的概率密度函数, 即

$$\begin{aligned}\pi(p) &= \text{betapdf}(p\,; a, b)\\ &= \frac{1}{\text{Beta}(a,b)}p^{a-1}(1-p)^{b-1} \quad (0<p<1)\end{aligned} \tag{2.7}$$

式 (2.7) 中 $\text{Beta}(a,b)$ 表示参数为 (a,b) 的 Beta 函数.

将式 (2.6) 和式 (2.7) 代入式 (2.5) 进行积分运算可得识别率 p 的后验概率密度函数为

$$\pi(p|x,n) = \frac{1}{\text{Beta}(x+a, n-x+b)}p^{x+a-1}(1-p)^{n-x+b-1} \quad (0<p<1) \tag{2.8}$$

我们不难发现, 式 (2.7) 和式 (2.8) 的概率分布形式相同. 这说明若采用 β 分布作为先验信息的分布形式, 则识别率的后验概率同样服从 β 分布, 而先验信息在信息融合中的作用如同已经预先做了 $a+b$ 次识别测试, 其中正确识别 a 次.

2.3.1　区间类型

采用贝叶斯分析对识别率进行区间估计还涉及置信区间类型的选取. 为得到不同类型的置信区间, 需要采取不同的估计准则. 此外, 估计过程中采用的计算方法对最终得到的置信区间也将产生一定影响. 在 ATR 评价研究中有如下 6 种常见的区间类型:

✧ 单边 (one-sided) 贝叶斯后验积分 (Integration of the Bayesian Posterior, IBP) 置信区间

✧ 最小长度 (minimal length) IBP 置信区间

✧ 等宽 (balanced width) IBP 置信区间

✧ 等尾 (balanced tail) IBP 置信区间

✧ “精确”(“exact”) 置信区间

✧ 正态近似 (normal approximation) 置信区间

其中前 5 种置信区间的估计方法都基于贝叶斯分析, 第 6 种则采用以经典统计学原理推导得到的式 (2.4) 进行计算. Ross[8] 对这 6 种不同类型置信区间的统计特性提供了详细对比讨论.

2.3.2　估计准则

本章中我们选用最小长度 IBP 置信区间, 其估计准则为 “最小长度” 准则 (“minimal length” criterion), 即所估计出的置信区间长度在同等置信度要求下最

短. 选择的理由很简单, 此类型区间内集中了最高后验概率密度 (Highest Posterior Density, HPD) 分布, 是对识别率后验分布的一种适宜概括[9]. 因此, 最小长度 IBP 置信区间也被称为 HPD 区间[10].

2.3.3 精度要求

识别率区间估计的结果是置信区间, 其精度主要反映在置信度和区间长度两个方面. 后验分布确定以后, 置信度和区间长度之间相互制约: 为减小估计结果的不确定性, 应该缩短区间长度, 但这会造成置信度的下降; 反之, 高置信度必然要求扩大区间长度, 增加了估计结果的不确定性.

ATR 评价中, 估计精度的潜在要求一般为置信度 $1-\alpha \geqslant 0.90$ 并且区间长度 $l \leqslant 0.10$. 置信度小于 0.9, 通常认为可信程度偏低, 估计结果不可信; 区间长度大于 0.10, 识别率取值范围变动过大, 区间估计失去意义.

2.4 测试样本容量需求

确定了估计准则和后验概率密度函数后, 就可以结合估计精度要求对测试样本容量进行分析, 计算为达到估计精度要求所需的最小测试样本容量, 从而为 ATR 试验的设计与准备提供参考.

2.4.1 计算准则

假定要求置信度不小于 $1-\alpha$, 区间长度不大于 l, 则测试样本容量 n 需要满足

$$\int_{a(x,n)}^{a(x,n)+L(x,n)} \pi(p|x,n)dp \geqslant 1-\alpha \ \ , \ L(x,n) \leqslant l \tag{2.9}$$

其中 $a(x,n)$ 为 HPD 区间的下界, $L(x,n)$ 为实际估计的区间长度, 二者均取决于后验分布 $\pi(p|x,n)$ 的具体形式. 对于测试样本容量分析的关键在于找出满足式 (2.9) 的最小 n 值, 降低数据采集费用. 显然, 后验分布 $\pi(p|x,n)$ 不仅与样本量 n 相关, 还与测试中的正确识别次数 x 有关. 然而在尚未进行测试之前, 正确识别次数 x 对我们却是未知的.

为消除后验分布 $\pi(p|x,n)$ 依赖正确识别次数 x 所带来的不确定性, 通常有如下计算准则[10]:

✧ 平均覆盖准则 (Average Coverage Criterion, ACC)

✧ 平均长度准则 (Average Length Criterion, ALC)

✧ 最坏结果准则 (Worst Outcome Criterion, WOC)

平均覆盖准则下所找到的样本量 n 只能保证对所有正确识别次数而言, HPD 区间置信度的平均值不小于 $1-\alpha$, 即样本量 n 满足下式:

$$\int_{\Xi}\left\{\int_{a(x,n)}^{a(x,n)+l}\pi(p|x,n)dp\right\}f(x|n)dx\geqslant 1-\alpha \tag{2.10}$$

式 (2.10) 中 Ξ 表示所有可能的正确识别次数 x 的取值范围, $f(x|n)$ 表示样本容量为 n 时 x 的边缘概率密度函数:

$$f(x|n)=\int_{\Xi}f(x|p,n)\pi(p)dp \tag{2.11}$$

而平均长度准则下找到的 n 也只能保证置信度为 $1-\alpha$ 的 HPD 区间的平均长度不大于 l, 即样本容量 n 满足下式:

$$\int_{\Xi}L'(x,n)f(x|n)dx\leqslant l \tag{2.12}$$

式 (2.12) 中 Ξ 和 $f(x|n)$ 的含义同式 (2.10), 其中 $L'(x,n)$ 表示积分区间的长度, 由式 (2.13) 确定:

$$\int_{a(x,n)}^{a(x,n)+L'(x,n)}\pi(p|x,n)dp=1-\alpha \tag{2.13}$$

显然, ATR 估计中的最佳选择是对所有可能出现的正确识别次数 x 能够同时保证估计结果的置信度和区间长度, 即样本容量 n 满足下式:

$$\inf_{x\in\Xi}\left\{\int_{a(x,n)}^{a(x,n)+l}\pi(p|x,n)dp\right\}\geqslant 1-\alpha \tag{2.14}$$

式 (2.14) 所描述的就是所谓的 "最坏结果准则"(WOC).

通过上述讨论, 我们选取最为保守的 WOC 作为计算准则. 如无特殊说明, 本书后文中所给出的样本容量都是指在 WOC 下估计 HPD 区间所需的样本数目.

2.4.2 无先验信息情况的预测

没有任何先验信息时, 通常假设所估计的参数在其值域范围内服从均匀分布, 一般称为 "无信息先验". 式 (2.14) 仅给出了所需最小测试样本容量应该满足的条件, 并没有给出具体的计算方法. 为实现最小样本容量预测, 可以采用对分法搜索最小 n 值, 消除对正确识别次数 x 的依赖, 即对于每次找到的 n 值, 计算从 0 至 n 所有 $n+1$ 种可能正确识别次数下长度为 l 的 HPD 区间的置信度, 取最小值与所要求的置信度 $1-\alpha$ 相比较, 直至找到满足式 (2.14) 的最小样本量 n. 该搜索算法的具体步骤和推导过程见文献 [9]. 我们利用该文献提供的数据整理出表 2.1, 给出了一些典型置信度与区间长度要求下的最小样本容量 $n_{\min}$.

表 2.1 无信息先验时的最小样本容量

$1-\alpha$	l	$n_{\min}$
0.90	0.01	27053
0.90	0.02	6762
0.90	0.05	1080
0.90	0.10	268
0.95	0.01	38412
0.95	0.02	9601
0.95	0.05	1534
0.95	0.10	381
0.99	0.01	66345
0.99	0.02	16583
0.99	0.05	2650
0.99	0.10	659

通过表 2.1 不难看出, 无信息先验情况下 "中样本" 只能保证估计精度满足 ATR 评估的潜在要求, 即置信度 (覆盖概率) 不低于 0.9 且区间长度不大于 0.10. 估计精度要求较高时, 所需样本容量很大. 例如, 在要求置信度不低于 0.95, 区间长度不大于 0.02 时, 需要的最小样本量高达 9601. 如此规模的样本容量需求在实际中往往难以得到满足. 引入先验信息当然能够降低对于测试样本容量的需求, 然而在实际中还存在另一些情况能够有效减少所需要的测试样本数目, 那就是考虑识别率的测试值下限要求.

2.4.3 考虑测试值下限的预测

如前所述, 计算最小样本容量 $n_{\min}$ 过程中需要消除 x (正确识别次数) 所带来的不确定性. 一般性研究过程中, x 的取值需要考虑从 0 至 n 所有 $n+1$ 种可能 (Joseph[9] 就是出于这种考虑才给出表 2.1 中的计算结果). 然而, 结合 ATR 技术背景就不难发现, 绝大多数测试过程中 x 的取值范围不会有这么大. 一般情况是对识别率的下限有指标要求, 若测试过程中的正确识别次数过低, 则不能通过评估检验 (严格意义上来说, 识别率是否达到指标要求属假设检验问题, 这里可以将这种要求理解为根据检验准则所确定的某个下限), 因此不需要考虑 x 小于指标要求的取值.

记识别率的测试值下限为

$$p_0 = \frac{x}{n} \tag{2.15}$$

对所需最小样本容量 n 的计算方法仍然可以基于 Joseph[9] 的对分搜索算法, 只是将 x 的取值范围 Ξ 由原来的 $\{x|0 \leqslant x \leqslant n,\, x \in \mathbf{N}\}$ 缩小为 $\{x|n \times p_0 \leqslant x \leqslant n,\, x \in \mathbf{N}\}$. 依照上述分析方法, 计算引入测试值下限 p_0 后的最小样本容量 (无先验信息的情况), 具体结果见表 2.2.

表 2.2　引入测试值下限后的最小样本容量 (无先验)

$1-\alpha$	l	p_0	$n_{\min}(p_0)$
0.90	0.02	0.70	5679
0.90	0.02	0.75	5070
0.90	0.02	0.80	4324
0.90	0.02	0.85	3445
0.90	0.02	0.90	2433
0.90	0.05	0.70	906
0.90	0.05	0.75	809
0.90	0.05	0.80	691
0.90	0.05	0.85	549
0.90	0.05	0.90	385
0.90	0.10	0.70	225
0.90	0.10	0.75	199
0.90	0.10	0.80	171
0.90	0.10	0.85	135
0.90	0.10	0.90	94
0.95	0.02	0.70	8063
0.95	0.02	0.75	7199
0.95	0.02	0.80	6143
0.95	0.02	0.85	4892
0.95	0.02	0.90	3454
0.95	0.05	0.70	1288
0.95	0.05	0.75	1149
0.95	0.05	0.80	981
0.95	0.05	0.85	778
0.95	0.05	0.90	547

表 2.2 给出了对识别率有所要求时的最小样本容量. 例如, 对识别率进行区间估计, 若要求识别率指标的测试值不低于 85%(即 $p_0 \geqslant 0.85$), 同时要求估计结果的置信度不小于 0.90, 区间长度不大于 0.05. 查表 2.2, 得到评估测试所需的最小样本容量为 549. 对比表 2.1 和表 2.2 不难发现, 在引入了测试值下限 p_0 这种特殊的先验信息之后, 同等估计精度要求所需要的最小样本容量显著下降. 表 2.1 和表 2.2 中部分数据的差异性如图 2.1 所示.

通过图 2.1 可以很明显地看出, 随着 p_0 增大, 样本容量 $n_{\min}$ 呈递减趋势. 造成这种递减效应的原因是: 无信息先验可以看作参数 $a = b =1$ 的 Beta 分布先验, 因而后验分布也为 Beta 分布 (betapdf$(x+1, n-x+1)$), 其方差为

$$\sigma^2 = \frac{(x+1)(n-x+1)}{(n+2)^2(n+3)} \tag{2.16}$$

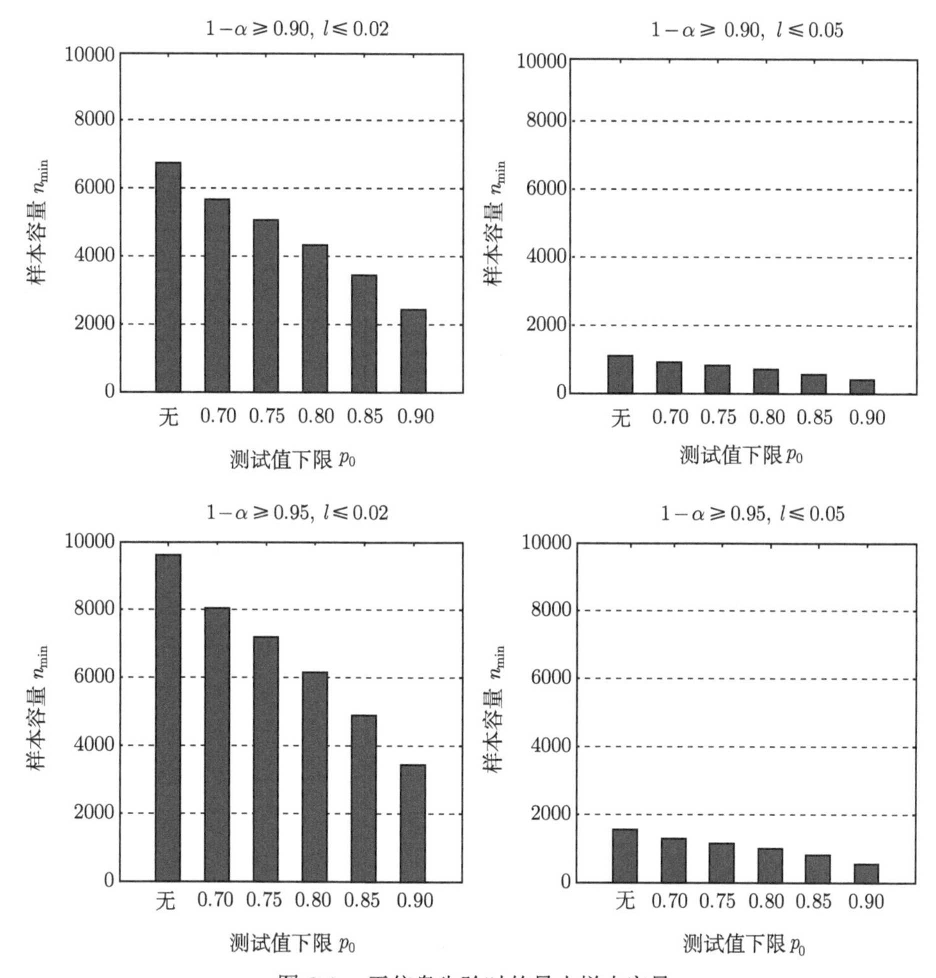

图 2.1　无信息先验时的最小样本容量

方差 σ^2 在 $x \approx n/2$ 附近处取得最大值, 而在 $n/2$ 左右两侧随 x 的减小或增大而逐渐递减. 随着方差的减小, 后验分布更加集中, 相同长度 HPD 区间的置信度将增大. 在 $\Xi = \{x|n \times p_0 \leqslant x \leqslant n, x \in \mathbf{N}\}$ 且 $p_0 \geqslant 0.5$ 的特定条件下, 对某个具体的样本数目 n, 式 (2.14) 左侧的最小值实际上是在 $x = n \times p_0$ 附近处取得的. 简言之, 正是 "先验性" 地增大 Ξ 下限, 造成了识别率后验分布的方差 σ^2 减小, HPD 区间置信度相应增大, 进而降低了所需的最小样本容量 n.

2.4.4　Beta 及广义 Beta 先验的预测

分析过测试值下限这种特殊先验信息的作用之后, 我们继续分析两种更为一般形式的先验信息的作用.

1. Beta 分布先验时的样本容量预测

如前所述, ATR 测试可以看作成败型试验. 成败型试验的先验分布以 Beta 先验分布最为常见, 即假设 $\pi(p)$ 服从 Beta 分布, 概率密度函数为

$$\text{betapdf}(p\,; a, b) = \frac{1}{\text{Beta}(a, b)} p^{a-1}(1-p)^{b-1} \quad (0 < p < 1) \tag{2.17}$$

其中 $\text{Beta}(a, b)$ 表示参数为 (a, b) 的 Beta 函数, 参数 a 和 b 决定了先验分布的具体形式. 将式 (2.17) 代入式 (2.5) 和式 (2.6) 进行积分运算, 得到后验概率密度函数:

$$\pi(p|x, n) = \text{betapdf}(p\,; x + a, n + a + b) \tag{2.18}$$

后验分布既反映了先验信息 (通过先验参数 a 和 b), 又反映了测试样本 (通过 x 和 n) 提供的信息. 同时由于后验分布也为 Beta 分布, 因而还可以再次作为下一次分析的先验分布加以利用.

Beta 分布先验的作用等效于增加试验次数. Beta 分布先验的统计意义就如同预先已经做了 $a + b$ 次识别测试, 其中正确识别 a 次; 加上实际测试时的 n 次识别测试, 等效样本容量 $n + a + b$, 其中等效正确识别 $x + a$ 次. 当参数 $a = b =1$ 时, 由 (2.17) 式可知: 此时 Beta 先验分布退化为 [0,1] 区间上的均匀分布. 这说明无信息先验实际上是 Beta 先验分布的一个特例. 由式 (2.18), 得到无信息先验情况下的后验概率密度函数为

$$\pi(p|x, n) = \text{betapdf}(p\,; x + 1, n + 2) \tag{2.19}$$

记 $n^* = n + a + b - 2$, $x^* = x + a - 1$, 对比式 (2.18) 和式 (2.19) 不难发现: 样本量为 n, 正确识别次数为 x 时采用参数为 (a, b) 的 Beta 先验进行计算所得到的后验分布, 与采用无信息先验时样本量为 n^*, 正确识别次数为 x^* 时的后验分布完全相同. 因此 Beta 先验分布下的样本量分析可转换到无信息先验情况下进行, 而 Beta 先验分布降低最小样本容量 $n_{\min}$ 的实际作用则可以用其参数和 $a + b$ 定量给出.

Beta 分布先验下样本量分析的关键在于确定 Beta 分布的两个参数 a 和 b. Duran[11] 研究了两种确定 Beta 先验分布参数的方法:

1) 利用先验分布的均值和一个分位数;

2) 用先验分布的两个分位数.

下面结合 ATR 评估的一般需求, 分别运用这两种方法对几个典型的均值和分位点取值进行计算, 具体结果见表 2.3 和表 2.4. 表 2.3 中 Mean 表示均值, $R_{0.95}$ 表示 0.95 的分位点; 表 2.4 中 $R_{0.05}$ 和 $R_{0.95}$ 分别表示 0.05 和 0.95 的分位点. 利

用表 2.3 和表 2.4 可以分析 Beta 先验分布对于降低测试样本量的实际作用. 再结合表 2.1, 就可以计算 Beta 先验分布时所需的最小样本容量 $n_{\min}-(a+b)$.

表 2.3 Beta 先验分布参数 (已知均值和 $R_{0.95}$)

Mean	$R_{0.95}$	a	b	$a+b$
0.55	0.75	8.36	6.84	15.20
0.55	0.80	5.07	4.15	9.22
0.55	0.85	3.27	2.67	5.94
0.55	0.90	2.14	1.75	3.89
0.55	0.95	1.35	1.10	2.45
0.60	0.75	15.79	10.52	26.31
0.60	0.80	8.39	5.60	13.99
0.60	0.85	4.97	3.31	8.28
0.60	0.90	3.07	2.05	5.12
0.60	0.95	1.84	1.23	3.07
0.65	0.75	37.07	19.96	57.03
0.65	0.80	15.53	8.36	23.89
0.65	0.85	8.05	4.33	12.38
0.65	0.90	4.56	2.46	7.02
0.65	0.95	2.57	1.38	3.95
0.70	0.75	151.88	65.09	216.97
0.70	0.80	35.68	15.29	50.97
0.70	0.85	14.55	6.24	27.79
0.70	0.90	7.21	3.09	10.30
0.70	0.95	3.71	1.59	5.30
0.75	0.80	142.58	47.52	190.10
0.75	0.85	32.58	10.86	43.44
0.75	0.9	12.68	4.23	16.91
0.75	0.95	5.68	1.89	7.57
0.75	0.99	2.45	0.81	3.26
0.80	0.85	126.13	31.53	157.66
0.80	0.9	27.45	6.86	34.31
0.80	0.95	9.61	2.40	12.01
0.80	0.99	3.63	0.91	4.54
0.85	0.90	101.54	17.92	119.46
0.85	0.95	19.74	3.48	23.22
0.85	0.99	5.92	1.05	6.97
0.90	0.95	67.33	7.48	74.81
0.90	0.99	11.74	1.31	13.05

表 2.4　Beta 先验分布参数 (已知 $R_{0.05}$ 和 $R_{0.95}$)

$R_{0.05}$	$R_{0.95}$	a	b	$a+b$
0.50	0.70	38.47	25.45	63.92
0.50	0.75	24.82	14.65	39.47
0.50	0.80	17.16	8.96	26.12
0.50	0.85	12.33	5.61	17.94
0.50	0.90	8.98	3.48	12.46
0.55	0.75	39.41	20.95	60.36
0.55	0.80	24.93	11.69	36.62
0.55	0.85	16.79	6.85	23.64
0.55	0.90	11.64	4.02	15.66
0.55	0.95	7.90	2.19	10.09
0.60	0.75	70.61	33.70	104.31
0.60	0.80	38.98	16.37	55.35
0.60	0.85	24.01	8.74	32.75
0.60	0.90	15.55	4.78	20.33
0.60	0.95	10.02	2.45	12.47
0.65	0.75	158.30	67.51	225.81
0.65	0.80	68.52	25.63	94.15
0.65	0.85	36.79	11.88	48.67
0.65	0.90	21.78	5.89	27.67
0.65	0.95	13.05	2.79	15.84
0.70	0.80	150.94	49.94	200.88
0.70	0.85	63.53	18.03	81.56
0.70	0.90	32.64	7.72	40.36
0.70	0.95	17.76	3.29	21.05
0.70	0.99	9.4	1.21	10.61
0.75	0.85	136.81	33.77	170.58
0.75	0.9	54.84	11.18	66.02
0.75	0.95	25.73	4.05	29.78
0.75	0.99	12.38	1.33	13.71
0.80	0.90	114.23	19.68	133.91
0.80	0.95	41.47	5.42	46.89
0.80	0.99	17.27	1.50	18.77
0.85	0.95	81.75	8.57	90.32
0.85	0.99	26.61	1.78	28.39
0.90	0.95	269.42	21.32	290.74
0.90	0.99	49.72	2.36	52.08

2. 广义 Beta 分布先验时的样本容量分析

Beta 概率密度函数的值域是整个 [0,1] 区间. 当存在强有力的先验知识时, 还可以考虑采用广义 Beta 分布作为先验分布, 将先验概率密度函数限定在某个更小的值域中:

$$\mathrm{gbetapdf}(p;a,b,p_1,p_2)=\frac{1}{\mathrm{Beta}(a,b)\cdot(p_2-p_1)^{a+b-1}}(p-p_1)^{a-1}(p_2-p)^{b-1}\quad(2.20)$$

$$(p_1\leqslant p\leqslant p_2)$$

广义 Beta 分布不具备 Beta 分布的共轭特性, 因而其统计意义不如 Beta 分布那么明显. 但是采用广义 Beta 分布可以更灵活地给出先验知识. 以广义 Beta 分布作为先验, 对应的后验分布为[12]

$$\pi(p;a,b,p_1,p_2,x,n)=(\mathrm{Prior})\left(\frac{1}{P_0(x;\eta,\xi)}\left(\frac{p}{p_1}\right)^{x}\left(\frac{1-p}{1-p_1}\right)^{n-x}\right)\quad(2.21)$$

$$(p_1\leqslant p\leqslant p_2)$$

其中 $\eta=-(p_2-p_1)/p_1$, $\xi=(p_2-p_1)/(1-p_1)$, Prior 表示先验分布, P_0 由下式定义:

$$P_0(x;\eta,\xi)=\sum_{k=0}^{n-x}\sum_{m=0}^{x+j}\frac{(a,m+k)(-(x+j),m)(x-n,k)}{(a+b,m+k)}\frac{\eta^m}{m!}\frac{\xi^k}{k!}\quad(2.22)$$

$$(j\geqslant 0)$$

式 (2.22) 中的 (m,n) 表示 $m(m+1)\cdots(m+n-1)$, 相关的推导细节和证明见文献 [116]. 特别地, 当参数 $a=b=1$ 时, 广义 Beta 分布退化为 $[p_1,p_2]$ 上的均匀分布, 式 (2.21) 相应简化为

$$\pi(p;p_1,p_2,x,n)=\frac{\mathrm{betapdf}(p;x+1,n-x+1)}{F(p_2;x+1,n-x+1)-F(p_1;x+1,n-x+1)}\quad(2.23)$$

其中 $\mathrm{betapdf}(p;x+1,n-x+1)$ 为式 (2.17) 给出的 Beta 概率密度函数, $F(p;x+1,n-x+1)$ 表示 $\mathrm{betapdf}(p;x+1,n-x+1)$ 的累积分布函数.

采用广义 Beta 分布先验后, 后验分布将被限定在与先验分布相同的值域范围内, 因而所估计出的 HPD 区间也将限于此范围内. 直接应用式 (2.20)~(2.23) 来计算 WOC 下的最小样本容量 $n_{\min}$ 是非常繁琐且费时的, 下面给出一种近似计算的求解思路.

有关识别率的先验概率分布通常是单峰形式, 选用 HPD 区间对识别率进行区间估计, 先验分布中真正有用的只是峰值附近区域内的概率分布. 先验分布在

峰值附近区域内的概率分布决定了后验分布在峰值附近区间内的概率分布. 注意到当 Beta 分布的参数 $a+b$ 较大时, 其概率密度在靠近值域边缘 (0 或 1) 处很低, 这就产生了利用 Beta 分布来近似广义 Beta 分布峰值附近区域内概率密度的可能. 例如, 图 2.2 中广义 Beta 分布 gbetapdf(p; 7.3, 3.97, 0.69, 0.97) 在峰值附近区域内的概率分布就可以用 Beta 分布 betapdf(p; 60, 9) 较好近似.

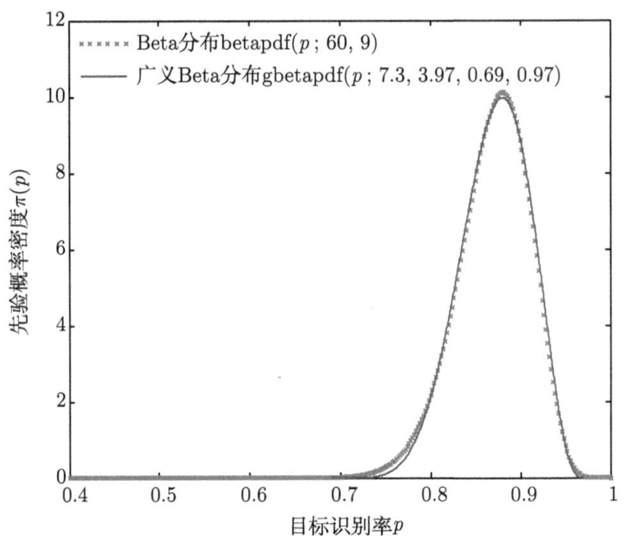

图 2.2　用 Beta 分布近似广义 Beta 分布示意图

当似然函数相同时, 相近的先验分布将产生相近的后验分布. 因此, 可将广义 Beta 分布先验下的样本容量分析转换到 Beta 分布先验的情况下进行. 许多计算软件 (如 Matlab) 中都自带 Beta 概率密度函数, 因而可以方便地调整 Beta 分布的两个参数去近似已知的广义 Beta 分布. 一旦用于近似的 Beta 分布确定, 就可以利用 Beta 分布的参数和 $a+b$ 来定量给出先验信息对于降低样本容量的实际作用. 至于曲线拟合的具体方法, 已有大量成熟的研究成果可以使用, 这里不再介绍.

本 章 小 结

即使是熟练且富有经验的判读人员, 在面对一些复杂场景中的目标识别问题也很有可能犯各类错误 (如虚警、漏警、误判等), 更不要说现阶段尚不完善的自动目标识别算法或系统. 概率型指标从统计原理的角度客观描述了 ATR 过程及结果各类不确定事件发生的可能性, 目标识别率就是一种典型的概率型指标. ATR 评价的一个基本任务就是准确地估计出识别率. 与此密切相关的三个因素分别是估计精度、参与测试的样本容量以及所采用的统计学方法.

ATR 评价中的传统估计方法沿用了经典统计学派的思想, 完全依赖试验结果估计识别率. 无论是点估计值法还是区间估计法, 都存在两个难以克服的技术缺陷: ①无法融合先验信息; ②不能直接预测试验所需的测试样本容量. 贝叶斯估计方法则能够从原理上解决传统方法的上述不足之处.

在贝叶斯理论框架中, 识别率是具有一定分布形式的随机变量. 因而区间估计成为更为合理的估计形式, 相关的问题包括选择区间类型和确定估计准则. 此外, ATR 评价对估计精度要求的潜在要求也是应该事先了解的知识.

提出估计精度的要求后, 测试集的样本容量成为制约估计精度的主要因素. 由于事先并不知道测试结果, "最坏结果准则" (WOC) 成为预测样本容量的保守判断条件. 另外, 先验信息的丰富程度也决定了对于样本容量需求的判断. 典型估计精度要求下, 以表格形式定量给出的所需最小样本容量可以为 ATR 评价的试验设计提供参考.

文献和历史评述

鉴于自动目标识别 (ATR) 的实际性能表现, 几乎所有人从一开始就抱着一种 "识别结果并非确定" 的观点. 识别 (概) 率因而成为度量这类初级人工智能辨别能力的常用概率型指标. 很难说哪篇文献最早使用置信区间的形式估计识别率, 但至少文献 [13] 属于较早专门针对 ATR 评价应用背景进行讨论的文献. 文献 [14]、[15] 和 [16] 虽然不是专门研究概率型指标估计, 但其综述中都对概率型指标估计方法进行了介绍. 文献 [17] 结合实际项目归纳总结了 ATR 评价中的常用概率型指标. 文献 [8] 是该专题领域中较为全面的综述性文献, 不仅总结了多种区间类型及对应的估计方法, 还通过数字仿真对多种方法展开了对比讨论.

本章所回顾的传统估计方法都是基于经典统计学原理的, 因而无论是点估计值法还是置信区间法, 都无法在估计过程中融合先验信息. 文献 [8] 归纳的估计方法虽然有几种属于贝叶斯分析, 但在具体的公式推导中采用了无信息先验这一默认前提. 撇开先验信息的获取难易及作用, 缺乏对先验信息的应用本身就是方法层面的先天不足, 由此导致的一个直接后果就是无法准确预测所需的测试样本容量. 文献 [7] 和 [9] 没有直接研究识别率估计, 但由于识别率在数学本质上就是二项比率 (binomial proportion), 因此这两篇完全是基于贝叶斯理论框架的统计学论文对于定量分析测试样本容量来说极具借鉴价值.

获取先验信息是有效进行贝叶斯分析的前提. 考虑到识别率的取值范围不可能超过 [0,1] 的值域范围, 经典统计教材中对先验信息做高斯分布的假设不再适用. 文献 [18] 认为 Beta 分布以及更具普遍意义的广义 Beta 分布可以作为成败型试验先验信息的两种典型分布形式. 对于如何确定具体的参数, 文献 [11] 中给出了如何确定 Beta 分布参数的两种简单方法, 文献 [12] 推导了采用广义 Beta 先验时的后验概率密度表达式.

统计学是理解识别率估计的基础, 文献 [18] 和 [19] 可以为需要复习基本概念的读者提供参考. 对样本容量的需求分析实际上属于 ATR 评价试验设计的考虑. 正如 Berger[7] 指出, 任何具体问题中的样本容量估计 (分析) 都隐含着将要采用决策论途径的潜在可能, "统计学中的一个重要方面就是选择实验, 通常称之为实验设计. 作为这种选择必须在取得数据 (从而后验分布) 之前决定 …… 这类问题常被称为预后验分析". 统计决策论为开展实际条件约束下的 ATR 评估问题提供了更为宽广的理论基础, 感兴趣的读者可以参考 Berger 的经典著作 [7] 或贾乃光的译著 [20] 以及它们附录中所列的文献.

最后需要指出, 本章中阐述的识别率估计方法都是基于开展目标识别测试结果的统计分析方法, 估计精度虽然与测试样本容量相关, 但其估计值却反映出被测试的算法或系统自身的分类识别能力. 例如, 文献 [21] 就以近年来非常流行的卷积神经网络为例, 使用等价的 "误识率" 指标分析了卷积神经网络自身结构对其分类性能所造成的影响. 只有在一些特殊的应用场合下, 才能够实现对统计推断过程中每一个事件构建统计建模, 进而直接进行识别率指标的理论预测, 如文献 [22] 在研究跨年龄面部识别问题时, 采用了概率动态规划的思想, 提出一种离线学习算法并推导出该离线学习算法的误识率近似公式, 从而在理论上估计出该算法的误识率.

参考文献

[1] Lécun Y, Bottou L. Gradient-based learning applied to document recognition[J]. Proceedings of the IEEE, 1998, 86(11): 2278-2324.

[2] Alom M Z, Taha T M, Yakopcic C, et al. The history began from alexnet: a comprehensive survey on deep learning approaches[J]. Computer Vision and Pattern Recognition, 2018.

[3] Simonyan K, Zisserman A. Very deep convolutional networks for large-scale image recognition[C]. International Conference on Learning Representations. Computational and Biological Learning Society, 2015.

[4] He K, Zhang X, Ren S, et al. Deep residual learning for image recognition[C]. IEEE Conference on Computer Vision and Pattern Recognition (CVPR), 2016: 770-778.

[5] Huang G, Liu Z, Van Der Maaten L, et al. Densely connected convolutional networks[C]. Proceedings of the IEEE Conference on Computer Vision and Pattern Recognition, Honolulu, HI, USA, 2017: 2261-2269.

[6] Zoph B, Vasudevan V, Shlens J, et al. Learning transferable architectures for scalable

image recognition[C]. Proceedings of the IEEE Conference on Computer Vision and Pattern Recognition, Salt Lake City, UT, USA, 2018: 8697-8710.
[7] Berger J O. Statistical Decision Theory and Bayesian Analysis[M]. 2nd ed. New York: Springer-Verlag, 1985.
[8] Ross T D. Confidence intervals for ATR performance metrics[A]. Algorithms for Synthetic Aperture Radar Imagery VIII, 2001, Orlando, FL, USA, SPIE 4382: 318-329.
[9] Joseph L, Wolfson D B, Berger R. Sample size calculations for binomial proportions via highest posterior density intervals[J]. The Statistician, 1995, 44(2): 143-154.
[10] Kotz S, 吴喜之. 现代贝叶斯统计学 [M]. 北京: 中国统计出版社, 2000.
[11] Duran B S, Booker J M. A Bayes sensitivity analysis when using the beta distribution as a prior[J]. IEEE Trans. on Reliability, 1988, 37(2): 239-247.
[12] Pham T G, Turkkan N. Bayes binomial sampling by attributes with a general-beta prior distribution[J]. IEEE Trans. on Reliability, 1992, 41(2): 310-316.
[13] Automatic Target Recognition Working Group (ATRWG). Application of confidence Intervals to ATR performance evaluation[R]. AFB OH: Wright Patterson, No. 88-006, 1988.
[14] Alsing S G. Evaluation of competing classifiers[D]. AFB, OH: Air Force Inst. of Tech., School of Engineering, 2000.
[15] Bassham C B. Automatic target recognition classification system evaluation methodology[D]. AFB, OH: Air Force Inst. of Tech., School of Engineering and Management,2002.
[16] Higdon J M. Utility of experimental design in automatic target recognition performance evaluation[D]. AFB, OH: Air Force Inst. of Tech., School of Engineering and Management, 2001.
[17] Ross T D, Worrell S, Velten V. Standard SAR ATR evaluation experiments using the MSTAR public release data set[A]. Algorithms for Synthetic Aperture Radar Imagery V[C], 1998, Orlando, FL, USA, SPIE 3370: 566-573.
[18] 唐雪梅. 武器装备小子样试验分析与评估 [D]. 长沙: 国防科学技术大学, 2007.
[19] 吴翊, 李永乐, 胡庆军. 应用数理统计 [M]. 长沙: 国防科技大学出版社, 1995.
[20] Berger J O. 统计决策论及贝叶斯分析 [M]. 贾乃光, 译. 北京: 中国统计出版社, 1998.
[21] 王光波, 孙仁诚, 隋毅, 邵峰晶. 卷积神经网络复杂性质与准确率的关系研究 [J]. 复杂系统与复杂性科学, 2001, 18(2): 60-65.
[22] 郑啟豪. 人脸识别离线学习算法的误识别率估计 [D]. 厦门: 厦门大学, 2020.

第 3 章　识别率选优与排序

3.1　引　　言

第 2 章已经提到, 我们在本书中将概率型指标的估计和比较作为两个不同的问题. 比较概率型指标实质就是以某个指标 (如识别率, 本章就以识别率为典型代表进行阐述) 的高低为依据进行推断. 如前所述, 识别率本身具有不确定性, 造成依据该指标进行评估的极大障碍, 而指标自身的不确定特性使得比较过程演变为不确定推理. 类似于识别率估计, 样本容量同样是制约比较结果可信度高低的一个主要因素.

有关识别率比较问题的文献分布较为零散, 一些比较方法夹杂在识别算法相关的研究中. 许多比较方法的研究重点局限在以识别率为准则来选取最优算法, 而且不少方法仅适用于两个算法参与评估的情况. 当需要将多个算法按照识别率高低进行优劣排序时, 现有的或多或少存在着这样或那样的功能缺陷. 此外, 现有方法多以假设检验方式实现识别率的差异比较, 只能事先拟定出比较结果的可信程度, 而不是根据测试结果灵活计算.

本章中我们将基于识别率指标的比较问题归结为一类特殊的不确定推理问题, 基于贝叶斯原理给出一种适用范围广泛的识别率比较方法, 并实现比较结果置信度的定量分析. 具体内容包括: 首先归纳分析现有的识别率比较方法及存在的共性问题, 给出对应的解决思路; 然后有针对性地提出一种基于不确定推理的识别率比较方法——后验概率法, 用以定量分析比较结果置信度和样本容量的关系; 最后揭示并证明经验做法中的最大似然原理, 总结两个定理指导 ATR 评估的现实意义.

3.2　现有识别率选优与排序方法

现有识别率指标比较方法大致可分为单次比较法和序贯比较法两类. 下面我们对这两类方法分别进行介绍, 并逐一指出其方法层面上存在的问题.

3.2.1　单次比较法

单次比较法的突出特点是基于一些假设条件, 在获取了某个特定测试集后将所有样本一次性用以测试来得到比较结果, 故称 “单次比较法”. 具体来说, 就是假设 ATR 算法对测试集内所有样本的正确识别概率都相同, 记为 p; 并且所有样本都是相互独立的, 即假设测试中对每个样本的识别都是一次独立测试. 这两个假设实质上是将 ATR 测试过程当作 Bernoulli 试验来对待, 因而一般都采用二项分布模型来描述算法的识别率. 目前主要有 4 种典型的单次比较方法.

方法 1 点估计值比较法

最简单的一种方法是先对各 ATR 算法识别率 p (或等效的误识率 e) 进行点估计, 然后用所得到的点估计值进行比较.

沿用第 2 章分析过程的符号: 当测试样本容量为 n 时, 可用序列 $x_i(x_i = 1$ 或 $0, i = 1, 2, \cdots, n)$ 记录整个识别过程. 用 X 表示正确识别的总次数, 则 X 是一个服从二项分布的随机变量 $X \sim B(n, p)$. 识别率估计值 $\hat{p}$ 的计算式为

$$\hat{p} = \frac{X}{n} \tag{3.1}$$

可见, $\hat{p}$ 也是随机变量.

将点估计值作为比较依据, 比较方法是直接而简单的. 当样本容量 n 较小时, 比较结果可能会因为 $\hat{p}$ 的随机性而有所波动. 随着测试样本容量 n 的增大, $\hat{p}$ 逐渐逼近真值 p, 比较结果的可信程度也逐渐增大.

点估计值比较法是一种非常简单易行的比较方法, 实际中往往被不自觉地广泛运用. 但是这种比较方法无法回答所得结论的可信程度, 也不能预测为达到某个置信度所需的测试样本容量.

方法 2 区间估计值比较法

点估计值比较法的主要缺陷是无法给出估计结果的置信度和变动范围. 区间估计显然给出了有关识别率的更多有用信息.

相对于点估计值比较法, 区间估计值比较法所面临的问题要更多一些: 在样本容量一定的情况下, 无论是经典统计方法还是贝叶斯方法对识别率进行区间估计, 置信度和区间长度总是相互矛盾. 要实现有效比较就自然要求各个置信区间之间不重叠. 但如果缩减区间长度, 又将降低所得区间的置信度. 另外, 识别率的置信区间不是区间数 (关于区间数的定义见文献 [1] 或文献 [2] 的引述), 其 “正确性” 仅在一定置信度下成立. 这意味着以区间估计值为基础进行识别率的比较, 实质上是一种以不确定性 “命题” 为基础的推理过程. 按照不确定推理的一般原则, 多个命题 “逻辑与” 的不确定性 (这里对应为置信度) 应小于等于其中任意一个命题的不确定性[3]. 因此, 以区间估计值为基础进行比较, 最终结论的置信度小于等于其中任意一个置信区间的置信度. 出于上述原因, 要得到一个高置信度的比较结论, 区间估计值比较法需要先估计出同时具有很窄宽度和很高置信度的置信区间, 而第 2 章的计算分析表明, 这种高精度的区间估计对测试样本容量的需求很大.

方法 3　区间差值法

区间差值法和区间估计值比较法的区别在于: 区间差值法计算的是两个 ATR 算法识别率 p_1 和 p_2 差值的置信区间. 如果这个区间不包含 0, 则认为 p_1 和 p_2 之间存在 "显著差异"(significant different). 在近似正态的假设前提下, 置信度 $1-\alpha$ 时 p_1-p_2 的置信区间为

$$\left[(p_1-p_2)-z_{\alpha/2}\sqrt{\frac{p_1(1-p_1)}{n_1}+\frac{p_2(1-p_2)}{n_2}},\right.$$
$$\left.(p_1-p_2)+z_{\alpha/2}\sqrt{\frac{p_1(1-p_1)}{n_1}+\frac{p_2(1-p_2)}{n_2}}\right] \tag{3.2}$$

用无偏估计值 $\hat{p}_1$ 和 $\hat{p}_2$ 替换式 (3.2) 中的 p_1 和 p_2, 得到可实际计算的置信区间[4] 如下

$$\left[(\hat{p}_1-\hat{p}_2)-z_{\alpha/2}\sqrt{\frac{\hat{p}_1(1-\hat{p}_1)}{n_1}+\frac{\hat{p}_2(1-\hat{p}_2)}{n_2}},\right.$$
$$\left.(\hat{p}_1-\hat{p}_2)+z_{\alpha/2}\sqrt{\frac{\hat{p}_1(1-\hat{p}_1)}{n_1}+\frac{\hat{p}_2(1-\hat{p}_2)}{n_2}}\right] \tag{3.3}$$

式 (3.2) 和式 (3.3) 中 n_1 和 n_2 分别表示对 ATR 算法 1 和算法 2 进行测试的样本数目. 若用同一批样本进行测试, 则可令 $n=n_1=n_2$.

区间差值法实质上构造了近似服从正态分布的检验统计量 $\hat{p}_1-\hat{p}_2$, 然后在显著性水平 α 下做假设检验, 因此本质上是一种统计推断方法. 由于比较结果的统计意义明显、操作简单, 在雷达自动目标识别 (RATR) 评估中得到了广泛应用[4]. 其他的一些两两比较方法[5], 实质上是区间差值法的变形或简化. 区间差值法的主要缺陷在于一次只能比较两个 ATR 算法. 如果要进行多个算法的比较, 则需要进行多次两两比较, 然后将这些两两比较结果合成最终的比较结果. 由此产生的问题是: 多个假设检验结果的合成将导致最终比较结果置信度降低. 应用 Bonferroni 不等式可以在一定程度上缓解最终比较结果置信度的下降, 关于这个问题将在后面结合方法 6 进行说明.

方法 4　R&S 法

R&S 法是 Gibbons 等[6] 针对总体排序选优而提出的一种比较方法. R&S 法并不是要确定 m 个总体的成败率 p_i, 而是要从 m 个具有二项分布的总体中选择具有最大 p 值的那个总体. 很明显, R&S 法只能对多个 ATR 算法进行选优, 即找出识别率最大的 ATR 算法. 因此, 在确定了比较结果显著性水平 α 之后, 决定所

需最小测试样本容量 $n_{\min}$ 的将是最优识别率 $p_{[m]}$ 和次优识别率 $p_{[m-1]}$ 之间的差值 $\delta = p_{[m]} - p_{[m-1]}$(作者认为不妨将此差值理解为“区分敏感度”). 表 3.1[6] 给出了显著性水平 $\alpha = 0.05$ 时, 从 m 个 ATR 算法中选出最优算法所需的最小测试样本容量.

表 3.1 R&S 法所需的最小测试样本容量 ($\alpha = 0.05$)

δ	m		
	2	3	4
0.01	13527	18360	21259
0.02	3381	4589	5314
0.03	1502	2039	2361
0.04	845	1146	1327
0.05	540	733	849
0.10	134	182	211

R&S 法操作起来非常简单: 首先, 按照表 3.1 确定测试集并算出各 ATR 算法识别率的点估计值 $\hat{p}_i(1\leqslant i \leqslant m)$; 然后, 按 $\hat{p}_i$ 值大小进行排序; 最后, 选择 $\hat{p}_i$ 最大的 ATR 算法作为最优算法, 则选择正确的概率不小于 $1 - \alpha = 0.95$.

作为一种比较识别率方法, R&S 法的缺陷很明显: 只能从 m 个算法中选出最优 (识别率最高) 算法. 因此当 $m>2$ 时, R&S 法不能按照识别率高低对算法进行优劣排序.

3.2.2 序贯比较法

前面介绍的 4 种识别率比较方法都是一次性地将所有样本用以算法测试并得出比较结果. 下面我们将介绍两种采用序贯方式进行比较的方法.

方法 5 Wald 序贯检验法

作为序贯分析的创始人, Wald 提出了一种序贯假设检验方法[7]. Wald 序贯检验法有多个具体应用形式, 与识别率比较问题密切相关的是对两个二项分布总体均值的检验方法. 不同于以往比较方法中度量“均值差”的分析思路, Wald 考察两个算法识别率的“效率”比. 该“效率”(efficiency) 被定义为 $k = p/(1-p)$, 算法 1 和算法 2 的效率比为

$$u = \frac{k_2}{k_1} = \frac{\dfrac{p_2}{1-p_2}}{\dfrac{p_1}{1-p_1}} = \frac{p_2(1-p_1)}{p_1(1-p_2)} \tag{3.4}$$

序贯检验过程中, 如果发现 $u < 1$, 说明 ATR 算法 1 比 2 优异 (识别率高); $u = 1$, 说明二者等同; 如果 $u > 1$, 则说明算法 2 更优异. Wald 序贯检验法的具体步骤详见 Wald 在序贯检验方面的研究著作 (文献 [7] 第 6 章), 这里不再赘述.

Wald 序贯检验法与前面所介绍的几种比较方法明显不同. 由于采用序贯检验策略, 其优点有

✧ 当两个算法识别率 p_1 和 p_2 之间的差异比预期灵敏度 δ 大时, 该方法实际使用的测试样本数目大大减少.

✧ 可同时设置假设检验的两类错误容限, 而前 4 种单次比较方法只能控制第一类检验错误概率——显著性水平 α.

当然, Wald 序贯检验法也存在一定局限性: 首先, 该方法一次只能比较两个算法; 其次, 由于采用序贯检验策略, 该方法只能预测所需测试样本容量的期望值. 针对前一项不足, Catlin 提出了一种基于 Wald 序贯检验的识别率比较方法——Wald MSRB 法[8].

方法 6 Wald MSRB 法

Wald MSRB 法的两个基础分别是 Wald 序贯检验法和 MSRB(Modified Sequentially Rejective Bonferroni) 法[9]. 概括地讲, Wald MSRB 法就是用 MSRB 法来处理 m 个 ATR 算法两两比较的 Wald 序贯检验结果, 然后选出识别率最大的 ATR 算法. 下面着重阐述 MSRB 法在识别率比较中的应用.

MSRB 法的核心思想是灵活应用 Bonferroni 不等式. 一般认为, 当采用多组两两比较结果合成最终的比较结果时, 最终结果置信度是各组两两比较结果置信度的乘积. 例如[8], 对 4 个 ATR 算法识别率进行比较并得到总排序, 需要做 6 次两两比较. 如果每组两两比较结果的置信度都为 0.95, 则总排序结果的置信度仅为 $0.95^6 \approx 0.735$. 应用 Bonferroni 不等式可以提高最终结论的置信度. Bonferroni 不等式保证: 所有两两比较结果的第一类检验错误概率 (显著性) 总和大于或等于联合这些结果所得出结论的显著性[3]. 因此, 可以通过设置每个两两比较结果的显著性为 α/m 来保证, m 个 ATR 算法比较 (排序) 结论的显著性不超过 α.

下面考虑 Catlin 在文献 [8] 中给出的例子:

对 4 个 ATR 算法采用 Wald MSRB 法进行比较, 要求最终结果的显著性水平为 0.05. 一开始, 按 Wald 序贯检验法同时对 4 个算法展开 6 组两两比较, 保持参数 $\alpha = 0.05/6 \approx 0.0083$ 直至排除第一个 ATR 算法. 然后, 继续按 Wald 序贯检验法对剩下的 3 个算法展开 3 组两两比较, 并调整参数 $\alpha = 0.05/3 \approx 0.0167$. 反复上述过程, 直至剩下唯一最优的 ATR 算法.

显然, Wald MSRB 法是一种以 Wald 序贯检验为比较手段的 MSRB 法, 其优点主要体现在所使用的测试样本容量上. 同等显著性要求下, Wald MSRB 法实际使用的样本数目大幅降低. Wald MSRB 法的不足可以概括为三个方面:

✧ 只是部分实现了多个 ATR 算法的比较, 即只能选出最优的算法而不是对多个算法按识别率高低进行排序.

✧ 文献 [8] 虽然以试验及仿真手段验证了对测试样本容量的需求有较大下降,

却无法进行定量的预先分析 (只能以 R&S 法提供的 $n_{\min}$ 作为上限值).

✧ 采用逐一排除最劣算法的选优策略, 因而实际操作中有可能将某些算法过早淘汰.

3.3 评估事件后验概率推理方法

3.3.1 ATR 评估问题的需求

前面简要回顾了一些现有比较方法, 并且逐一分析了它们各自的特点及局限. 通过上述讨论, 我们可以得出这样的结论: 实际工作中有限的测试样本 (还经常不够用) 使得对识别率的比较实际上是在一种不完全确定的状态下进行推断, 因而从本质上可以从不确定推理的角度做深入思考.

针对比较概率型的 ATR 评估问题, 我们总结出一种理想的不确定推理方法所应该具备的几项功能性要求:

✧ 能够充分利用先验信息;

✧ 能够根据停止法则实施中止, 减少测试时间和样本采集代价;

✧ 允许测试过程被强制打断, 但仍然能够利用已有测试结果得出结论;

✧ 比较结果具有明确的统计意义;

✧ 有效实现多个 ATR 算法的比较 (包括选优和排序);

✧ 具备半定制能力, 即能够根据评估目的设计具体的操作流程.

3.3.2 事件后验概率的计算

针对上述几点功能需求, 我们提出一种不确定推理角度的解决方案——后验概率法 (Posterior Probability Procedure), 其基本思想可概括如下:

基于贝叶斯分析的理论体系, 将识别率 P 视作随机变量. 实验结果与先验信息通过贝叶斯公式进行融合, 所得后验概率分布 $\pi(p|x,n)$ 包含了识别率的全部 (不确定性) 信息. 为实现基于识别率的比较 (如选优或者排序), 需要根据具体的比较问题抽象出特定的不确定事件, 并计算这些事件的发生概率, 以此作为识别率比较问题的推理判据.

后验概率法的逻辑基础是概率推理, 核心问题在于计算各个事件的后验概率, 具体操作流程如图 3.1 所示.

我们结合图 3.1 来逐步阐述后验概率法的求解步骤.

步骤 1 设计操作流程.

这一步主要是根据具体的比较问题, 设计出符合实际需求的操作流程, 主要包括比较内容、停止法则及检验步长 3 个方面内容. 其中, 比较内容指针对具体问题需要知道的特定事件 (后验) 概率. 例如, 为了从 m 个 ATR 算法中选出具有最优识别性能的算法, 决策者需要知道 "ATR 算法 i 识别率最优" 这 m 个特定事件的概率. 停止法则指停止整个操作的条件, 如比较结果置信度大于 0.95、所用测试样本 $n > 1000$ 等. 检验步长指每次对 k 个样本进行测试, 再判断是否中止检验.

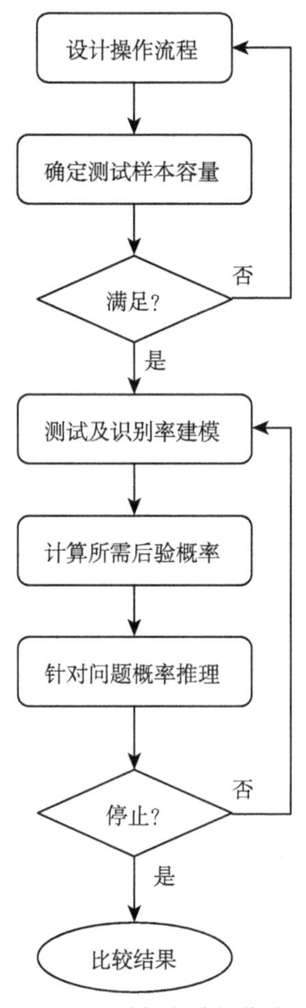

图 3.1　后验概率法操作流程

步骤 2　确定测试样本容量.

这一步主要是根据步骤 1 设计出的操作流程来预先确定测试样本容量, 并建立测试集. 如果所需样本容量过大, 则适当调整步骤 1 给出的设计结果 (例如适当降低比较结果置信度的要求). 有关测试样本容量的分析将在 2.4 小节作详细讨论.

步骤 3 测试及识别率建模.

这一步首先按照步骤 1 中确定的步长 k, 选择 k 个新样本对 m 个 ATR 算法分别进行测试. 然后根据测试结果及先验信息, 按贝叶斯理论建立每个 ATR 算法识别率的概率分布模型 $P_i(1 \leqslant i \leqslant m)$.

根据贝叶斯公式, 经 n 个样本测试后识别率的后验概率密度函数为

$$\pi(p|x,n) = \frac{\pi(p)f(x,n|p)}{\displaystyle\int_{\Theta} \pi(p)f(x,n|p)dp} \tag{3.5}$$

式 (3.5) 中 $\pi(p)$ 表示识别率的先验分布; $f(x,n|p)$ 为似然函数; Θ 为 p 的值域. 显然, 后验概率分布 $\pi(p|x,n)$ 由似然函数 $f(x,n|p)$ 与先验信息 $\pi(p)$ 共同决定.

单次识别结果为 0-1 变量, 因此 ATR 算法测试可看作成败型试验. 测试样本容量 n 时, 正确识别 x 次的概率为

$$f(x,n|p) = \begin{pmatrix} n \\ x \end{pmatrix} p^x(1-p)^{n-x} \tag{3.6}$$

若假设先验信息 $\pi(p)$ 服从 Beta 分布, 即

$$\begin{aligned} \pi(p) &= \mathrm{betapdf}(p\,;a,b) \\ &= \frac{1}{\mathrm{Beta}(a,b)} p^{a-1}(1-p)^{b-1} \quad (0<p<1) \end{aligned} \tag{3.7}$$

将式 (3.6) 和式 (3.7) 代入式 (3.5) 进行积分运算, 得到识别率的后验概率密度函数:

$$\pi(p|x,n) = \frac{1}{\mathrm{Beta}(x+a,n-x+b)} p^{x+a-1}(1-p)^{n-x+b-1} \quad (0<p<1) \tag{3.8}$$

很明显, 上述推导所得的识别率后验概率服从 Beta 分布.

步骤 4 计算所需后验概率.

如前所述, 特定事件的后验概率是进行识别率比较的推理判据. 下面以选优问题为例, 说明如何计算所需后验概率.

设共有 m 个 ATR 算法参与比较, 记 ATR 算法 $i(1 \leqslant i \leqslant m)$ 的识别率为 P_i. 当执行到步骤 4 时, 已测试了 n 个样本, ATR 算法 i 正确识别的样本数为 x_i. 那么, ATR 算法 i 为最优算法 (识别率 p_i 最大) 的概 Pb_i 可表述为

$$Pb_i = P\{P_i > P_j | j \neq i,\ j = 1,2,\cdots,m\} \tag{3.9}$$

一般可以认为 ATR 算法 i 和 ATR 算法 j 的识别过程相互独立. 故 m 个 ATR

算法识别率的联合概率密度函数为

$$\pi(p_1, p_2, \cdots, p_m) = \prod_i \pi(p_i|x_i, n) \tag{3.10}$$

采用式 (3.8) 给出的后验概率模型, 式 (3.10) 变为

$$\pi(p_1, p_2, \cdots, p_m) = \prod_i \mathrm{betapdf}(p_i; x_i + a_i, n - x_i + b_i) \tag{3.11}$$

由式 (3.11), 式 (3.9) 可进一步变为

$$\begin{aligned} Pb_i &= \underset{P_i > P_j (j \neq i)}{\iint \cdots \int} \prod_i^m \mathrm{betapdf}(p_i; x_i + a_i, n - x_i + b_i) dp_1 dp_2 \cdots dp_m \\ &= \int_0^1 \left\{ \left[\prod_{j \neq i}^m \mathrm{betacdf}(p_i; x_j + a_j, n - x_j + b_j) \right] \cdot \mathrm{betapdf}(p_i; x_i + a_i, n - x_i + b_i) \right\} dp_i \end{aligned} \tag{3.12}$$

式 (3.12) 中 $\mathrm{betacdf}(p; a, b)$ 表示 Beta 分布函数, 即

$$\mathrm{betacdf}(p; a, b) = \int_0^p \mathrm{betapdf}(t; a, b) dt \tag{3.13}$$

Beta 概率密度函数 (betapdf) 和 Beta 分布函数 (betacdf) 都属于比较常见的函数, 可借助工具软件采用数值积分的方式来计算 Pb_i.

步骤 5 针对问题概率推理.

这一步主要以步骤 4 中特定事件 (命题) 的后验概率为基础, 针对比较问题进行概率推理. 上例中的具体问题是选出最优 ATR 算法, 因而推理过程相对简单, 只需选择具有最大后验概率 Pb_i 的 ATR 算法 i 作为最优算法. 如果停止法则是优选结论的置信度不小于 0.9, 再根据具体的 $Pb_{\max}$ 值决定是继续检验 (转入步骤 3), 还是给出最终比较结果.

3.4 算法数目、样本容量及评估可信度

我们主要对一些典型情况下比较结果置信度与测试样本容量的关系作定量分析, 分两种情况讨论: 一种情况是测试集的样本容量一定, 此时需要预先分析这些测试样本所能够保证的识别率比较结果置信度, 为试验设计提供参考依据; 另一种典型情况是比较结果有一定的置信度要求, 此时需要分析评估试验对于样本容量的需求, 预算数据采集代价.

通过前面的分析发现, 以识别率为指标的比较结果置信度 Pb 与样本容量 n、算法数目 m、测试结果 x_i(通常用识别率测试值 $p_i = x_i/n$ 等效, $i = 1, 2, \cdots, m$)

及先验信息有关. 考虑到大多数的识别率比较问题中并没有先验知识参与, 我们仅对无信息先验的情况展开讨论.

当算法数目 $m=2$ 时, 识别率的选优与排序等价, 即 $Pb_{(2)}=Pb_{(2)(1)}$. 结合大多数应用背景中 ATR 算法的实际性能, 将 $p_{(2)}=x_2/n$ 取值范围限定在 0.65 ~ 0.95 之间, 并用差异 $\delta=p_{(2)}-p_{(1)}$ 标定 $p_{(1)}$.

1. 测试样本容量一定

取 4 个典型测试样本容量 n =100, 500, 1000, 3000, 令 $x_{(1)}=p_{(1)}\times n$, $x_{(2)}=p_{(2)}\times n$, $a_{(1)}=b_{(1)}=a_{(2)}=b_{(2)}$=1. 用式 (3.12) 计算 $Pb_{(2)}$, 具体结果见图 3.2.

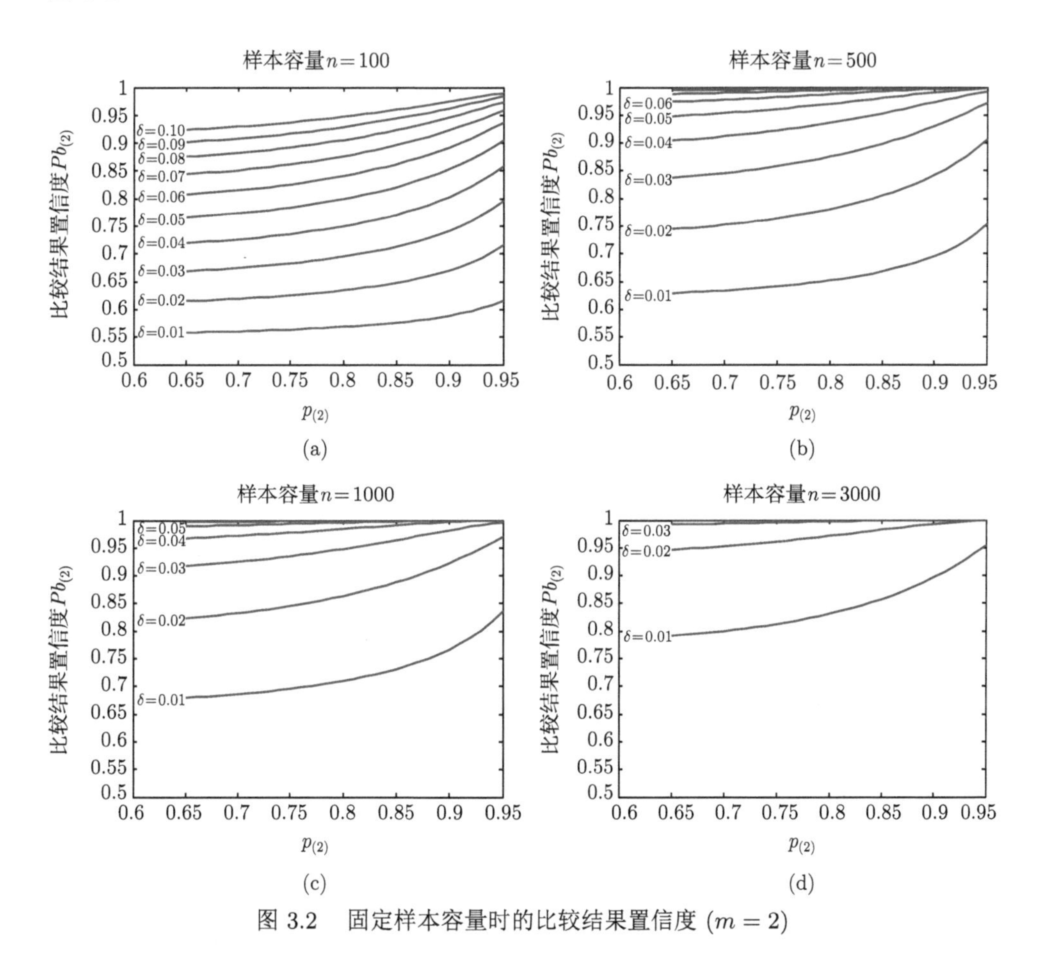

图 3.2 固定样本容量时的比较结果置信度 ($m=2$)

通过图 3.2 可以看出:

1) 当两个算法识别率测试值的差异 $\delta > 0.10$ 时, 即使样本容量 n 仅为 100, 比较结果的置信度 $Pb_{(2)}$ 也大于 0.9; 而当两个算法识别率测试值的差异 $\delta \leqslant 0.01$ 时, 即使样本容量 n 高达 3000, 置信度 $Pb_{(2)}$ 也低于 0.8. 这说明 δ 对 $Pb_{(2)}$ 影响很大: 当 δ 比较明显时 (>0.05), 即便是中等规模的测试样本容量 (>500) 也能够使得比较结果非常可信 ($Pb_{(2)}$>0.95).

2) 同等测试样本容量条件下, $p_{(1)}$ 和 $p_{(2)}$ 自身取值越大, 比较结果的置信度也越大, 在 δ 较小时更是如此.

2. 结果置信度要求一定

保持 $x_{(1)} = p_{(1)} \times n$, $x_{(2)} = p_{(2)} \times n$, $a_{(1)} = b_{(1)} = a_{(2)} = b_{(2)}$=1, 设定典型置信度要求 $Pb_{(2)}$ =0.90, 0.95. 用对分法搜索 n 值, 使得 $Pb_{(2)}$(用式 (3.12) 计算) 恰好满足要求, 计算结果见图 3.3.

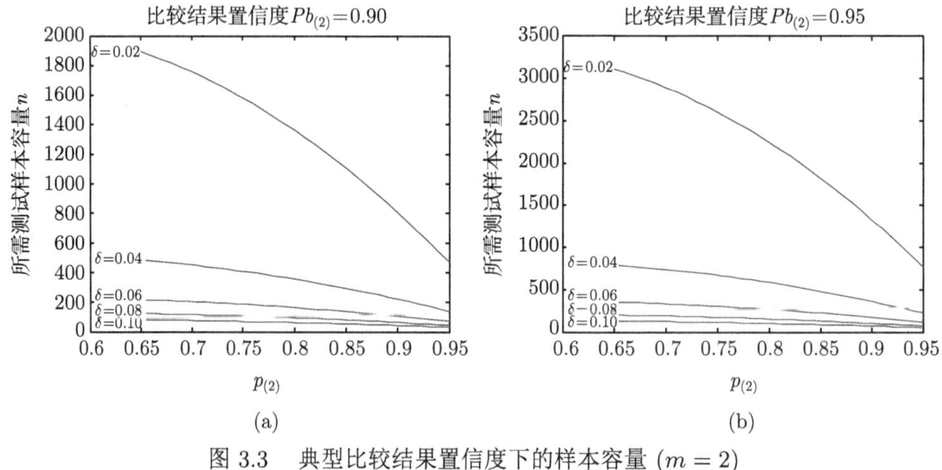

图 3.3 典型比较结果置信度下的样本容量 ($m = 2$)

图 3.3 实际上给出了比较结果置信度一定时, 各种不同 $p_{(1)}$ 和 $p_{(2)}$ 情况下所需的最小测试样本容量 n. 通过图 3.3 可以看出:

1) 同等置信度要求下, δ 很大程度上决定了 n 值大小. δ 较大时, 即使 $Pb_{(2)}$ 要求较高, 所需的测试样本容量也不大. 例如, $\delta = 0.06$, 置信度要求为 0.95, 所需样本容量不到 500.

2) δ 较小时, 对 n 的需求与 $p_{(1)}$ 和 $p_{(2)}$ 自身取值密切相关. $p_{(1)}$ 和 $p_{(2)}$ 取值越大, 所需样本容量 n 越小.

由此给出结论: 使用几百个左右的"中样本"测试集比较两个 ATR 算法, 识别率测试值 5 个百分点以上的差异才能说明比较结果较为可信; 而使用几千个样本的"大样本"测试集比较两个 ATR 算法, 识别率测试值 $2 \sim 3$ 个百分点的差异就能说明比较结果较为可信.

3. 多个 ATR 算法的选优与排序

参考前面对于两个算法比较的分析过程, 下面将任意两个算法识别率之间的差异限定在 0.02 ∼ 0.10 之间. 结合大多数应用背景中 ATR 算法的实际性能, 定量分析 $m = 3$ 时的比较结果置信度 (样本容量一定) 和所需测试样本容量 (结果置信度一定), 计算结果分别见表 3.2 和表 3.3.

表 3.2 样本容量一定时的比较结果置信度 ($m = 3$)

$p_{(3)}$	$p_{(2)}$	$p_{(1)}$	选优结果 $Pb_{(3)}$ 置信度					排序结果 $Pb_{(3)(2)(1)}$ 置信度				
			n =100	300	500	1000	3000	n =100	300	500	1000	3000
0.7	0.68	0.66	0.52	0.64	0.72	0.82	0.95	0.32	0.45	0.54	0.68	0.91
		0.64	0.56	0.68	0.75	0.83	0.95	0.41	0.58	0.68	0.81	0.95
		0.62	0.59	0.70	0.75	0.83	0.95	0.48	0.65	0.73	0.83	0.95
		0.6	0.60	0.70	0.75	0.83	0.95	0.53	0.69	0.75	0.83	0.95
	0.66	0.64	0.64	0.82	0.90	0.97	1.00	0.40	0.57	0.67	0.80	0.95
		0.62	0.68	0.84	0.91	0.97	1.00	0.49	0.71	0.82	0.94	1.00
		0.6	0.70	0.85	0.91	0.97	1.00	0.57	0.80	0.89	0.97	1.00
	0.64	0.62	0.75	0.93	0.98	1.00	1.00	0.46	0.64	0.73	0.82	0.95
		0.6	0.78	0.94	0.98	1.00	1.00	0.56	0.79	0.88	0.97	1.00
	0.62	0.6	0.84	0.98	1.00	1.00	1.00	0.52	0.68	0.74	0.82	0.94
0.75	0.73	0.71	0.53	0.66	0.73	0.84	0.96	0.33	0.47	0.56	0.70	0.92
		0.69	0.57	0.70	0.76	0.85	0.96	0.42	0.60	0.70	0.82	0.96
		0.67	0.60	0.71	0.76	0.85	0.96	0.49	0.67	0.75	0.84	0.96
		0.65	0.61	0.71	0.76	0.85	0.96	0.54	0.70	0.76	0.85	0.96
	0.71	0.69	0.66	0.84	0.91	0.98	1.00	0.41	0.59	0.69	0.82	0.95
		.67	0.69	0.86	0.92	0.98	1.00	0.51	0.73	0.84	0.95	1.00
		0.65	0.72	0.86	0.92	0.98	1.00	0.58	0.81	0.90	0.98	1.00
	0.69	0.67	0.77	0.94	0.98	1.00	1.00	0.48	0.66	0.74	0.83	0.95
		0.65	0.80	0.95	0.98	1.00	1.00	0.58	0.81	0.89	0.97	1.00
	0.67	0.65	0.85	0.98	1.00	1.00	1.00	0.53	0.68	0.75	0.83	0.95
0.80	0.78	0.76	0.54	0.68	0.76	0.86	0.97	0.34	0.49	0.58	0.73	0.94
		0.74	0.58	0.71	0.78	0.86	0.97	0.43	0.62	0.72	0.85	0.97
		0.72	0.61	0.72	0.78	0.86	0.97	0.51	0.69	0.77	0.86	0.97
		0.70	0.62	0.73	0.78	0.86	0.97	0.56	0.72	0.78	0.86	0.97
	0.76	0.74	0.68	0.86	0.93	0.98	1.00	0.43	0.61	0.71	0.84	0.96
		0.72	0.71	0.88	0.94	0.98	1.00	0.53	0.76	0.87	0.96	1.00
		0.70	0.73	0.88	0.94	0.98	1.00	0.61	0.84	0.92	0.98	1.00

续表

$p_{(3)}$	$p_{(2)}$	$p_{(1)}$	选优结果 $Pb_{(3)}$ 置信度					排序结果 $Pb_{(3)(2)(1)}$ 置信度				
			n =100	300	500	1000	3000	n =100	300	500	1000	3000
0.80	0.74	0.72	0.79	0.95	0.99	1.00	1.00	0.49	0.67	0.75	0.84	0.96
		0.70	0.82	0.96	0.99	1.00	1.00	0.60	0.83	0.91	0.98	1.00
	0.72	0.70	0.87	0.99	1.00	1.00	1.00	0.54	0.70	0.76	0.84	0.96
0.85	0.83	0.81	0.56	0.71	0.79	0.88	0.98	0.36	0.52	0.62	0.78	0.96
		0.79	0.61	0.74	0.80	0.89	0.98	0.46	0.66	0.76	0.88	0.98
		0.77	0.63	0.75	0.81	0.89	0.98	0.54	0.72	0.80	0.89	0.98
		0.75	0.64	0.75	0.81	0.89	0.98	0.59	0.74	0.80	0.89	0.98
	0.81	0.79	0.71	0.89	0.95	0.99	1.00	0.45	0.65	0.75	0.86	0.97
		0.77	0.74	0.90	0.95	0.99	1.00	0.56	0.80	0.90	0.98	1.00
		0.75	0.76	0.90	0.95	0.99	1.00	0.64	0.87	0.94	0.99	1.00
	0.79	0.77	0.82	0.97	0.99	1.00	1.00	0.52	0.70	0.77	0.86	0.97
		0.75	0.84	0.97	0.99	1.00	1.00	0.63	0.85	0.93	0.98	1.00
	0.77	0.75	0.90	0.99	1.00	1.00	1.00	0.56	0.71	0.77	0.85	0.97
0.90	0.88	0.86	0.60	0.75	0.83	0.92	0.99	0.39	0.58	0.69	0.84	0.98
		0.84	0.64	0.78	0.84	0.92	0.99	0.50	0.72	0.81	0.92	0.99
		0.82	0.66	0.78	0.84	0.92	0.99	0.58	0.77	0.84	0.92	0.99
		0.80	0.67	0.78	0.84	0.92	0.99	0.62	0.78	0.84	0.92	0.99
	0.86	0.84	0.75	0.92	0.97	1.00	1.00	0.49	0.70	0.79	0.89	0.98
		0.82	0.78	0.93	0.97	1.00	1.00	0.61	0.85	0.93	0.99	1.00
		0.80	0.80	0.93	0.97	1.00	1.00	0.69	0.91	0.97	1.00	1.00
	0.84	0.82	0.86	0.98	1.00	1.00	1.00	0.56	0.73	0.80	0.88	0.98
		0.80	0.88	0.99	1.00	1.00	1.00	0.67	0.88	0.95	0.99	1.00
	0.82	0.80	0.93	1.00	1.00	1.00	1.00	0.59	0.73	0.79	0.87	0.98
0.95	0.93	0.91	0.66	0.83	0.90	0.97	1.00	0.46	0.68	0.79	0.92	1.00
		0.89	0.70	0.84	0.91	0.97	1.00	0.58	0.81	0.89	0.97	1.00
		0.87	0.71	0.85	0.91	0.97	1.00	0.65	0.84	0.91	0.97	1.00
		0.85	0.71	0.85	0.91	0.97	1.00	0.69	0.84	0.91	0.97	1.00
	0.91	0.89	0.83	0.97	0.99	1.00	1.00	0.56	0.77	0.85	0.93	1.00
		0.87	0.85	0.97	0.99	1.00	1.00	0.69	0.91	0.97	1.00	1.00
		0.85	0.86	0.97	0.99	1.00	1.00	0.77	0.96	0.99	1.00	1.00
	0.89	0.87	0.92	1.00	1.00	1.00	1.00	0.61	0.77	0.83	0.92	0.99
		0.85	0.93	1.00	1.00	1.00	1.00	0.74	0.92	0.97	1.00	1.00
	0.87	0.85	0.97	1.00	1.00	1.00	1.00	0.63	0.76	0.82	0.90	0.99

表 3.3 比较结果置信度一定时的样本容量 ($m=3$)

$p_{(3)}$	$p_{(2)}$	$p_{(1)}$	选优结果置信度		排序结果置信度	
			$Pb_{(3)}$ =0.90	0.95	$Pb_{(3)(2)(1)}$ =0.90	0.95
0.7	0.68	0.66	1792.55	2902.88	2902.34	4156.28
		0.64	1758.00	2894.66	1834.69	2915.30
		0.62	1757.76	2894.66	1759.11	2894.74
		0.60	1757.76	2894.66	1757.78	2894.65
	0.66	0.64	500.90	771.00	1929.12	3091.50
		0.62	457.16	739.20	748.00	1070.91
		0.60	448.95	737.04	535.45	795.90
	0.64	0.62	242.61	365.72	1915.87	3154.27
		0.60	217.08	340.30	557.42	839.85
	0.62	0.60	145.18	216.76	1954.63	3219.21
0.75	0.73	0.71	1613.45	2611.64	2629.02	3764.97
		0.69	1581.68	2604.00	1655.21	2624.67
		0.67	1581.44	2604.00	1582.89	2604.04
		0.65	1581.44	2604.00	1581.44	2604.04
	0.71	0.69	454.55	699.19	1777.27	2852.62
		0.67	414.76	669.98	686.43	982.84
		0.65	407.07	667.89	489.97	726.02
	0.69	0.67	221.76	334.07	1788.56	2944.68
		0.65	198.55	310.81	519.16	784.60
	0.67	0.65	133.61	199.33	1843.89	3036.62
0.80	0.78	0.76	1392.65	2252.74	2289.08	3278.39
		0.74	1364.43	2245.86	1433.42	2266.36
		0.72	1364.19	2245.86	1365.80	2245.87
		0.70	1364.19	2245.86	1364.20	2245.83
	0.76	0.74	396.85	609.81	1583.07	2545.90
		0.72	362.02	583.90	608.25	871.04
		0.70	355.04	581.93	432.59	638.40
	0.74	0.72	195.56	294.27	1620.30	2667.54
		0.70	175.26	273.73	468.98	711.59
	0.72	0.70	118.92	177.17	1692.14	2786.51
0.85	0.83	0.81	1130.29	1826.26	1882.63	2696.62
		0.79	1106.38	1820.23	1169.55	1840.60
		0.77	1106.16	1820.23	1107.97	1820.27
		0.75	1106.16	1820.23	1106.17	1820.21
	0.81	0.79	327.89	502.93	1346.70	2171.55
		0.77	299.04	481.06	513.51	735.66
		0.75	292.95	479.23	363.40	533.21
	0.79	0.77	164.08	246.36	1411.11	2322.86
		0.75	147.26	229.15	406.99	621.01
	0.77	0.75	101.16	150.32	1499.44	2468.84

续表

$p_{(3)}$	$p_{(2)}$	$p_{(1)}$	选优结果置信度		排序结果置信度	
			$Pb_{(3)}$ =0.90	0.95	$Pb_{(3)(2)(1)}$ =0.90	0.95
0.90	0.88	0.86	826.68	1332.48	1409.80	2020.11
		0.84	807.89	1327.43	864.20	1348.21
		0.82	807.65	1327.43	809.95	1327.54
		0.80	807.65	1327.43	807.68	1327.44
	0.86	0.84	247.90	378.74	1068.62	1729.83
		0.82	226.08	361.67	402.34	576.96
		0.80	221.08	360.02	282.57	410.88
	0.84	0.82	127.47	190.49	1161.09	1910.72
		0.80	114.75	177.23	333.38	513.22
	0.82	0.80	80.47	118.88	1265.86	2083.68
0.95	0.93	0.91	483.28	772.65	871.34	1250.66
		0.89	470.42	768.70	519.46	792.41
		0.87	470.14	768.70	473.95	769.05
		0.85	470.14	768.70	470.30	768.71
	0.91	0.89	157.67	237.94	750.24	1221.58
		0.87	144.03	226.58	275.11	395.94
		0.85	140.40	225.14	190.66	272.57
	0.89	0.87	86.30	127.11	870.56	1431.34
		0.85	78.26	118.47	248.82	389.35
	0.87	0.85	57.24	83.18	991.57	1631.15

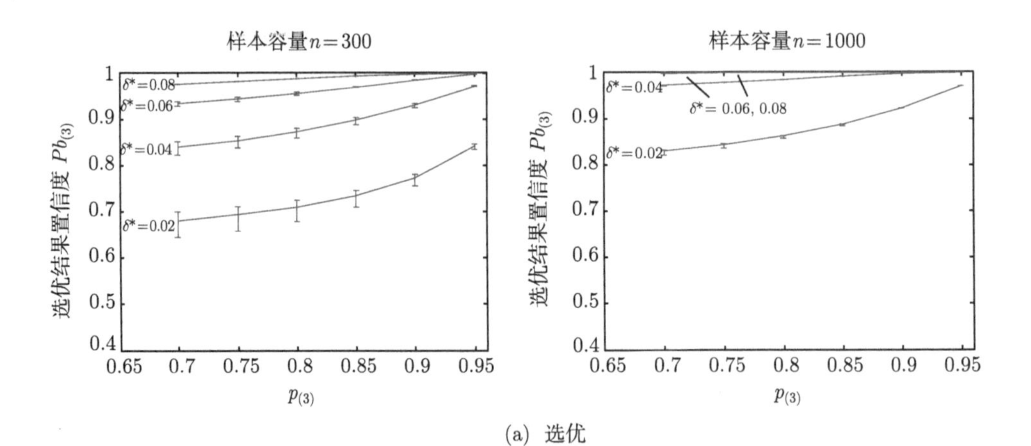

(a) 选优

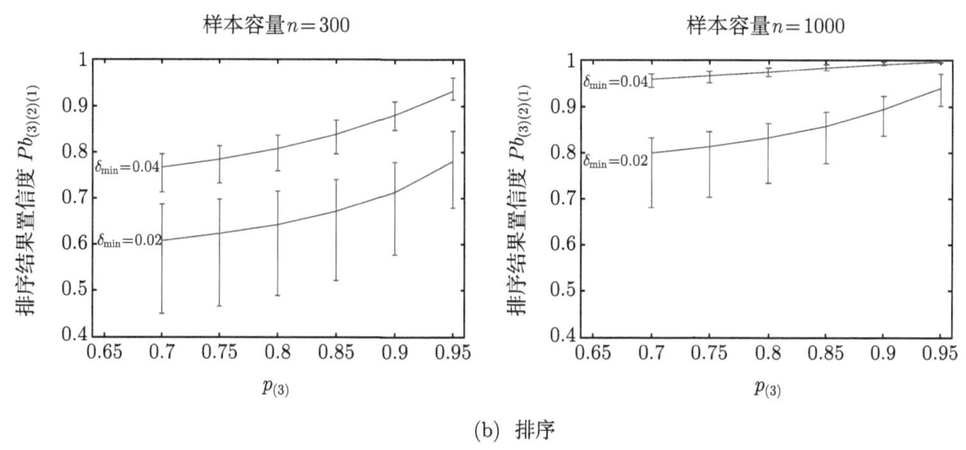

(b) 排序

图 3.4 固定样本容量时的比较结果置信度 ($m=3$)

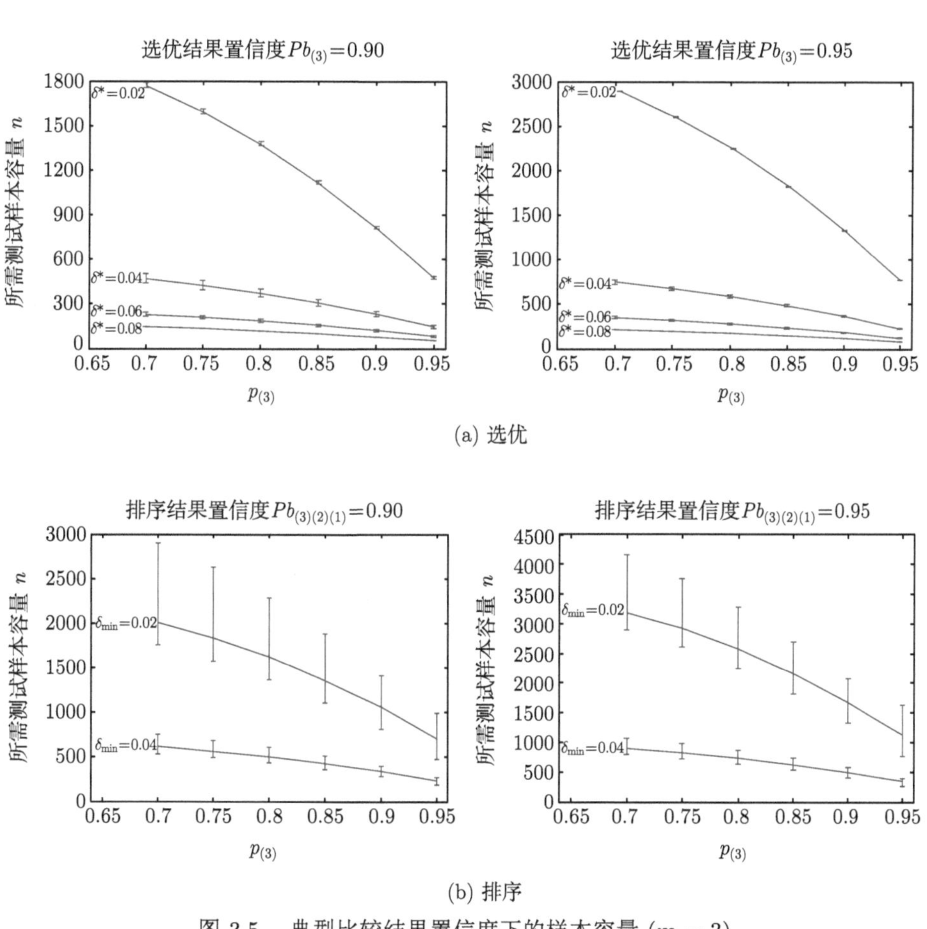

(b) 排序

图 3.5 典型比较结果置信度下的样本容量 ($m=3$)

根据表 3.2 和表 3.3, 对算法数目 $m=3$ 时的计算结果进行作图分析, 见图 3.4 和图 3.5. 图 3.4 给出了 $n=300$, 1000 时, 各种可能情况下比较结果置信度的均值和上下限; 图 3.5 则给出了比较结果置信度为 0.90, 0.95 时, 所需最小测试样本容量的均值和上下限.

通过作图发现, 在 3 个算法的识别率选优 (图 3.4(a) 和图 3.5(a)) 问题中, 最优和次优测试值的差值 $\delta^* = p_{(m)} - p_{(m-1)}$ 很大程度上决定了比较结果置信度 $Pb_{(m)}$ 和所需样本容量 n; 而在排序 (图 3.4(b) 和图 3.5(b)) 问题中, 识别率测试值之间的最小差异 $\delta_{\min} = \min\{p_{(i)} - p_{(j)}\}(i \neq j, i, j = 1, 2, \cdots, m)$ 很大程度上决定了比较结果置信度 $P_{(m)(m-1)\cdots(2)(1)}$ 和所需样本容量 n.

按照类似的分析方法, 计算 $m=4$ 时的比较结果置信度 (样本容量一定) 和所需测试样本容量 (结果置信度一定), 具体结果分别见表 3.4 和表 3.5.

表 3.4　样本容量一定时的比较结果置信度 ($m=4$)

$p_{(4)}$	$p_{(3)}$	$p_{(2)}$	$p_{(1)}$	选优结果 $Pb_{(4)}$ 置信度					排序结果 $Pb_{(4)(3)(2)(1)}$ 置信度				
				$n=100$	300	500	1000	3000	$n=100$	300	500	1000	3000
0.70	0.68	0.66	0.64	0.48	0.63	0.71	0.82	0.95	0.15	0.28	0.38	0.55	0.86
			0.62	0.50	0.64	0.72	0.82	0.95	0.20	0.37	0.48	0.66	0.90
			0.60	0.51	0.64	0.72	0.82	0.95	0.24	0.42	0.52	0.68	0.91
		0.64	0.62	0.54	0.68	0.75	0.83	0.95	0.21	0.39	0.50	0.66	0.90
			0.60	0.55	0.68	0.75	0.83	0.95	0.27	0.48	0.61	0.78	0.95
	0.66	0.64	0.62	0.61	0.82	0.90	0.97	1.00	0.19	0.36	0.47	0.65	0.90
			0.60	0.63	0.82	0.90	0.97	1.00	0.25	0.47	0.60	0.77	0.95
		0.62	0.60	0.66	0.84	0.91	0.97	1.00	0.26	0.47	0.60	0.77	0.94
	0.64	0.62	0.60	0.73	0.93	0.98	1.00	1.00	0.23	0.41	0.51	0.66	0.89
0.75	0.73	0.71	0.69	0.49	0.65	0.73	0.84	0.96	0.16	0.30	0.40	0.58	0.88
			0.67	0.51	0.66	0.73	0.84	0.96	0.21	0.39	0.50	0.68	0.92
			0.65	0.52	0.66	0.73	0.84	0.96	0.25	0.44	0.54	0.70	0.92
		0.69	0.67	0.55	0.69	0.76	0.85	0.96	0.22	0.40	0.52	0.68	0.91
			0.65	0.56	0.70	0.76	0.85	0.96	0.28	0.50	0.63	0.80	0.96
	0.71	0.69	0.67	0.63	0.83	0.91	0.98	1.00	0.20	0.38	0.49	0.67	0.91
			0.65	0.64	0.84	0.91	0.98	1.00	0.26	0.49	0.62	0.79	0.95
		0.67	0.65	0.68	0.86	0.92	0.98	1.00	0.27	0.49	0.62	0.79	0.95
	0.69	0.67	0.65	0.75	0.94	0.98	1.00	1.00	0.24	0.42	0.52	0.68	0.90

续表

$p_{(4)}$	$p_{(3)}$	$p_{(2)}$	$p_{(1)}$	选优结果 $Pb_{(4)}$ 置信度					排序结果 $Pb_{(4)(3)(2)(1)}$ 置信度				
				$n=100$	300	500	1000	3000	$n=100$	300	500	1000	3000
0.80	0.78	0.76	0.74	0.51	0.67	0.75	0.86	0.97	0.17	0.32	0.43	0.62	0.90
			0.72	0.53	0.68	0.75	0.86	0.97	0.23	0.41	0.54	0.72	0.94
			0.70	0.54	0.68	0.76	0.86	0.97	0.27	0.46	0.57	0.73	0.94
		0.74	0.72	0.57	0.71	0.78	0.86	0.97	0.24	0.43	0.55	0.71	0.93
			0.70	0.58	0.71	0.78	0.86	0.97	0.30	0.53	0.67	0.83	0.97
	0.76	0.74	0.72	0.65	0.86	0.93	0.98	1.00	0.22	0.40	0.52	0.70	0.92
			0.70	0.67	0.86	0.93	0.98	1.00	0.28	0.52	0.65	0.82	0.96
		0.72	0.70	0.70	0.88	0.94	0.98	1.00	0.29	0.52	0.65	0.81	0.96
	0.74	0.72	0.70	0.77	0.95	0.99	1.00	1.00	0.25	0.44	0.54	0.70	0.92
0.85	0.83	0.81	0.79	0.54	0.70	0.78	0.88	0.98	0.19	0.36	0.48	0.67	0.94
			0.77	0.55	0.71	0.79	0.88	0.98	0.25	0.46	0.58	0.77	0.96
			0.75	0.56	0.71	0.79	0.88	0.98	0.29	0.50	0.62	0.78	0.96
		0.79	0.77	0.59	0.74	0.80	0.89	0.98	0.26	0.47	0.59	0.75	0.95
			0.75	0.60	0.74	0.80	0.89	0.98	0.33	0.58	0.71	0.86	0.98
	0.81	0.79	0.77	0.69	0.89	0.95	0.99	1.00	0.24	0.44	0.56	0.73	0.94
			0.75	0.70	0.89	0.95	0.99	1.00	0.31	0.56	0.69	0.85	0.97
		0.77	0.75	0.73	0.90	0.95	0.99	1.00	0.31	0.56	0.68	0.83	0.97
	0.79	0.77	0.75	0.81	0.97	0.99	1.00	1.00	0.27	0.47	0.57	0.73	0.94
0.90	0.88	0.86	0.84	0.58	0.75	0.83	0.92	0.99	0.22	0.42	0.55	0.75	0.97
			0.82	0.59	0.75	0.83	0.92	0.99	0.29	0.52	0.66	0.83	0.98
			0.80	0.59	0.75	0.83	0.92	0.99	0.33	0.56	0.68	0.84	0.98
		0.84	0.82	0.63	0.78	0.84	0.92	0.99	0.30	0.52	0.65	0.81	0.97
			0.80	0.64	0.78	0.84	0.92	0.99	0.37	0.64	0.77	0.91	0.99
	0.86	0.84	0.82	0.74	0.92	0.97	1.00	1.00	0.27	0.49	0.62	0.78	0.97
			0.80	0.75	0.92	0.97	1.00	1.00	0.35	0.62	0.75	0.88	0.98
		0.82	0.80	0.78	0.93	0.97	1.00	1.00	0.35	0.61	0.73	0.86	0.98
	0.84	0.82	0.80	0.85	0.98	1.00	1.00	1.00	0.30	0.51	0.61	0.77	0.96
0.95	0.93	0.91	0.89	0.65	0.83	0.90	0.97	1.00	0.28	0.53	0.67	0.86	0.99
			0.87	0.66	0.83	0.90	0.97	1.00	0.36	0.64	0.78	0.92	1.00
			0.85	0.66	0.83	0.90	0.97	1.00	0.41	0.67	0.79	0.92	1.00
		0.89	0.87	0.69	0.84	0.91	0.97	1.00	0.37	0.62	0.75	0.89	0.99
			0.85	0.70	0.84	0.91	0.97	1.00	0.45	0.75	0.87	0.97	1.00
	0.91	0.89	0.87	0.82	0.97	0.99	1.00	1.00	0.33	0.57	0.70	0.85	0.99
			0.85	0.82	0.97	0.99	1.00	1.00	0.42	0.71	0.82	0.93	1.00
		0.87	0.85	0.85	0.97	0.99	1.00	1.00	0.42	0.69	0.79	0.90	0.99
	0.89	0.87	0.85	0.92	1.00	1.00	1.00	1.00	0.35	0.56	0.67	0.82	0.98

表 3.5　比较结果置信度一定时的样本容量 ($m = 4$)

$p_{(4)}$	$p_{(3)}$	$p_{(2)}$	$p_{(1)}$	选优结果置信度		排序结果置信度	
				$Pb_{(4)}$ =0.90	0.95	$Pb_{(4)(3)(2)(1)}$ =0.90	0.95
0.70	0.68	0.66	0.64	1792.71	2902.88	3653.93	4970.61
0.70	0.68	0.66	0.62	1792.55	2902.88	2914.08	4158.83
0.70	0.68	0.66	0.60	1792.55	2902.88	2902.36	4156.26
0.70	0.68	0.64	0.62	1758.00	2894.66	2987.08	4273.43
0.70	0.68	0.64	0.60	1758.00	2894.66	1907.94	2940.48
0.70	0.66	0.64	0.62	505.69	772.43	3079.46	4401.72
0.70	0.66	0.64	0.60	501.26	771.04	1995.59	3111.17
0.70	0.66	0.62	0.60	457.95	739.27	2063.58	3243.56
0.70	0.64	0.62	0.60	249.86	369.66	3142.33	4499.92
0.75	0.73	0.71	0.69	1613.61	2611.64	3331.76	4533.05
0.75	0.73	0.71	0.67	1613.45	2611.64	2641.13	3767.79
0.75	0.73	0.71	0.65	1613.45	2611.64	2629.03	3764.99
0.75	0.73	0.69	0.67	1581.68	2604.00	2739.90	3921.69
0.75	0.73	0.69	0.65	1581.68	2604.00	1729.94	2652.64
0.75	0.71	0.69	0.67	459.07	700.56	2858.15	4086.46
0.75	0.71	0.69	0.65	454.91	699.23	1842.82	2872.57
0.75	0.71	0.67	0.65	415.54	670.04	1937.36	3056.29
0.75	0.69	0.67	0.65	228.54	337.81	2948.99	4223.14
0.80	0.78	0.76	0.74	1392.81	2252.74	2927.07	3983.62
0.80	0.78	0.76	0.72	1392.65	2252.74	2301.58	3281.44
0.80	0.78	0.76	0.70	1392.65	2252.74	2289.12	3278.39
0.80	0.78	0.74	0.72	1364.43	2245.86	2425.88	3475.37
0.80	0.78	0.74	0.70	1364.43	2245.86	1508.86	2297.66
0.80	0.76	0.74	0.72	400.99	611.11	2570.13	3675.87
0.80	0.76	0.74	0.70	397.21	609.85	1646.59	2565.94
0.80	0.76	0.72	0.70	362.79	583.97	1768.02	2801.34
0.80	0.74	0.72	0.70	201.71	297.72	2689.00	3850.92
0.85	0.83	0.81	0.79	1130.45	1826.26	2440.08	3322.87
0.85	0.83	0.81	0.77	1130.29	1826.26	1895.62	2700.12
0.85	0.83	0.81	0.75	1130.29	1826.26	1882.68	2696.62
0.85	0.83	0.79	0.77	1106.38	1820.23	2045.07	2935.35
0.85	0.83	0.79	0.75	1106.38	1820.23	1245.22	1876.70
0.85	0.81	0.79	0.77	331.56	504.13	2215.49	3169.92
0.85	0.81	0.79	0.75	328.25	502.97	1407.18	2191.53
0.85	0.81	0.77	0.75	299.78	481.13	1556.03	2478.83
0.85	0.79	0.77	0.75	169.43	249.45	2362.40	3383.35

续表

$p_{(4)}$	$p_{(3)}$	$p_{(2)}$	$p_{(1)}$	选优结果置信度		排序结果置信度	
				$Pb_{(4)}=0.90$	0.95	$Pb_{(4)(3)(2)(1)}=0.90$	0.95
0.90	0.88	0.86	0.84	826.86	1332.51	1871.18	2552.18
			0.82	826.70	1332.48	1423.88	2024.54
			0.80	826.68	1332.48	1409.89	2020.11
		0.84	0.82	807.89	1327.43	1597.54	2303.77
			0.80	807.89	1327.43	940.07	1392.45
	0.86	0.84	0.82	250.97	379.83	1794.46	2568.96
			0.80	248.24	378.79	1125.27	1749.91
		0.82	0.80	226.79	361.76	1302.44	2089.38
	0.84	0.82	0.80	131.86	193.12	1969.24	2820.56
0.95	0.93	0.91	0.89	483.46	772.65	1222.21	1676.78
			0.87	483.28	772.65	888.62	1257.83
			0.85	483.28	772.65	871.61	1250.69
		0.89	0.87	470.42	768.70	1084.22	1589.48
			0.85	470.42	768.70	596.15	853.68
	0.91	0.89	0.87	160.03	238.90	1307.52	1873.58
			0.85	158.02	238.01	802.71	1242.49
		0.87	0.85	144.71	226.70	1009.65	1633.51
	0.89	0.87	0.85	89.49	129.17	1509.65	2162.97

对表 3.4 和表 3.5 进行作图分析, 所得结论与 3 个算法的情况类似.

3.5 识别率比较的最大似然原理

3.4 节中我们提出的后验概率法实质上是采用多元联合概率密度函数进行序贯贝叶斯分析, 将识别率比较的问题转换为计算特定事件的后验概率, 以后验概率值来进行不确定推理, 从而度量比较结果的可信程度. 本节中我们继续使用后验概率法, 结合识别率比较过程中特别关注的两个问题——选优和排序, 揭示出经验做法中隐含的最大似然原理, 并从概率形式上证明其合理性; 最后, 对于应用后验概率法进行测试时, 出现试验中止情况的处理进行了简单讨论, 给出相应的文献索引.

3.5.1 识别率选优中的似然原理

当以识别率为指标对 ATR 算法进行选优时, 如果严格按照后验概率法的操作流程, 在每次序贯检验后都需要对 m 个算法按式 (3.12) 计算其为最优算法的后验概率 Pb_i, 然后才能选出 Pb_i 最大的算法 i 作为当前最优算法, 最后对照停止法则决定是否中止检验.

实际工作中若对 m 个算法并无偏袒, 我们往往会按照头脑中一种自然而然的"经验"来预先进行选择: 先将这 m 个算法按照测试结果 x_i/n(这里 x_i 表示第 i 个算法的正确识别次数, 即识别率的点估计值) 进行排序, 然后计算最大测试值 $p_{(m)} = \max\limits_{1\leqslant i\leqslant m}\{x_i/n\}$ 对应算法为最优的概率 $Pb_{(m)}$. 这实际上就是采用点估计值比较法对 m 个算法进行预选. 但是这种经验性预选是否有其合理性, 又如何解释呢? 我们利用如下定理揭示其中隐含的深层原因.

定理 3.1 设 m 个随机变量 P_i 的联合概率分布为 $f(p_1,p_2,\cdots,p_m) = \prod\limits_i \mathrm{betapdf}(p_i;x_i+a_i,n-x_i+b_i)$. Q 为样本空间 $S = \underbrace{[0,1]\times[0,1]\times\cdots\times[0,1]}_{m}$ 中 $f(p_1,p_2,\cdots,p_m)$ 的极大值点. 定义事件 $H_0 = \{\exists i\neq j,\ P_i = P_k\}$ 和 $H_i = \{P_i > P_j | j\neq i\}$ $(i,j=1,2,\cdots,m)$, 并将这些事件按照 $(x_i+a_i-1)/(n+a_i+b_i-2)$ 的大小进行排序, 记排列结果为 $H_0, H_{(1)}, H_{(2)},\cdots,H_{(m)}$, 满足 $\dfrac{x_{(1)}+a_{(1)}-1}{n+a_{(1)}+b_{(1)}-2} \leqslant \dfrac{x_{(2)}+a_{(2)}-1}{n+a_{(2)}+b_{(2)}-2} \leqslant\cdots\leqslant \dfrac{x_{(m)}+a_{(m)}-1}{n+a_{(m)}+b_{(m)}-2}$, 有如下命题成立:

1) $\sum\limits_{i=1}^m P\{H_i\} = 1$, $\sum\limits_{i=1}^m P\{H_{(i)}\} = 1$;

2) Q 唯一存在, 若 $\dfrac{x_{(m-1)}+a_{(m-1)}-1}{n+a_{(m-1)}+b_{(m-1)}-2} < \dfrac{x_{(m)}+a_{(m)}-1}{n+a_{(m)}+b_{(m)}-2}$, 则 $Q\in H_{(m)}$ 且 $\lim\limits_{n\to\infty} P\{H_{(m)}\} = 1$.

证明 1) 任取样本空间 S 中的点 $X = (p_1,\ p_2,\cdots,p_m)$, 由 H_0 和 H_1, $H_2,\cdots,H_m$ 的定义易知, $\exists\ k$ 使得 $X\in H_k$, 则由 X 的任意性得 $S\subset H_0\cup H_1\cup H_2\cup\cdots\cup H_m$. S 为样本空间, 故 $S = H_0\cup H_1\cup H_2\cup\cdots\cup H_m$.

若 $X\in H_k(0\leqslant k\leqslant m)$, 由 H_0 和 $H_1, H_2,\cdots,H_m$ 的定义得 $X\notin H_u(u\neq k)$. 由 k 的任意性, 得 $H_i\cap H_j = \varnothing$, $\quad i\neq j,\ i,j = 0,1,2,\cdots,m$. 根据概率划分的定义, $H_0, H_1, H_2,\cdots,H_m$ 是样本空间 S 的划分, 所以 $P\{H_0\}+\sum\limits_{i=1}^m P\{H_i\} = 1$. 由于 $H_{(1)}, H_{(2)},\cdots,H_{(m)}$ 仅是 $H_1, H_2,\cdots,H_m$ 的重新排序, $H_0, H_{(1)}, H_{(2)},\cdots,H_{(m)}$ 也是 S 的划分, 故也有 $P\{H_0\}+\sum\limits_{i=1}^m P\{H_{(i)}\} = 1$. 注意到 $f(p_1,p_2,\cdots,p_m)$ 在 S 上连续, 因而有 $P\{H_0\}$=0. 所以, $\sum\limits_{i=1}^m P\{H_i\} = 1$ 和 $\sum\limits_{i=1}^m P\{H_{(i)}\} = 1$ 成立.

2) 由 $f(p_1,p_2,\cdots,p_m) = \prod\limits_i \mathrm{betapdf}(p_i;x_i+a_i,n-x_i+b_i)$ 可知, $\forall\ i\ (i = 1,2,\cdots,m)$, p_i 的边缘分布 $f_i = \mathrm{betapdf}(p_i;x_i+a_i,n-x_i+b_i)$. 由 Beta 分布的性质, f_i 在 (0,1) 上为单峰连续函数, 其极大值点存在且唯一. 所以, $f(p_1,p_2,\cdots,p_m)$ 在 S 上的极大值点 Q 存在且唯一.

令

$$\frac{\partial f(p_1, p_2, \cdots, p_m)}{\partial p_1 \partial p_2 \cdots \partial p_m} = \prod_i \frac{1}{\mathrm{Beta}(a_i, b_i)} p_i^{x_i+a_i-2}(1-p)_i^{x_i+b_i-2} \cdot [(n+a_i+b_i-2)p_i - (x_i+a_i-1)] = 0$$

解得 $Q = \left(\frac{x_1+a_1-1}{n+a_1+b_1-2}, \frac{x_2+a_2-1}{n+a_2+b_2-2}, \cdots, \frac{x_m+a_m-1}{n+a_m+b_m-2}\right)$.

若 $\frac{x_{(m-1)}+a_{(m-1)}-1}{n+a_{(m-1)}+b_{(m-1)}-2} < \frac{x_{(m)}+a_{(m)}-1}{n+a_{(m)}+b_{(m)}-2}$, 那么 $\forall j \neq (m)$, 有 $\frac{x_{(m)}+a_{(m)}-1}{n+a_{(m)}+b_{(m)}-2} > \frac{x_j+a_j-1}{n+a_j+b_j-2}$, 所以 $Q \in H_{(m)} = \{p_{(m)} > p_j | j \neq (m),\ j = 1, 2, \cdots, m\}$.

边缘分布 $f_i = \mathrm{betapdf}(p_i; x_i + a_i, n - x_i + b_i)$ 的方差为

$$\mathrm{Var}[f_i] = \frac{(x_i+a_i)(n-x_i+b_i)}{(n+a_i+b_i)^2(n+a_i+b_i+1)}$$

显然 $\lim\limits_{n\to\infty} \mathrm{Var}[f_i] = \infty$, 而由前面的分析知 f_i 的单峰值在 $q_i = (x_i+a_i-1)/(n_i+a_i+b_i-2)$ 处取得, 所以 $\forall \Delta p > 0$, $\lim\limits_{n\to\infty} P\{q_i - \Delta p \leqslant P_i \leqslant q_i + \Delta p\} = 1$. 因此对任意一个包含 $Q = (q_1, q_2, \cdots, q_m)$ 的事件 H_Q, 只要 $\mathrm{Int}\, H_Q \neq \varnothing$(内部非空, 即 $\iint\limits_{H_Q} \cdots \int dp_1 dp_2 \cdots dp_m > 0$), 就有 $\lim\limits_{n\to\infty} P\{H_Q\} = 1$. 由于已证 $Q \in H_{(m)}$, 当 $\frac{x_{(m-1)}+a_{(m-1)}-1}{n+a_{(m-1)}+b_{(m-1)}-2} < \frac{x_{(m)}+a_{(m)}-1}{n+a_{(m)}+b_{(m)}-2}$ 时 $\iint\limits_{H_{(m)}} \cdots \int dp_1 dp_2 \cdots dp_m > 0$, 故有 $\lim\limits_{n\to\infty} P\{H_{(m)}\} = 1$.

定理 3.1 可以给我们如下启示:

1) 运用后验概率法进行 m 个 ATR 算法的识别率选优过程中, 按式 (3.12) 计算每个算法为最优的后验概率 Pb_i 时, 定理 3.1 保证有 $\sum Pb_i = 1$. 因此, 当某个 $Pb_i > 0.5$ 时就可以断定它是统计意义上的最优算法.

2) 在贝叶斯分析中, 当对先验信息一无所知时常假设先验分布为值域范围内的均匀分布, 称为无信息先验. 对于识别率比较问题而言, 无信息先验是 $\pi(p)$ 在 $(0,1)$ 区间上的均匀分布 (假定 $a_i = b_i = 1$). 此时排序量 $(x_i+a_i-1)/(n+a_i+b_i-2)$ 退化为 x_i/n, 即识别率点估计值. 所以, 经验做法所采用的以识别率点估计值 (测试值) 来选择最优算法的经验做法, 实际上正是遵循着最大似然原理, 而其选择正确的可能性 (置信度) 在样本容量无限大时趋近 1. 虽然从严格意义上讲, 经验做

法是在选取具有最大后验概率的事件点 Q, 但根据式 (3.5) 很容易看出: 在无信息先验的情况下, 出现最大后验概率等同于此时似然函数最大. 所以这里我们按照习惯说法称为最大似然原理.

3) 考虑更一般的情况 (即融合先验信息进行选优): $\text{betapdf}(p; x_i+a_i, n-x_i+b_i)$ 的均值为 $E[P_i]=(x_i+a_i)/n-x_i+b_i$, 在 n 较大时与 $(x_i+a_i-1)/(n+a_i+b_i-2)$ 相当接近, 因此可以选择识别率后验概率均值最大的算法作为最优算法, 定理 3.1 保证这种选择结果包含了最大后验概率事件 Q, 且选择正确的可能性 $P\{H_{(m)}\}$ 随测试样本容量 n 增大依概率收敛到 1.

3.5.2　识别率排序中的似然原理

同样, 当以识别率为指标对 ATR 算法进行排序时, 如果严格按照后验概率法的操作流程, 在每次序贯检验后都需要计算 m 个 ATR 算法的所有 $m!$ 种排列结果 $k_1k_2\cdots k_m$ 成立的后验概率 $Pb_{k_1k_2\cdots k_m}$, 然后选出 $Pb_{k_1k_2\cdots k_m}$ 最大的排列作为当前排序结果, 最后对照停止法则决定是否中止检验. 其中

$$Pb_{k_1k_2\cdots k_m}=\iint\limits_{P_{k_1}>P_{k_2}>\cdots>P_{k_m}}\cdots\int\prod_{i}^{m}\text{betapdf}(p_i;x_i+a_i,n-x_i+b_i)dp_1dp_2\cdots dp_m \tag{3.14}$$

计算时可根据条件概率公式将式 (3.14) 变成

$$\begin{aligned}
&Pb_{k_1k_2\cdots k_m}\\
&=P\{P_{k_1}>P_{k_2}>\cdots>P_{k_m}\}\\
&=P\{P_{k_1}>P_{t_1}|t_1=k_2,k_3,\cdots,k_m\}\cdot P\{P_{k_2}>P_{k_3}>\cdots>P_{k_m}\}\\
&=\cdots\\
&=P\{P_{k_1}>P_{t_1}|t_1=k_2,k_3,\cdots,k_m\}\cdot P\{P_{k_2}>P_{t_2}|t_2=k_3,\cdots,k_m\}\\
&\quad\cdots\cdot P\{P_{k_{m-1}}>P_{t_{m-1}}|t_{m-1}=k_m\}\\
&=\prod_{i}^{m-1}\left\{\int_0^1\left[\prod_{t_i}\text{betacdf}(p_{t_i};x_{t_i}+a_{t_i},n-x_{t_i}+b_{t_i})\right]\right.\\
&\quad\left.\cdot\,\text{betapdf}(p_{k_i};x_{k_i}+a_{k_i},n-x_{k_i}+b_{k_i})dp_{k_i}\right\}
\end{aligned} \tag{3.15}$$

式 (3.15) 中 $t_i=k_{i+1},\ k_{i+2},\cdots,k_m$. 具体计算时还可以用数值积分方式先算出 $m-1$ 个条件概率值, 然后求积得到 $Pb_{k_1k_2\cdots k_m}$.

与选优问题类似, 我们往往会按经验依据 m 个算法的测试结果进行排序, 然后计算这一排序所对应的后验概率 $Pb_{(m)(m-1)\cdots(2)(1)}$. 若 $Pb_{(m)(m-1)\cdots(2)(1)}>1/2$,

则不再需要计算其余 $m!-1$ 种排列所对应的后验概率值. 对此我们同样给出如下定理进行解释.

定理 3.2 设 m 个随机变量 P_i 的联合概率分布为 $f(p_1,p_2,\cdots,p_m)=\prod_i \text{betapdf}(p_i;x_i+a_i,n-x_i+b_i)$. Q 为样本空间 $S=\underbrace{[0,1]\times[0,1]\times\cdots\times[0,1]}_{m}$ 中 $f(p_1,p_2,\cdots,p_m)$ 的极大值点. $k_1k_2\cdots k_m$ 为 $1,2,\cdots,m$ 的一个排列. $\forall i\neq j$ $(i,j=1,2,\cdots,m)$, 有 $(x_i+a_i-1)/(n+a_i+b_i-2)\neq(x_j+a_j-1)/(n+a_j+b_j-2)$.

特别地, 将按 $(x_i+a_i-1)/(n+a_i+b_i-2)$ 从大到小顺序的排列记为 $(m)(m-1)\cdots(2)(1)$. 定义事件 $H_0=\{\exists k_i\neq k_j,\ P_{k_i}=P_{k_j}\}$ 和 $H_{k_1k_2\cdots k_m}=\{P_{k_1}>P_{k_2}>\cdots>P_{k_m}\}$, 有如下命题成立:

1) $\sum\limits_{k_1k_2\cdots k_m}^{m!} P\{H_{k_1k_2\cdots k_m}\}=1$;

2) Q 唯一存在;

3) $Q\in H_{(m)(m-1)\cdots(2)(1)}$ 且 $\lim\limits_{n\to\infty} P\{H_{(m)(m-1)\cdots(2)(1)}\}=1$.

证明 1) 任取样本空间 S 中的点 $X=(p_1,\ p_2,\cdots,p_m)$, 由 H_0 和 $H_{k_1k_2\cdots k_m}$ 的定义易知, $X\in H_0\cup\left(\bigcup_{k_1k_2\cdots k_m} H_{k_1k_2\cdots k_m}\right)$, 则由 X 的任意性得 $S\subset H_0\cup H_1\cup H_2\cup\cdots\cup H_m$. S 为样本空间, 故 $S=H_0\cup H_1\cup H_2\cup\cdots\cup H_m$.

若 $X\in H_0$, 对任意排列 $k_1k_2\cdots k_m$, 由 $H_{k_1k_2\cdots k_m}$ 的定义得 $X\notin H_{k_1k_2\cdots k_m}$, 所以 $H_0\cap H_{k_1k_2\cdots k_m}=\varnothing$. 若 $X\in H_{k_1k_2\cdots k_m}$, $\forall\ k_1'k_2'\cdots k_m'\neq k_1k_2\cdots k_m$, 由 $H_{k_1k_2\cdots k_m}$ 和 $H_{k_1'k_2'\cdots k_m'}$ 的定义得 $X\notin H_{k_1'k_2'\cdots k_m'}$. 由 X 及 $k_1k_2\cdots k_m$ 的任意性, 得 $H_0\cap H_{k_1k_2\cdots k_m}\cap H_{k_1'k_2'\cdots k_m'}=\varnothing$, $k_1k_2\cdots k_m\neq k_1'k_2'\cdots k_m'$. 根据概率划分的定义, 命题 H_0 和所有 $m!$ 个 $H_{k_1k_2\cdots k_m}$ 是样本空间 S 的一个划分, 故 $P\{H_0\}+\sum\limits_{k_1k_2\cdots k_m}^{m!} P\{H_{k_1k_2\cdots k_m}\}=1$. 注意到 $f(p_1,\ p_2,\cdots,p_m)$ 在 S 上连续, 因而有 $P_0\{H\}$=0. 所以, $\sum\limits_{k_1k_2\cdots k_m}^{m!} P\{H_{k_1k_2\cdots k_m}\}=1$ 成立.

2) 由 $f(p_1,p_2,\cdots,p_m)=\prod_i \text{betapdf}(p_i;x_i+a_i,n-x_i+b_i)$ 可知, $\forall\ i$ $(i=1,2,\cdots,m)$, p_i 的边缘分布 $f_i=\text{betapdf}(p_i;x_i+a_i,n-x_i+b_i)$. 由 Beta 分布的性质, f_i 在 $[0,1]$ 上为单峰连续函数, 其极大值点存在且唯一. 所以, $f(p_1,p_2,\cdots,p_m)$ 在 S 上的极大值点 Q 存在且唯一.

3) 令

$$
\begin{aligned}
\frac{\partial f(p_1,p_2,\cdots,p_m)}{\partial p_1\partial p_2\cdots\partial p_m}=&\prod_i\frac{1}{\text{Beta}(a_i,b_i)}p_i^{x_i+a_i-2}(1-p)_i^{x_i+b_i-2}\\
&\cdot[(n+a_i+b_i-2)p_i-(x_i+a_i-1)]=0
\end{aligned}
$$

解得 $Q=\left(\dfrac{x_1+a_1-1}{n+a_1+b_1-2},\dfrac{x_2+a_2-1}{n+a_2+b_2-2},\cdots,\dfrac{x_m+a_m-1}{n+a_m+b_m-2}\right)$.

已知 $\forall i\neq j\ (i,j=1,2,\cdots,m)$, 有 $(x_i+a_i-1)/(n+a_i+b_i-2)\neq(x_j+a_j-1)/(n+a_j+b_j-2)$, 所以 $Q\in H_{(m)(m-1)\cdots(2)(1)}=\{P_{(m)}>P_{(m-1)}>\cdots>P_{(2)}>P_{(1)}\}$. $\forall P_i\ (i=1,2,\cdots,m)$ 的边缘分布 $f_i=\text{betapdf}(p_i;x_i+a_i,n-x_i+b_i)$, 其方差为 $\text{Var}[f_i]=\dfrac{(x_i+a_i)(n-x_i+b_i)}{(n+a_i+b_i)^2(n+a_i+b_i+1)}$. 显然 $\lim\limits_{n\to\infty}\text{Var}[f_i]=\infty$, 而由前面的分析知 f_i 的单峰值在 $q_i=(x_i+a_i-1)/(n_i+a_i+b_i-2)$ 处取得, 所以 $\forall\Delta p>0$, $\lim\limits_{n\to\infty}P\{q_i-\Delta p\leqslant P_i\leqslant q_i+\Delta p\}=1$. 因此对任意一个包含 $Q=(q_1,\ q_2,\cdots,q_m)$ 的事件 H_Q, 只要 $\text{Int}\,H_Q\neq\varnothing$(内部非空, 即 $\iint\limits_{H_Q}\cdots\int dp_1dp_2\cdots dp_m>0$), 就有 $\lim\limits_{n\to\infty}P\{H_Q\}=1$. 已证 $Q\in H_{(m)(m-1)\cdots(2)(1)}$, 而 $\iint\limits_{H_{(m)(m-1)\cdots(2)(1)}}\cdots\int dp_1dp_2\cdots dp_m>0$, 故 $\lim\limits_{n\to\infty}P\{H_{(m)(m-1)\cdots(2)(1)}\}=1$.

定理 3.2 的意义在于:

1) 按式 (3.14) 或式 (3.15) 计算 $m!$ 种排列可能性的后验概率 $Pb_{k_1k_2\cdots k_m}$, 定理 3.2 保证有 $\sum\limits_{k_1k_2\cdots k_m}Pb_{k_1k_2\cdots k_m}=1$. 所以, 当某种排序结果 $Pb_{k_1k_2\cdots k_m}>0.5$ 时, 就可以断定它具有最大后验概率值.

2) 显然, 无信息先验情况下 $a_i=b_i=1$. 此时排序量 $(x_i+a_i-1)/(n+a_i+b_i-2)$ 退化成 x_i/n, 即识别率点估计值. 所以, 通常采用的以识别率点估计值 (测试值) 来对 m 个 ATR 算法进行排序的经验做法, 实际上也正是遵循着最大似然原理, 而其排序正确的可能性 (置信度) 在样本容量无限大时趋近 1.

3) 推广到一般情况 (即融合先验信息进行排序): n 较大时, $\text{betapdf}(p;\ x_i+a_in-x_i+b_i)$ 的均值 $E[P_i]=(x_i+a_i)/(n-x_i+b_i)$ 与 $(x_i+a_i-1)/(n+a_i+b_i-2)$ 相当贴近, 因此实际上可按识别率后验概率的均值从大到小进行排序, 定理 3.2 保证: 这种排序方法是一种最大似然方法, 排序正确的可能性 $P\{H_{(m)(m-1)\cdots(2)(1)}\}$ 随测试样本容量 n 增大依概率收敛到 1.

本 章 小 结

概率型指标是 ATR 评估中的一类重要性能指标. 由于自身具有不确定性, 依据概率性指标的识别性能比较实质上成为一类不确定推理问题. 概率型指标比较问题的关键在于结果不确定性的度量, 而与此相关的主要因素有参与比较对象的数目、测试样本容量以及具体的比较内容 (特定事件).

传统的识别率比较方法使用了经典统计学派的假设检验方法, 完全依赖试验结果, 当试验条件不能满足或者出现意外中止时, 绝大多数现有方法无法得出有效结论. 至于比较结果不确定性度量方面, 现有方法要么根本没有考虑, 要么仅以"第一 (二) 类检验错误概率" 等相关指标进行替代. 此外, 基于经典统计学派的比较方法还存在着无法融合先验信息等功能缺陷.

针对 ATR 评估的实际需求, 我们在本章中创新性地给出了一种新的比较方法——后验概率法, 有效弥补了现有方法存在的功能缺陷. 运用该方法对评估结果置信度及测试样本容量展开定量分析, 用图表形式描述了二者间的相互制约关系, 并得出了一些具有实际参考价值的结论. 另外, 还借助该方法揭示并证明了经验做法中隐含的最大似然原理. 两个定理的提出及证明为这些经验做法的使用提供了理论支撑. 虽然所做工作是以识别率为典型代表, 但是这些方法及结论完全可以推广应用于各种概率型指标的比较评估.

文献和历史评述

以识别率为依据比较目标识别性能的主要障碍在于指标本身就具有一定的不确定性, 但这种障碍似乎并没有阻止人们广泛地使用识别率指标进行各类算法的性能比较. 研究识别率指标比较问题的有关文献分布零散. 文献 [1] 和文献 [4] 在其综述中归纳了一些常见或自然的比较方法, 对比较方法的阐述也偏重于应用. 由于目标识别测试与统计抽样在分析方法上的天然联系, 一些理论性较强的方法成果常见于统计学领域, 例如, 文献 [6] 就主要从统计抽样的角度研究了依据识别率的 "选优" 问题; Wald 在对序贯分析的著作 [7] 中也有相当篇幅讨论如何设计比较二项分布发生概率差异的序贯检验.

此外, 由于在模式分类研究中识别率往往是检验或筛选分类器的几个最基本指标之一, 对于比较方法的研究也有着强烈需求. 文献 [5] 虽然没有直接研究基于识别率的比较, 但在比较生物模式分类算法错分率时特别强调了样本容量的重要性, 并且定量分析了大样本情况下算法两两比较结论的显著性水平与样本容量的关系. 文献 [8] 则结合 SAR 图像目标识别的应用背景, 对如何依据概率型指标进行比较进行了较为深入的探讨, 更侧重于中小样本容量情况下的应用, 其中一个重要的理论工具是文献 [9] 所给出的 Bonferroni 不等式.

总体来看, 本章所归纳的几类现有比较方法都是基于经典统计学原理的, 无法融合先验信息. 这些方法的基本原理、适用范围、优缺点及相关文献见表 3.6.

上述方法都采用频率派统计观点处理识别率的比较问题, 依据假设检验度量比较结果的可信程度, 且多以结论的显著性水平 α 为定量指标. 假设检验过程中, 只给出不同算法识别率之间是否存在显著性差异的 "硬决策" 式比较结果. 决定比较结果可信程度的因素主要有 3 个: ①测试样本容量 n; ②所要比较的 ATR 算法数目 m; ③不同算法识别率 $p_i(1\leqslant i \leqslant m)$ 之间的差异程度 (灵敏度)δ. 当对结论显著性水平 α、ATR 算法数目 m 和灵敏度 δ 都有较高要求时, 所需测试样本容量很大, 文献 [5] 对此给出了一些计算结果. 一旦测试样本容量不能满足需求, 现有的识别率比较方法就很难给出最终结论.

表 3.6 现有识别率比较方法对比

	单次比较法				序贯比较法	
	方法 1 点估计值 比较法	方法 2 区间估计值 比较法[4]	方法 3 区间 差值法[5]	方法 4 R&S 法[6]	方法 5 Wald 序贯 检验法[7]	方法 6 Wald MSRB 法[8]
基本原理	点估计值排序	以不交叠的置信区间排序	对识别率的差值做假设检验	选出识别率最大的算法	对“效率”比进行假设检验	多次 Wald 序贯检验
适用范围	多个算法排序	多个算法排序	两个算法比较	多个算法选优	两个算法比较	多个算法选优
优点	简单易行	得到算法识别率的置信区间	统计意义明显	①简单易行 ②统计意义明显	①实际使用测试样本可能减少 ②可设置两类错误容限	
局限性	无法度量比较结果的不确定程度	置信区间存在交叠时无法有效排序	①只能进行多次两两比较 ②只能得到比较结果的显著性水平	①只能选出最优的算法 ②只能得到结论的显著性水平	①只能进行多次两两比较 ②只能预测样本容量的均值	①只能选出最优的算法 ②不能确定实际所需样本数

此外, 现有的比较方法都将识别率作为常量, 但是受限于测试样本容量, 所得结论将带有一定的不确定性. 例如, 方法 2(区间数的定义见文献 [1]、[2]) 和方法 6 在比较过程中还需要综合多个不确定性结论 (命题) 来得到最终的比较结果 (合成命题). 从这个意义上来说, 识别率比较问题的本质就是不确定推理. 通过现有方法回顾发现, 目前各种比较方法在推理模型方面考虑欠缺. 例如, 方法 1 无法计算所得结论的不确定程度; 方法 3 和方法 5 由于缺乏恰当的推理工具而很难拓展适用范围. 方法 6 虽然实现了多个两两比较结论的合成, 但主要是借助了文献 [9] 所给出的 Bonferroni 不等式, 而不是推理模型.

我们在本章给出了一种基于贝叶斯分析的后验概率法. 通过分析后验概率法的操作流程不难发现, 该方法在检验过程中因外界条件限制 (如测试样本使用完) 而被强制中止后, 仍然可以根据已有的测试结果实施比较, 只是所得到的结果置信度达不到预期要求. 相比之下, 如果使用 Wald MSRB 法而提前终止检验, 则不能得出有效的比较结果. 造成这种差别的本质原因在于: 我们所提出的后验概率法采用了贝叶斯理论框架, 而 Wald MSRB 法仍沿用着频率统计学派思想. 这里我们无意于评判各统计学派的优劣, 但是根据贝叶斯学派的观点[10], “频率学派本质上是原始方案的奴隶 (包括所要采用的停止法则的选择). …… 对方案作任何改变都破坏给出有效的频率派结论的可能性. 另一方面, 贝叶斯学派可以比预期的停止得早, 或比预期的继续得长, 并仍然能得出有效的贝叶斯学派的结论". 对停止法则原理有兴趣的读者可以翻阅文献 [10](文献 [11] 为原著) 以及附录中所列的文献. 这里直接给出结论: 后验概率法中虽然包含了停止法则, 但比较结论却与停止法则的具体内容无关, 因而比较结果的置信度也仅与测试结果及先验信息有关.

最后指出, 无论是经典统计学还是贝叶斯统计学, 在度量不确定性时都以 "概率" 作为工具, 概率论仅是不确定性理论的一个分支. 文献 [3] 为学习不确定性情况下的逻辑推理提供了一个很好的入门, 文献 [12] 介绍了更为广泛的不确定性理论公理化框架基础, 并提供处理常见不确定性问题的数学工具. ATR 评估问题中出现的不确定指标, 还可以从区间数[13]、模糊数[14-15] 等类型分别予以研究. 对于多指标的不确定性决策问题, 本书将第 4 章予以充分讨论.

参 考 文 献

[1] Moore R E. Method and Application of Interval Analysis[M]. London: Prentice-Hall, 1979.

[2] 吴江, 黄登仕. 区间数排序方法研究综述 [J]. 系统工程, 2004, 22(8): 1-4.

[3] 徐扬. 不确定性推理 [M]. 成都: 西南交通大学出版社, 1994.

[4] Bassham C B. Automatic target recognition classification system evaluation methodology[D]. AFB, OH: Air Force Inst. of Tech., School of Engineering and Management, 2002.

[5] Guyon I, Makhoul J, Schwartz R, Vapnik V. What size test set gives good error rate estimates[J]. IEEE Trans. on Pattern Analysis and Machine Intelligence, 1998, 20(1): 52-64.

[6] Gibbons J D, Olkin I, Sobel M. Selecting and Ordering Populations: A New Statistical Methodology[M]. New York: Wiley, 1977.

[7] Wald A. Sequential Analysis[M]. New York: John Wiley & Sons, 1947.

[8] Catlin A E, Bauer J K W, Mykytka E F. System comparison procedures for automatic target recognition systems[J]. Naval Research Logistics, 1999, 46(4): 357-371.

[9] Shaffer J P. Modified sequentially rejective multiple test procedures[J]. Journal of the American Statistical Association, 1986, 81(395): 826-831.

[10] Berger J O. 统计决策论及贝叶斯分析 [M]. 贾乃光, 译. 北京: 中国统计出版社, 1998.

[11] Berger J O. Statistical Decision Theory and Bayesian Analysis [M]. 2nd ed. New York: Springer-Verlag, 1985.

[12] 刘宝碇, 彭锦. 不确定理论教程 [M]. 北京: 清华大学出版社, 2005.

[13] 张兴贤, 王应明. 一种基于区间信度结构的混合型多属性决策方法 [J]. 控制与决策, 2019, 34(1): 180-188.

[14] Liu S, Yu W, Chan F T S, Niu B. A variable weight-based hybrid approach for multi-attribute group decision making under interval-valued intuitionistic fuzzy sets[J]. International Journal of Intelligent Systems, 2021, 36(2): 1015-1052.

[15] 李从东, 钟方源, 张帆顺. 基于优劣势排序法和 Zhenyuan 积分的混合型多属性决策方法 [J]. 统计与决策, 2021, 37 (17): 178-181.

第 4 章　多指标 ATR 评估决策

4.1　引　　言

前两章主要讨论使用某个概率型指标的评估方法. 然而在许多情况下, ATR 评估问题需要综合多个指标才能够完成, 而且各个指标之间往往存在数据类型上的差异. 从数据类型角度分析, ATR 评估中的常用指标可归结为实数型、风险型和区间型三类. 其中, 实数型指标即取值为确定值的评估指标; 风险型指标是指用概率分布来描述其不确定性的评估指标, 因此也称为概率型指标; 区间型指标是指用取值范围的上下界来描述其不确定性的评估指标, 可用区间数表述. 下面我们主要借助决策分析理论 (特别是其中的多属性决策理论), 对多指标的 ATR 评估问题展开讨论.

传统的多属性决策方法研究大多针对属性 (评估指标) 为确定值的情况, 即含实数型指标的多指标评估问题, 一般也称为确定性多属性决策问题. 对于这种确定性多属性决策问题的研究已经有相当长历史, 已有多种比较成熟的求解方法. 进一步, 如果所有的评估指标的不确定性均可采用概率分布进行描述, 那么这类综合评估问题一般称为风险型多属性决策问题. 风险型多属性决策问题作为统计决策论中的重要内容也一直被广泛关注, 陆续已有多种评估方法被提出和完善.

相比较而言, 针对区间数和混合型多属性决策问题的研究虽然已经引起学术界重视并有了初步进展, 但相应的评估方法尚不完善. 可见, 多指标 ATR 评估的主要难点在于如何处理风险型与区间型的评估指标, 并实现多个评估指标的综合评估. 为阐述方便起见, 我们同时将包含了实数型、区间型和风险型指标的多指标评估问题简称为混合型多属性决策问题 (多属性决策理论中“混合”一词的内容并不固定, 所包含属性类型根据具体问题而定).

根据决策问题的属性特征和评估目的, 不同决策方法所选用的评估模型也不尽相同. 文献 [1] 将各种多属性决策方法的评估决策模型归纳为分值模型与关系模型两类, 较好地概括了现有多指标评估方法的决策模型. 其中, 分值模型侧重于依据决策偏好进行方案的价值 (或者效用) 度量, 给出综合评分值作为最终评估结果, 类似于对一个综合评估指标做出估计; 而关系模型侧重于依据决策偏好对各方案实施对比, 给出综合排序值作为最终评估结果, 类似于用一个综合评估指标进行比较.

本章将 ATR 评估中的区间数多属性决策问题和混合型多属性决策问题作为两类问题, 分别展开相应评估方法的论述. 虽然这里的混合型多属性决策问题从内涵上包含了区间数多属性决策问题, 但 ATR 评估中对于区间数多属性决策问题的求解有着一些特殊理解, 有时更希望能够得到区间数形式的综合评估结果, 实现柔性决策. 出于上述考虑, 书中特别将区间数多属性决策问题单列为一类特殊的多指标评估问题, 并基于分值模型来开展讨论. 至于更为一般的混合型多属性决策问题, 则根据问题的实际特点采用关系模型进行分析.

4.2　决策分析理论基础

根据多个属性进行综合评估称为多属性评估. 决策理论中, 一般将综合多个属性形成综合价值判断的方法称为 “多属性决策方法”. 然而在许多应用学科中, 由于历史原因或语言习惯, 往往采用 “多指标综合评估 (评估) 方法” 一词来表达相同含义. 本书中凡不是特别需要, 我们也尽可能多使用 “多指标评估方法”, 少使用 “多属性决策方法”; 并用 “(评估) 指标” 作为 “属性” 的同义词. 只是在偏重理论角度阐述评估问题时, 才沿用决策论中的 “多属性决策问题” 一词来表达这种需要评估决策的特定问题. 为方便阅读和理解本章的后续内容.

下面首先介绍决策分析的基本理论, 重点阐述与本章研究相关的专业术语, 内容主要节选自文献 [1]、[2]、[3]、[4]、[5].

4.2.1　决策分析基本步骤

决策是一个包含了大量认识、反应和判断的过程. 求解一个实际决策问题通常包括四个基本步骤, 如图 4.1[5] 所示.

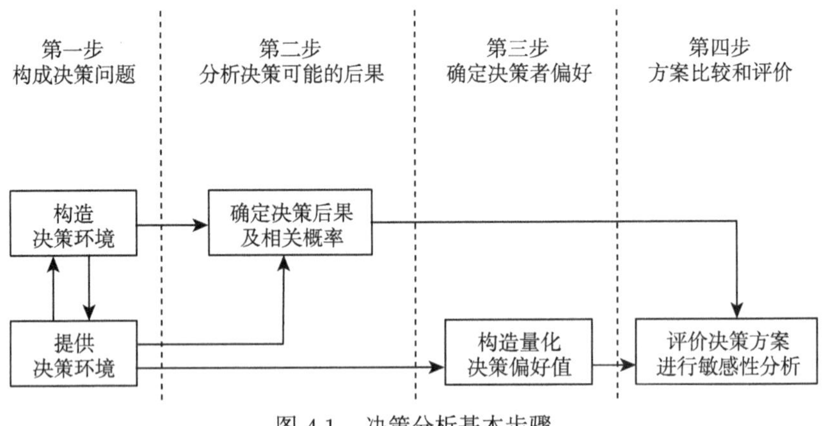

图 4.1　决策分析基本步骤

上述四个步骤并非一成不变. 例如, 为分析方便也可将第三步放在第二步之前. 本章对于 ATR 评估方法的研究主要集中在第四步, 即在明确了决策方案集和决策者偏好之后, 实施多指标下方案 (评估对象, 即参与 ATR 评估的算法或系统等) 的评估和比较. 这个问题可进一步细归为多属性决策的研究范畴.

4.2.2 多属性决策要素

1. 基本概念

首先介绍多属性决策中经常用到的几个基本概念.

(1) 属性

属性 (attribute) 指备选方案的特征、品质或性能参数. 决策分析理论中, 更多地使用方案属性一词来表述通常所说的评估指标.

(2) 目标

目标 (objective) 是决策者所感觉到的比现状更佳的客观存在, 用来表示决策者的愿望或决策者所希望达到、努力的方向.

(3) 目的

目的 (goal) 是指在特定时间、空间状态下, 决策者所期望的事情. 目标给出预期方向, 目的给出希望达到的水平或具体数值. 但是目标和目的这两个词的区别现在已经很模糊了, 常常不严格区别, 甚至互换使用.

(4) 准则

准则 (criterion) 是判断标准或度量事物价值的原则及检验事物合意性的规则, 兼指属性及目标.

2. 决策要素

多属性决策的要素包括: 决策单元、决策方案、准则体系和决策结构等. 下面通过介绍这些决策要素, 给出多属性决策理论的一些重要概念.

(1) 决策者

决策单元是决策过程的主体, 由决策者、分析人员和作为信息处理器的人机系统构成. 决策单元的功能是: 接受任务、产生内部信息, 形成系统知识, 提供价值判断, 从而产生决策. 其中, 决策者 (或称决策人) 直接或间接地提供偏好信息, 据此决定各决策方案的优劣.

(2) 备选方案和决策矩阵

决策方案是决策过程的客体, 也是决策的对象. 当决策方案被认为可以实施或符合决策者某些要求时, 该决策方案就成为备选方案. 常用集合 S 表示备选方案集, 用 A_i 表示方案的某个属性. 假设方案集中共有 m 个方案, 则 $S=\{S_1, S_2,\cdots,S_m\}$. 当进行决策建模时, 可以用备选方案在 n 个属性 A_j 上的评估值 x_{ij}

来表示该方案, 即备选方案 $S_i=\{x_{i1},x_{i2},\cdots,x_{in}\}$. 这样, 备选方案的属性值可列成决策矩阵, 也称为属性矩阵或属性值表, 见表 4.1.

表 4.1 决策矩阵示例

	A_1	$\cdots$	A_j	$\cdots$	A_n
S_1	x_{11}	$\cdots$	x_{1j}	$\cdots$	x_{1n}
$\cdots$	$\cdots$		$\cdots$		$\cdots$
S_i	x_{i1}	$\cdots$	x_{ij}	$\cdots$	x_{in}
$\cdots$	$\cdots$		$\cdots$		$\cdots$
S_m	x_{m1}	$\cdots$	x_{mj}	$\cdots$	x_{mn}

(3) 准则体系

准则是用来从某个明确定义的角度进行方案评估和比较的工具[3]. 当用某个准则来比较两个方案时, 实际上是要用两个方案在该准则上不同程度的评估来进行比较. 因此, 分析准则评估的程度不同就产生了不同的准则度量标度. 常见的标度有比例标度、区间标度和序标度等.

求解多属性决策问题需要先建立准则体系, 设定具有层次结构的评估指标, 然后才能方便地评估备选方案. 准则体系的最底层一般是直接或者间接表征方案的属性层. 选择属性时, 应当尽量选择属性值能够直接表征相应特征关系满足程度的属性; 当无法用属性值直接度量时, 就只能选用间接表征相应特征关系满足程度的代用属性 (proxy attribute).

(4) 决策结构和决策规则

决策问题的结构由问题形式、决策类型和决策者自身发挥作用等因素共同决定. 按照决策结构, 常见的决策问题可以分为选择问题、有序分类问题、排序问题和描述问题等.

在决策结构中, 用来对决策方案进行排序和比较所使用的规则称为决策规则. 决策规则一般可以分为两大类. 一类是最优化 (optimizing) 规则, 它能够把方案集中所有备选方案排成完全序; 根据优化规则, 总是存在一个最优方案. 另一类是满意 (satisfying) 规则, 它为了使分析过程简化而牺牲最优性, 将方案集划分为若干有序子集; 根据满意规则, 不同子集中的方案优劣显而易见, 同一个子集中的方案则难辨优劣.

4.2.3 评估决策模型

评估决策是通过多个属性或多个个人分别对评估对象 (方案) 进行评估, 采用某种规则或方法将这些单个评估综合形成总体评估, 从而得出评估对象之间优劣关系的过程. 该过程中评估的特征与形式不同, 对应的模型也不同. 比较典型的评估决策模型有两种[1].

1. 评估分值模型

定义 4.1 称 (U,A,F) 为评估分值模型, 其中 $U=\{x_1,x_2,\cdots,x_n\}$ 为评估对象集, x_i 为第 i 个评估对象; $A=\{a_1,a_2,\cdots,a_m\}$ 为评估属性 (评估指标) 集, a_l 为第 l 个评估属性; $F=\{f_l\colon U\to V_l\ (l\leqslant m)\}$ 为评估对象与评估属性之间的关系集, 其中 $f_l(x_i)$ 表示评估对象 x_i 关于评估属性 a_l 的测定值; V_l 为属性 a_l 可能取值的全体, 称为评估属性 a_l 的取值域.

一个评估分值模型常常可以表示为一个数据表的形式. 表格的行和列分别代表对象和评估属性, 表格数据代表评估对象在评估属性下的测定值, 即表 4.1 所示的决策矩阵. 分值模型按照属性测定值的不同又可以分为两种: 基数评估分值模型和序数评估分值模型. 一般情况下属性测定值都是基数型. 如果 $f_l{:}U\to V_l=\{1,2,\cdots,n\}$, 且 $(f_l(x_1),f_l(x_2),\cdots,f_l(x_n))$ 仅仅是 $V_l=\{1,2,\cdots,n\}$ 的一个置换, 即属性测定值仅表示相对优劣顺序, 此评估模型为序数型.

2. 评估关系模型

定义 4.2 称 (U,R) 为评估关系模型, 其中 $U=\{x_1,\ x_2,\cdots,x_n\}$ 为评估对象集, R 为评估对象之间的关系集, 即

$$R=\begin{bmatrix} R(x_1,x_1) & R(x_1,x_2) & \cdots & R(x_1,x_n) \\ R(x_2,x_1) & R(x_2,x_2) & \cdots & R(x_2,x_n) \\ \vdots & \vdots & & \vdots \\ R(x_n,x_1) & R(x_n,x_2) & \cdots & R(x_n,x_n) \end{bmatrix} \tag{4.1}$$

式 (4.1) 中 $R(x_i,x_j)$ 表示评估对象 x_i 与 x_j 之间的某种优劣关系. 若 $R(x_i,x_j)$ 仅取偏好位置, 称为序数评估关系模型; 若 $R(x_i,x_j)$ 取数值型, 称为基数评估关系模型.

$R(x_i,x_j)$ 的取值域 V 可以是定性的, 也可以是定量的; 可以是确定的, 也可以是不确定的. 例如: $V_1=\{\succ,\prec,\approx,?\}$, “$\succ$” 表示优于关系, “$\prec$” 表示劣于关系, “$\approx$” 表示相同或等价关系, “?” 表示不可比较关系, 则 V_1 属于序数评估关系模型. $V_2=[0,1]$, 若 $R(x_i,x_j)=\alpha\in[0,1]$ 表示评估对象 x_i 优于 x_j 的量化程度, 则 V_2 属于基数评估关系模型.

4.3 区间数 ATR 多指标评估方法

4.3.1 ATR 评估中的区间数多属性决策

传统的多属性决策理论无法直接处理指标值为区间数的评估问题. 对此, 近年来逐渐兴起的区间分析理论提供了更为先进的分析工具. 本节针对评估指标全

部是区间数 (包括实数这一特殊情况) 指标的一类情况, 基于评估分值模型讨论 ATR 评估中的区间数多属性决策问题.

为阐述需要, 先给出区间数的定义[6].

定义 4.3 设 $\mathbf{R}$ 为实数域, 记 $\tilde{a}=[a^-a^+]=\{x|a^- \leqslant x \leqslant a^+,\ a^-,\ a^+,\ x \in \mathbf{R}\}$, 称实数域上的闭区间 $\tilde{a}$ 为区间数, 其中 a^- 和 a^+ 分别是区间数 $\tilde{a}$ 的上界和下界. 若 $a^- = a^+$, 则区间数 $\tilde{a}$ 退化为普通实数. 若下界 $a^- > 0$, 称 $\tilde{a}$ 为正区间数.

令区间数 $\tilde{a}=[a^-a^+]$, $\tilde{b}=[b^-b^+]$, 部分运算法则可归纳如下[7].

1) 加法运算 $\tilde{a}+\tilde{b}=[a^-+b^-,\ a^++b^+]$;

2) 减法运算 $\tilde{a}-\tilde{b}=[a^--b^+,\ a^+-b^-]$;

3) 乘法运算 $\tilde{a}\times\tilde{b}=[\min(a^-b^-,\ a^-b^+, a^+b^-,\ a^+b^+), \max(a^-b^-,\ a^-b^+, a^+b^-,\ a^+b^+)]$,

$$\text{当 } \tilde{a} \text{ 和 } \tilde{b} \text{ 均为正区间数时, 有} \tilde{a}\times\tilde{b}=[a^-b^-, a^+b^+];$$

数乘运算 $\lambda\tilde{a}=[\lambda a^-,\ \lambda a^+]$ (λ 为正实数);

4) 除法运算 $\tilde{a}/\tilde{b}=[a^-a^+]\times[1/b^+, 1/b^-]$,

$$\text{当 } \tilde{a} \text{ 和 } \tilde{b} \text{ 均为正区间数时, 有} \tilde{a}/\tilde{b}=[a^-/b^+, a^+/b^-];$$

5) 指数运算 $c^{\tilde{a}}=[c^{a^-}, c^{a^+}]$ (c 为正实数, $\tilde{a}$ 为正区间数);

6) 乘方运算 $\tilde{a}^{\,n}=[(a^-)^n, (a^+)^n]$ ($\tilde{a}$ 为正区间数);

7) 开方运算 $\sqrt[n]{\tilde{a}}=[\sqrt[n]{a^-},\ \sqrt[n]{a^+}]$ ($\tilde{a}$ 为正区间数).

区间数的排序方法可参阅文献 [7]、[8]、[9] 和 [10].

ATR 评估中, 许多性能指标 (如目标识别率) 虽然属于风险型属性, 但在估计精度较高时也可以用置信区间来近似描述. 代价指标也并不一定就是确定值. 例如, 识别过程的耗时就有可能出现波动 (典型例子是采用启发式搜索策略的模板匹配算法), 因而往往是根据理论分析或者是利用仿真平台估计出一个取值范围. 上述分析说明, ATR 评估中采用区间数来描述评估指标不确定性的现象普遍存在.

根据上述分析, 我们将所要解决问题归纳为: 在权重信息已知 (确定值) 的情况下, 依据 ATR 评估问题需求特点来研究相应的区间数多指标评估方法, 得到评估对象的区间数综合评分值. 方法研究所要解决的区间数多属性决策问题则可概括如下:

记 $S=\{S_1, S_2, \cdots, S_m\}$ 为备选方案 (评估对象) 集 ($m\geqslant 2$); $A=\{A_1, A_2, \cdots, A_n\}$ 为属性 (评估指标) 集 ($n\geqslant 2$); $X=[x_{ij}]_{m\times n}$ 为决策矩阵, 其中 x_{ij} 表示方案 S_i 的属性 A_j 的区间数属性值; $w=(w_1, w_2, \cdots, w_n)^{\mathrm{T}}$ 为属性权重向量, 其中 w_j 表示属性 A_j 的权重 (确定值), 假定 w 已知且满足 $\sum w_j=1$, $w_j\geqslant 0$.

4.3.2 区间加权法

1. 基本原理

加权法是一类常见的获取综合评分值的方法, 可以分为加权和法与加权积法, 其中以加权和法最为常见. 使用加权和法实际上意味承认如下假设[4]:

1) 指标体系为树状结构, 即每个下级指标只与一个上级指标相关联;

2) 每个属性的边际价值是线性的 (优劣与属性值大小成比例), 且每两个属性相互价值独立;

3) 属性间的完全可补偿性: 一个方案的某属性无论多差都可以用其他属性来补偿.

下面对照上述假设逐条分析在 ATR 评估问题中能否得到满足, 并给出相应的解决途径.

首先, 分析 ATR 评估的指标体系. 性能和代价是 ATR 评估中相互制约的两个方面, 可采用性能指标和代价指标分别度量. 许多研究工作遵循这一基本思想, 所建立的评估指标体系也都具有树状结构. 因此可以说, 具有树状结构指标体系的要求在 ATR 评估中一般能够得到满足.

其次, ATR 评估指标边际价值为线性的假设一般是不成立的. 多属性决策中通常采用 0-1 变换的方式对指标值进行规范化. 然而 0-1 变换是线性的, 指标在规范化后仍不满足线性的假设条件. 只有先将 ATR 评估指标值通过价值函数转换为评分值后, 才能满足属性边际价值为线性的假设. 因此, 应该使用指标的价值函数对决策矩阵进行规范化, 而不宜直接采用线性规范化的方式. 另外, 指标间相互价值独立的条件通常难以验证, 一般通过评估指标体系作直观判断.

最后, 指标间的完全可补偿性这一假设在 ATR 评估中一般只能得到部分满足. 对于可补偿性较差的指标, 通常考虑使用加权积法进行综合计算. 故建议采用包含加权和与加权积的混合加权方法来计算综合评分值.

2. 求解步骤

下面给出一种基于分值模型的 ATR 多指标评估方法——区间加权法, 求解步骤如下:

步骤 1 建立具有树状结构的评估指标体系;

步骤 2 根据决策者偏好确定每个指标的价值函数;

步骤 3 对决策矩阵中的区间数指标进行价值转换;

步骤 4 确立混合加权计算式, 计算区间数形式的综合评分值;

步骤 5 根据综合评分值进行评估, 必要时利用区间数排序方法实施比较.

由于上述求解步骤与具体问题密切相关, 因而在后面的评估实例中结合实际应用阐明求解细节.

4.3.3　区间 TOPSIS 法

1. 基本原理

当评估目的侧重于获取各个评估对象的总体优劣次序时, 可以采用序数评估分值模型. 本小节参照 TOPSIS 法基本思想, 提出一种适用于 ATR 评估的多指标评估方法——区间 TOPSIS 法.

TOPSIS 法的求解思路可以用图 4.2 来说明. 图 4.2 表示两个属性的决策问题. z_1 和 z_2 为加权规范化属性, 均为效益型; 方案集 S 中 $S_1 \sim S_6$ 根据加权规范化属性值在图中标出各自的位置 $x_1 \sim x_6$, 并确定理想解 x^* 和负理想解 x^0; 引入距离函数 (一般选用欧氏距离) 后, 计算排序指示值来区分方案间的相对优劣.

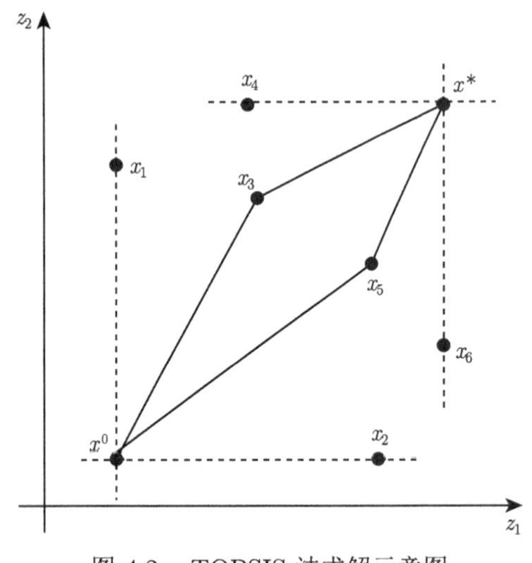

图 4.2　TOPSIS 法求解示意图

传统 TOPSIS 对决策矩阵 $\boldsymbol{X}$ 采用向量规范法. 这种规范化方法的最大特点是: 规范化后各评估对象同一属性值的平方和为 1, 便于计算评估对象与理想点之间的欧氏距离. 由此引入的一个问题是, 某些情况下评估结果依赖于评估对象集 S. 当有新的评估对象加入或一部分评估对象移出时, 排序结果可能发生变化, 即出现 “逆序” 现象. 逆序现象有其客观合理性, 传统 TOPSIS 法难以根除 [11]. 另外一个问题就是, 传统 TOPSIS 法只能处理实数型评估指标. 区间 TOPSIS 法对待上述问题的解决途径是: ① 将理想点 x^* 和负理想点 x^0 定义为绝对理想点和绝对负理想点, 消除逆序; ② 通过定义 “区间距离函数” 计算评估对象与理想点之间的相对距离, 得到区间数评分值.

区间 TOPSIS 法基本原理可概括如下: 将评估指标集 A 视为 n 维空间, 评估对象 S_i 由 n 维空间中的一个区间数域表征. 根据实际问题确定绝对理想点 x^* 和

绝对负理想点 x^0, 分别代表评估对象集 S 中的最佳对象和最劣对象. 最后, 根据评估对象距离绝对理想点和负绝对理想点的远近给出区间数评分值, 实现柔性评估. 必要时采用区间数排序方法实施比较. 下面详细阐述该方法的求解步骤.

2. 求解步骤

步骤 1 确定绝对理想点和绝对负理想点.

ATR 评估指标一般可分为效益指标和成本指标两类. 常见的效益指标有正确种类识别概率 P_{CC}、正确类型识别概率 P_{ID}、ROC 曲线下面积 AUC 等, 这些效益指标值都各有其上下界; 常见的成本指标有处理时间、存储容量等, 这些成本指标值的理论下限为零, 上限则可根据指标要求确定. 例如, 最大计算时间不超过 5ms, 存储容量不超过 16MB. 因此, 绝对理想点和绝对负理想点可由区间向量退化为实值向量, 分别记为 $x^* = (x_1^*, x_2^*, \cdots, x_n^*)^{\mathrm{T}}$ 和 $x^0 = (x_1^0, x_2^0, \cdots, x_n^0)^{\mathrm{T}}$.

步骤 2 将决策矩阵规范化.

用标准 0-1 变换将 $X = [\tilde{x}_{ij}]_{m\times n}$ 转换成规范化决策矩阵 $Z = [\tilde{z}_{ij}]_{m\times n}$.

若 A_j 为效益指标, 转换式为

$$\begin{cases} z_{ij}^- = \dfrac{x_{ij}^- - x_j^0}{x_j^* - x_j^0} w_j \\ z_{ij}^+ = \dfrac{x_{ij}^+ - x_j^0}{x_j^* - x_j^0} w_j \end{cases} \tag{4.2}$$

若 A_j 为成本指标, 转换式为

$$\begin{cases} z_{ij}^- = \dfrac{x_j^0 - x_{ij}^+}{x_j^0 - x_j^*} w_j \\ z_{ij}^+ = \dfrac{x_j^0 - x_{ij}^-}{x_j^0 - x_j^*} w_j \end{cases} \tag{4.3}$$

显然, 绝对理想点 x^* 和绝对负理想点 x^0 经转化分别为 $z^+ = w = (w_1, w_2, \cdots, w_n)^{\mathrm{T}}$ 和 $z^- = \mathbf{0} = (0, 0, \cdots, 0)^{\mathrm{T}}$.

步骤 3 计算评估对象与规范化理想点及负理想点之间的距离.

经步骤 2, 理想点和负理想点均退化为实数值向量, 评估对象与理想点之间的距离计算成为区间数向量和普通向量之间的度量, 避免了两个区间数向量之间的距离度量.

分别定义评估对象 S_i 区间数向量 $\tilde{z}_i = (\tilde{z}_{i1}, \tilde{z}_{i2}, \cdots, \tilde{z}_{in})^{\mathrm{T}}$ 与 z^+, z^- 之间的"区间距离"为

$$d_i^+ = \left[\sqrt{\sum_{j=1}^{n}(w_j - z_{ij}^+)^2}, \sqrt{\sum_{j=1}^{n}(w_j - z_{ij}^-)^2}\right] \tag{4.4}$$

和

$$d_i^- = \left[\sqrt{\sum_{j=1}^{n}(z_{ij}^-)^2}, \sqrt{\sum_{j=1}^{n}(z_{ij}^+)^2}\right] \tag{4.5}$$

步骤 4　计算评估对象的区间数评分值.

定义每个评估对象的区间数评分值为

$$C_i = \frac{d_i^-}{d_i^+ + d_i^-} \tag{4.6}$$

式 (4.6) 中 "−" 和 "+" 遵循区间数运算法则.

步骤 5　按区间数评分值进行柔性评估.

根据区间数评分值可选出占优势的评估对象, 必要时可按照一定的区间数排序方法进行比较, 实现评估对象的选优.

4.3.4　评估实例

算例 4-1　针对空地背景, 按不同技术途径开发了 3 个处于原理验证阶段的 ATR 系统. 针对应用背景设计评估方案如下: 选取 4 类典型装甲目标, 分别为 M1 坦克、T80 坦克、M2 装甲车和 M3 卡车. 此外, 选取一款民用车辆作为区别于军事目标的干扰物. 训练和测试数据均采用 VV 极化.

考虑 5 个评估指标: 对坦克类目标的正确种类识别概率 (P_{CC}-Tank)A_1、对装甲车的正确类型识别概率 (P_{ID}-APC)A_2、对卡车的正确类型识别概率 (P_{ID}-Truck)A_3、识别单个目标的处理时间 A_4(单位: ms) 以及每类目标的模板存储容量 A_5(单位: kB). 显然, $A_1 \sim A_3$ 属效益指标, A_4 和 A_5 属成本指标. 经仿真平台测试得区间数决策矩阵, 见表 4.2.

表 4.2　算例 4-1 的决策矩阵

	A_1	A_2	A_3	A_4	A_5
S_1	[0.68,0.74]	[0.65,0.73]	[0.56,0.65]	[4.79,5.49]	39
S_2	[0.69,0.74]	[0.63,0.71]	[0.55,0.64]	[1.32,2.01]	12
S_3	[0.64,0.70]	[0.57,0.65]	[0.51,0.59]	[3.05,3.74]	48

采用 VFT 法[12] 并结合专家赋权法[13] 进行调整, 得到决策者对于属性 $A_1 \sim A_5$ 的权重向量 $w = (0.25, 0.2, 0.05, 0.2, 03)^{\mathrm{T}}$.

1. 区间加权法的运用

下面按照区间加权法的求解步骤对这 3 个 ATR 系统进行多指标评估.

1) 建立树状结构的评估指标体系, 如图 4.3 所示.

2) 确定指标 $A_1 \sim A_5$ 的价值函数.

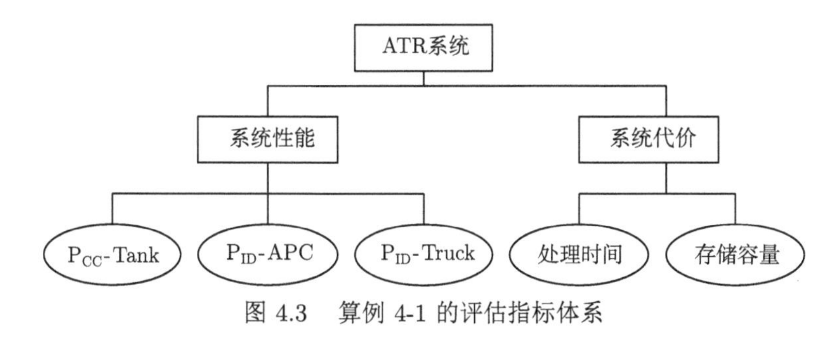

图 4.3 算例 4-1 的评估指标体系

为简化问题, 假设所有指标的价值函数均能用解析式描述. 通过 "等值法"[14] 获取决策者偏好, 并用正弦函数拟合出指标 $A_1 \sim A_3$ 的价值函数:

$$V_j(a)=\begin{cases}\dfrac{1}{2}\left[1+\sin\left(\dfrac{a-0.6}{0.8}\pi\right)\right], & 0.2 \leqslant a \leqslant 1 \\ 0, & \text{其他}\end{cases} \tag{4.7}$$

式 (4.7) 中 $V_j(a)$ 表示指标 A_j 的价值 (j =1,2,3), a 表示该指标测量值.

同样, 拟合出指标 A_4 和 A_5 的价值函数:

$$V_4(a)=\begin{cases}1, & 0 \leqslant a < 1 \\ \dfrac{1}{2}\left[1+\sin\left(\dfrac{5.5-a}{9}\pi\right)\right], & 1 \leqslant a \leqslant 10 \\ 0, & a > 10\end{cases} \tag{4.8}$$

$$V_5(a)=\begin{cases}\dfrac{1}{2}\left[1+\sin\left(\dfrac{32-a}{64}\pi\right)\right], & 0 \leqslant a \leqslant 64 \\ 0, & a > 64\end{cases} \tag{4.9}$$

3) 决策矩阵规范化.

决策矩阵元素为区间数, 视为该指标的值域. 利用价值函数 V_i 进行转换, 得到规范化决策矩阵 $Z=[\tilde{z}_{ij}]_{m\times n}$, 其元素 $\tilde{z}_{ij}=[z_{ij}^-, z_{ij}^+]$ 表示评估对象 i 的属性 A_j 对于决策者的价值.

$$Z=\begin{bmatrix}[0.6545,0.7612] & [0.5975,0.7443] & [0.4218,0.5975] & [0.5017,0.6227] & 0.3316 \\ [0.6731,0.7612] & [0.5588,0.7093] & [0.4025,0.5782] & [0.9692,0.9969] & 0.9157 \\ [0.5782,0.6913] & [0.4412,0.5975] & [0.3269,0.4804] & [0.7782,0.8774] & 0.1464\end{bmatrix}$$

4) 确定混合加权计算式.

分析图 4.3 给出的指标体系, 认为系统性能与系统代价之间的可补偿性较差, 故采用如下混合加权计算式:

$$\tilde{V}_i=[V_i^-,V_i^+]=f_w(\tilde{z}_i)=\frac{(w_1\times\tilde{z}_{i1}+w_2\times\tilde{z}_{i2}+w_3\times\tilde{z}_{i3})}{w_1+w_2+w_3}\times\frac{(w_4\times\tilde{z}_{i4}+w_5\times\tilde{z}_{i5})}{w_4+w_5} \tag{4.10}$$

式 (4.10) 中 “+” 和 “×” 遵循区间数运算法则.

经计算, 得到算例 4-1 中 3 个 ATR 系统的综合评分值. 这些综合评分值代表着 ATR 系统满足决策者价值判断的范围, 如图 4.4 所示.

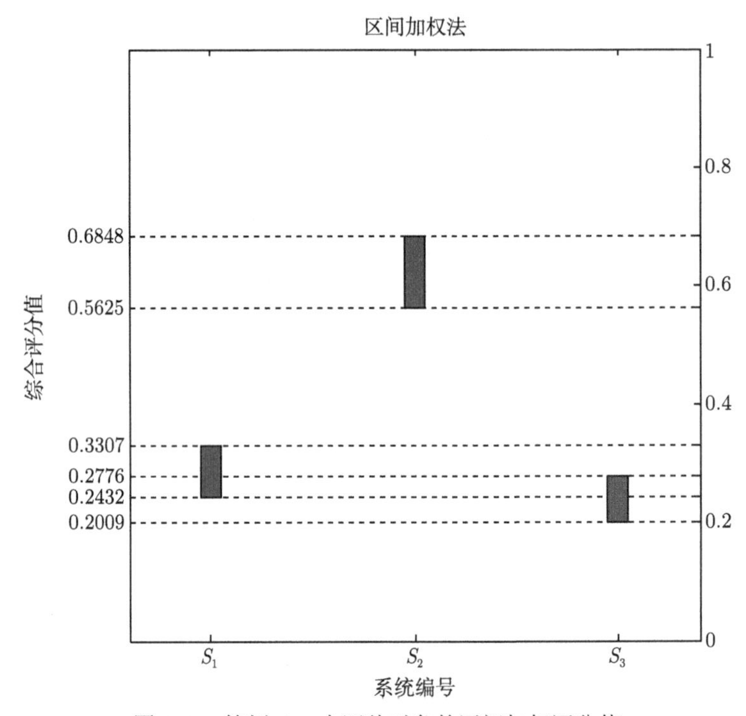

图 4.4　算例 4-1 中评估对象的区间加权评分值

5) 确定优势系统并排序.

这里采用可能度法[15] 对 3 个系统的综合评分值

$$\tilde{V}_1 = [0.2432, 0.3307], \quad \tilde{V}_2 = [0.5625, 0.6848], \quad \tilde{V}_3 = [0.2009, 0.2776]$$

进行排序, 得到的排序结果为

$$S_2 \underset{1}{\succ} S_1 \underset{0.79}{\succ} S_3$$

$S_i \underset{p}{\succ} S_j$ 表示 S_i 优于 S_j, 下标 p 表示评分值 V_i 大于 V_j 的可能度 (possibility).

通过图 4.4 和排序结果都不难看出: ATR 系统 2 占优势 (即 $V_2^- > V_1^+$, $V_2^- > V_3^+$); 系统 1 和系统 3 之间不存在显著性差异 (系统 1 优于系统 3 的可能性只有 0.79).

2. 区间 TOPSIS 法的运用

下面运用区间 TOPSIS 法对算例 4-1 中 3 个 ATR 系统进行多指标评估.

显然, $A_1 \sim A_3$ 为效益指标, 而 A_4 和 A_5 则为成本指标. 首先, 根据指标要求定义绝对理想点 $x^* = (1,1,1,0,0)^{\mathrm{T}}$ 和绝对负理想点 $x^0 = (0,0,0,10,64)^{\mathrm{T}}$.

然后, 将决策矩阵进行规范化处理, 得到

$$Z = \begin{bmatrix} [0.1700, 0.1850] & [0.1300, 0.1460] & [0.0280, 0.0325] & [0.0902, 0.1042] & 0.1172 \\ [0.1725, 0.1850] & [0.1260, 0.1420] & [0.0275, 0.0320] & [0.1598, 0.1736] & 0.2437 \\ [0.1600, 0.1750] & [0.1140, 0.1300] & [0.0255, 0.0295] & [0.1252, 0.1390] & 0.0750 \end{bmatrix}$$

计算评估对象与绝对理想点的区间距离:

$$d_1^+ = [0.2237, 0.2393], \quad d_2^+ = [0.1085, 0.1295], \quad d_3^+ = [0.2555, 0.2689]$$

以及与绝对负理想点的区间距离:

$$d_1^- = [0.2616, 0.2849], \quad d_2^- = [0.3624, 0.3807], \quad d_3^- = [0.2461, 0.2708]$$

最后得到区间数评分值, 如图 4.5 所示.

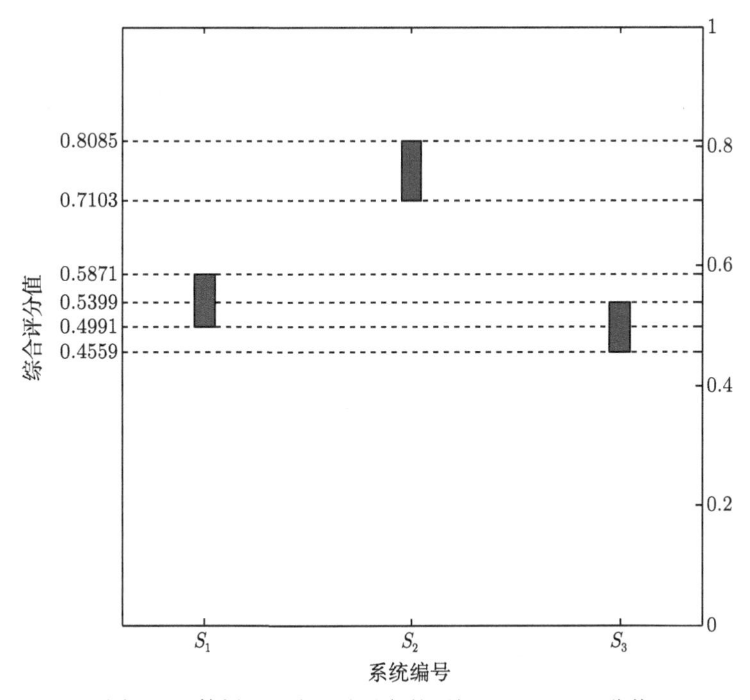

图 4.5 算例 4-1 中评估对象的区间 TOPSIS 评分值

同样采用可能度法对这 3 个 ATR 系统的区间数评分值

$$\tilde{C}_1 = [0.4991,\ 0.5871], \quad \tilde{C}_2 = [0.7103,\ 0.8085], \quad \tilde{C}_3 = [0.4559,\ 0.5399]$$

进行排序得

$$S_2 \underset{1}{\succ} S_1 \underset{0.76}{\succ} S_3$$

显然, 上述结果与区间加权法的结论很接近.

3. 对比讨论

这里所提出的两种区间数多指标评估方法对算例 4-1 进行评估的结果相同, 只是具体分值存在差别. 评分值的差异源自这两种方法的出发点不同. 区间加权法侧重于衡量评估对象满足决策者的需求程度, 而区间 TOPSIS 法重在分析评估对象距离理想系统的差距程度. 两种方法的特点分别概括如下:

✧ 区间加权法

优势: 评估结果反映了评估对象满足决策者价值需求的程度, 评分值的含义也很明确.

不足: 价值函数及加权映射关系都依赖决策者的判断, 存在一定的主观性.

✧ 区间 TOPSIS 法

优势: 求解过程较为客观; 并且不存在 “逆序” 现象, 评估结果稳定.

不足: 综合评分值不反映评估对象满足决策者价值需求的程度.

4.4 混合型 ATR 多指标评估方法

4.4.1 ATR 评估中的混合型多属性决策

而针对某一类不确定性多属性决策问题的研究也早已引起人们重视, 并取得了一系列研究成果 [16-22]. 然而现实情况中存在着大量混合型多属性决策问题, 即需要综合考虑各种确定性和不确定性属性. 其中一部分的属性值可用实数表征, 这里称为实数型属性. 而更多的属性则难以用实数来描述, 大致可归纳如下: 属性值可表征为随机变量, 且可用概率分布来量化这种随机性, 称为风险型属性; 属性值存在变化, 但只能给出其变化范围, 称为区间型属性; 由于人们认识上的模糊特点而造成对属性价值判断不确定, 称为模糊型属性; 难以用精确值量化, 往往通过咨询专家并采用语言变量来刻画, 称为语言型属性 (又可细分为确定语言型和不确定语言型[19]).

在多指标 ATR 评估问题中, 有些评估指标显然可以用实数值描述, 例如能够识别的目标类型数、存储的模板个数等. 有些评估指标通过一个概率分布来描述更为准确, 如各种概率型指标. 另一些情况下, 指标难以用概率分布描述, 但可以推断出其取值范围, 此时采用区间数描述更为合理. 至于模糊型指标和语言型指标, 一般多见于武器系统的效能评估中, 如可靠性、可维修性、保障性等. 模糊型及语言型指标主要反映人们在主观判定过程中存在的不确定性. 通过绪论中对国内外研究现状的总结不难发现, 当前 ATR 评估研究侧重于技术特性的考察, 选用的指标一般都可以量化. 指标不确定性主要由考核对象自身属性的随机特性所造成, 而不是专家等决策者的认识不足. 此外, 模糊型及语言型指标在多数情况均可转换成区间型 (评分值) 指标. 因此, 我们总结出 ATR 评估问题中最为常见的三种指标类型是实数型、风险型和区间型.

根据上述分析, 我们将所要解决问题归纳为: 在权重信息已知 (确定值) 的情况下, 根据 ATR 评估领域的实际特点来研究包含实数型、风险型和区间型三类属性的混合型多指标评估方法. 具体求解的混合型多属性决策问题概括如下:

记 $S=\{S_1,S_2,\cdots,S_m\}$ 为备选方案 (评估对象) 集 ($m\geqslant 2$); $A=\{A_1,A_2,\cdots,A_n\}$ 为属性 (指标) 集 ($n\geqslant 2$); $X=[x_{ij}]_{m\times n}$ 为决策矩阵, 其中 x_{ij} 表示方案 S_i 的属性 A_j 的属性值, x_{ij} 为实数、区间数或随机变量中的某一类; $w=(w_1,w_2,\cdots,w_n)^{\mathrm{T}}$ 为属性权重向量, 其中 w_j 表示属性 A_j 的权重 (确定值), 约定 w 已知且满足 $\sum w_j=1$, $w_j\geqslant 0$.

4.4.2 偏好矩阵法

1. 基本原理

偏好矩阵法采用评估关系模型的求解思路. 基于关系模型的求解需要解决两个关键问题: 各属性下评估对象间的偏好关系建立和所获取偏好关系的聚合. 实数型指标的比较自然容易实现, 而风险型指标和区间型指标的比较可以分别用"大于概率"[21] 和可能度[15] 来实现. 单纯的"大小"关系比较将失去不同评估对象在指标值上的差异信息. 因此, 先通过确立标准优劣差异矩阵来同时比较和度量评估对象间的优劣和差异, 再定义具有统一尺度的偏好映射来建立偏好矩阵, 实现所有属性的偏好信息聚合. 下面按照求解步骤进行详细阐述.

2. 求解步骤

步骤 1 计算指标差异的单位标度.

尽管偏好关系体现的是各指标下评估对象两两之间的区分程度, 这里还是用某评估对象指标值与总体均值的偏离程度作为单位标度 (类似数理统计中的"标准差"), 原因在于这种以标准差为单位来度量差异程度的方式更符合人们的思维习惯.

定义 4.4 指标 A_k 的单位标度 σ_k 定义如下:

1) 对于实数型指标 沿用方差的概念定义单位标度

$$\sigma_k = \sqrt{\frac{1}{m}\sum_{i=1}^{m}(x_{ik} - \bar{x}_k)^2} \tag{4.11}$$

式 (4.11) 中 $\bar{x}_k = \sum\limits_{i=1}^{m} x_{ik} \Big/ m$ 表示所有评估对象指标 A_k 的算术平均值.

2) 对于区间型指标　以区间数的相离度为基础, 定义单位标度

$$\sigma_k = \sqrt{\frac{1}{m}\sum_{i=1}^{m} d^2(x_{ik}, \bar{x}_k)} \tag{4.12}$$

式 (4.12) 中 $x_{ik} = [x_{ik}^-, x_{ik}^+]$ 为区间数; $\bar{x}_k$ 表示这 m 个区间数指标的算术平均值 (按区间数运算法则), $\bar{x}_k = \left[\sum\limits_{i=1}^{m} x_{ik}^- \Big/ m\ ,\ \sum\limits_{i=1}^{m} x_{ik}^+ \Big/ m\right]$; $d(a,b)$ 表示两个区间数 $a = [a^-, a^+]$ 和 $b = [b^-, b^+]$ 之间的相离度, 其定义为[19]

$$d(a,b) = \|a - b\| = |b^- - a^-| + |b^+ - a^+| \tag{4.13}$$

3) 对于风险型指标　以离差为基础, 定义单位标度

$$\sigma_k = \sqrt{\frac{1}{m}\sum_{i=1}^{m} E|x_{ik} - \bar{x}_k|^2} \tag{4.14}$$

式 (4.14) 中 $\bar{x}_k$ 表示 m 个随机变量 x_{ik} 的算术平均值 (仍为随机变量), $\bar{x}_k = \sum\limits_{i=1}^{m} x_{ik} \Big/ m$; $E|X - Y|^2$ 表示两个随机变量 X 和 Y 的离差, 其定义为[22]

$$E|X - Y|^2 = \int_{-\infty}^{+\infty}\int_{-\infty}^{+\infty} (x - y)^2 f(x,y) dxdy \tag{4.15}$$

式 (4.15) 中 $f(x,y)$ 为 X 和 Y 的联合概率密度函数. 绝大多数情况下, 不同评估对象的风险型指标分布相互独立, 此时 $f(x_{ik}, x_{jk}) = f(x_{ik})f(x_{jk})$, 其中 $f(x_{ik})$ 和 $f(x_{jk})$ 分别为风险型指标 x_{ik} 和 x_{jk} 的概率密度函数.

步骤 2　确立标准优劣差异矩阵.

获取各类型指标差异的单位标度后, 确立评估对象 S_i 和 S_j 在指标 A_k 下的优劣差异相对于单位标度的倍数, 即标准优劣差异 Δx_{ij}.

定义 4.5　标准优劣差异 Δx_{ij} 定义如下:

1) 对于实数型指标　若 A_k 为效益指标, 定义

$$\Delta x_{ij} = \frac{x_{ik} - x_{jk}}{\sigma_k} \tag{4.16}$$

若 A_k 为成本指标, 定义

$$\Delta x_{ij}=\frac{x_{jk}-x_{ik}}{\sigma_k} \tag{4.17}$$

2) 对于区间型指标　若 A_k 为效益指标, 定义

$$\Delta x_{ij}=d(x_{ik},x_{jk})\cdot\frac{p_{ij}^k-p_{ji}^k}{\sigma_k} \tag{4.18}$$

若 A_k 为成本指标, 定义

$$\Delta x_{ij}=d(x_{ik},x_{jk})\cdot\frac{p_{ji}^k-p_{ij}^k}{\sigma_k} \tag{4.19}$$

式 (4.18) 和式 (4.19) 中, p_{ij}^k 表示 x_{ik} 大于 x_{jk} 的可能度, p_{ji}^k 表示 x_{jk} 大于 x_{ik} 的可能度. p_{ij}^k 与 p_{ji}^k 的计算式分别为[15]

$$p_{ij}^k=p(x_{ij}\geqslant x_{jk})=\frac{\min(l_{ik}+l_{jk},\max(x_{ik}^+-x_{jk}^-,0))}{l_{ik}+l_{jk}} \tag{4.20}$$

$$p_{ji}^k=p(x_{jk}\geqslant x_{ik})=\frac{\min(l_{ik}+l_{jk},\max(x_{jk}^+-x_{ik}^-,0))}{l_{ik}+l_{jk}} \tag{4.21}$$

式 (4.20) 和式 (4.21) 中, $l_{ik}=x_{ik}^+-x_{ik}^-$, $l_{jk}=x_{jk}^+-x_{jk}^-$.

3) 对于风险型指标　若 A_k 为效益指标, 定义

$$\Delta x_{ij}=\frac{1}{\sigma_k}\int_{-\infty}^{+\infty}\int_{-\infty}^{+\infty}(x_{ik}-x_{jk})f(x_{ik},x_{jk})dx_{ik}dx_{jk} \tag{4.22}$$

若 A_k 为成本指标, 定义

$$\Delta x_{ij}=\frac{1}{\sigma_k}\int_{-\infty}^{+\infty}\int_{-\infty}^{+\infty}(x_{jk}-x_{ik})f(x_{ik},x_{jk})dx_{ik}dx_{jk} \tag{4.23}$$

当风险型指标相互独立时, 式 (4.22) 和式 (4.23) 中 $f(x_{ik}x_{jk})=f(x_{ik})f(x_{jk})$.

显然, 定义 4.5 给出的标准优劣差异矩阵 $\Delta X_k=[\Delta x_{ij}^k]_{m\times m}(1\leqslant k\leqslant n)$ 具有互反性, 即 $\forall i,j(1\leqslant i,j\leqslant m)$, $\Delta x_{ij}^k=-\Delta x_{ji}^k$ 成立. 标准优劣差异矩阵实际上是以单位标度对各类型指标值的优劣差异进行标准化处理. 该过程中, 定义式 (4.18)、(4.19) 和式 (4.22)、(4.23) 分别考虑了区间型指标和风险型指标的不确定性特点.

步骤 3　建立偏好矩阵.

确立标准优劣差异矩阵后, 就可以对统一标度的属性优劣差异进行转换, 得到各个指标下的偏好关系. 转化关键在于定义一个偏好映射 g

$$g : \mathbf{R} \to \Phi \tag{4.24}$$

式 (4.24) 中, $\mathbf{R}$ 表示实数域; Φ 表示偏好关系的值域.

偏好映射 g 能够定量给出决策者对标准优劣差异的重要性判断, 即对偏好关系进行基数赋值. 各指标下的赋值尺度相同, 使得偏好关系可以进行后续的聚合. 为使转换后的偏好值满足互补性, 建议采用 0-1 值域的 S 型 Sigmoid 函数来定义偏好映射.

定义 4.6 偏好映射 g 为

$$g(x) = \frac{1}{1 + \exp(-ax)} \tag{4.25}$$

式 (4.25) 中 a 表示重要性参数, 可调整决策者对于标准优劣差异重要性的判断, 如图 4.6 所示.

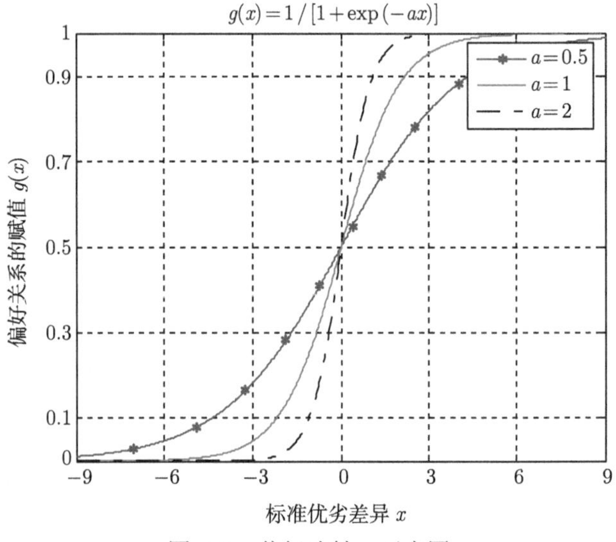

图 4.6 偏好映射 g 示意图

得到偏好关系的赋值后, 建立偏好矩阵 $R_k = [r_{ij}^k]_{m\times m}(1 \leqslant k \leqslant n)$, 矩阵元素

$$r_{ij}^k = g(\Delta x_{ij}^k) \tag{4.26}$$

表示指标 A_k 下, 评估对象 S_i 优于 S_j 的程度.

命题 4.1 偏好矩阵 $R_k = [r_{ij}^k]_{m\times m}(1 \leqslant k \leqslant n)$ 具有互补性, 即 $\forall i, j(1 \leqslant i, j \leqslant m)$, 有 $r_{ij}^k + r_{ji}^k = 1$ 成立.

证明 $\forall k,i,j(1\leqslant k\leqslant n,1\leqslant i,j\leqslant m)$, 由定义式 (4.26) 有

$$r_{ij}^k=g(\Delta x_{ij}^k) \tag{4.27}$$

和

$$r_{ji}^k=g(\Delta x_{ji}^k) \tag{4.28}$$

再由标准倍差矩阵 ΔX_k 的互反性, 得

$$\Delta x_{ji}^k=-\Delta x_{ij}^k \tag{4.29}$$

将式 (4.29) 代入式 (4.28), 得

$$r_{ji}^k=g(\Delta x_{ji}^k)=g(-\Delta x_{ij}^k) \tag{4.30}$$

将式 (4.27) 和式 (4.30) 相加, 有

$$\begin{aligned}r_{ij}^k+r_{jk}^k&=g(\Delta x_{ij}^k)+g(-\Delta x_{ij}^k)\\&=\frac{1}{1+\exp(-a\Delta x_{ij}^k)}+\frac{1}{1+\exp(a\Delta x_{ij}^k)}\\&=1\end{aligned} \tag{4.31}$$

成立.

由于 k,i,j 任意, 命题得证.

步骤 4 聚合偏好矩阵.

各指标下的偏好矩阵 R_k 是用统一的映射关系转换所得, 并且具有互补性. 因此, 可以通过求解模糊互补判断矩阵 R_k 的排序向量 B_k 来量化评估对象在指标 A_k 下的相对重要程度, 然后依照模糊 AHP 法[23] 的思想聚合得到总排序向量 B.

求解模糊互补判断矩阵排序向量的方法很多, 这里选用文献 [24] 给出的排序公式求解. 设排序向量 $B_k=(b_1^k,b_2^k,\cdots,b_m^k)^{\mathrm{T}}$, 其中各元素的计算式为

$$b_i^k=\frac{1}{m(m-1)}\left[\sum_{j=1}^m r_{ij}^k+\frac{m}{2}-1\right]\quad(1\leqslant i\leqslant m) \tag{4.32}$$

最后, 根据决策者给出的指标权重 w 进行聚合, 得到总排序向量

$$B=[B_1,B_2,\cdots,B_n]w \tag{4.33}$$

实现评估对象的排序.

4.4.3　次序关系法

1. 基本原理

下面同样基于关系模型提出另一种更为简化的混合型多指标评估方法——次序关系法. 该方法的决策原理可概括为: 首先通过两两比较各指标 A_k 下所有评估对象的优劣次序, 建立 n 个互补判断矩阵; 然后求解每个互补判断矩阵的排序向量; 最后聚合多个排序向量得到总排序向量, 实现综合评估. 下面按照求解步骤进行详细阐述.

2. 求解步骤

步骤 1　建立判断矩阵.

对任意两个评估对象 S_i 和 S_j, 用 p_{ij}^k 表示指标 A_k 下 S_i 优于 S_j 的判据 $(1 \leqslant k \leqslant n)$.

1) 对于实数型指标　若 A_k 为效益指标, 定义

$$p_{ij}^k = \begin{cases} 1, & x_{ik} > x_{jk} \\ 0.5, & x_{ik} = x_{jk} \\ 0, & x_{ik} < x_{jk} \end{cases} \tag{4.34}$$

若 A_k 为成本指标, 定义

$$p_{ij}^k = \begin{cases} 1, & x_{ik} < x_{jk} \\ 0.5, & x_{ik} = x_{jk} \\ 0, & x_{ik} > x_{jk} \end{cases} \tag{4.35}$$

2) 对于区间型指标　若 A_k 为效益指标, 定义

$$p_{ij}^k = \frac{\min(l_{ik} + l_{jk}, \max(x_{ik}^+ - x_{jk}^-, 0))}{l_{ik} + l_{jk}} \tag{4.36}$$

若 A_k 为成本指标, 定义

$$p_{ij}^k = \frac{\min(l_{ik} + l_{jk}, \max(x_{jk}^+ - x_{ik}^-, 0))}{l_{ik} + l_{jk}} \tag{4.37}$$

3) 对于风险型指标　若 A_k 为效益指标, 定义

$$p_{ij}^k = \iint\limits_{x_{ik} \geqslant x_{jk}} f_{ij}^k(x_{ik}, x_{jk}) dx_{ik} dx_{jk} \tag{4.38}$$

若 A_k 为成本指标, 定义

$$p_{ij}^k = \iint\limits_{x_{jk} \geqslant x_{ik}} f_{ij}^k(x_{ik}, x_{jk}) dx_{ik} dx_{jk} \tag{4.39}$$

命题 4.2 判断矩阵 $P_k = [p_{ij}^k]_{m\times m}(1 \leqslant k \leqslant n)$ 具有互补性, 即 $\forall i, j(1 \leqslant i, j \leqslant m)$, 有 $p_{ij}^k + p_{ji}^k = 1$ 成立.

证明 $\forall k, i, j(1 \leqslant k \leqslant n, 1 \leqslant i, j \leqslant m)$, 由定义式 (4.34)~(4.39) 有 $p_{ij}^k + p_{ji}^k = 1$. 由于 k, i, j 任意, 命题得证.

步骤 2 求解排序向量.

获取了反映评估对象间优劣判据的判断矩阵 P_k 后, 通过求解排序向量 B_k 确定指标 A_k 下评估对象的优先次序. 由于 P_k 具有互补性, 因此同样可以采用文献 [24] 给出的排序公式. 设排序向量 $B_k = (b_1^k, b_2^k, \cdots, b_m^k)^{\mathrm{T}}$, 元素 b_i^k 的计算见式 (4.32).

按式 (4.34)~(4.39) 定义的判断矩阵 P_k 忽略了指标值之间的大小差异, 不再满足加性一致性, 因而文献 [23] 所总结的许多排序向量求解方法并不适用. 由于相同原因, 按式 (4.32) 得到的 B_k 只反映指标 A_k 下评估对象间的优劣次序, 而不反映优劣差异的程度, 即 B_k 为序数值而非基数值. 下面的多指标次序关系聚合中需要特别留意这一点.

步骤 3 聚合多个属性下的次序关系.

鉴于所得 n 个排序向量为序数值, 先利用排序向量计算各指标下每个评估对象的 Borda 分, 即将 $m-1, m-2, \cdots, 2, 1, 0$ 这 m 个分值分别赋予排在第一位、第二位 …… 最末位的对象 (用 $B(S_iA_k)$ 表示对象 S_i 在指标 A_k 下的得分); 然后再根据权重向量 w 计算总 Borda 分 $B_w(S_i)$, 计算式为

$$B_w(S_i) = \sum_{k=1}^{n} w_k B(S_i, A_k) \quad (1 \leqslant i \leqslant m) \tag{4.40}$$

最后, 用这 m 个 $B_w(S_i)$ 组成总排序向量 $B_w = [B_w(S_1), B_w(S_2), \cdots, B_w(S_m)]^{\mathrm{T}}$, 得出评估对象的优劣次序.

4.4.4 评估实例

算例 4-2 共有 6 个参与评估的 ATR 系统; 考虑 4 个评估指标, 分别为测试集 1 上的正确识别概率 A_1(P$_{\mathrm{CC}}$_#test1)、测试集 2 上的正确识别概率 A_2(P$_{\mathrm{CC}}$_#test2)、识别时间 A_3(单位: ms) 和存储容量 A_4(单位: Byte). 决策者给出指标

权重向量 $w = (0.25, 025, 030, 020)^{\mathrm{T}}$. 其中, A_1 与 A_2 同为风险型效益指标, 用概率分布描述; A_3 为区间型成本指标; A_4 为实数型成本指标. 混合了 3 种数据类型的决策矩阵 X 见表 4.3 (指标 A_1 和 A_2 给出的是概率密度函数).

表 4.3　算例 4-2 的决策矩阵

	A_1	A_2	A_3	A_4
S_1	betapdf(x; 56,16)	betapdf(x; 38,24)	[4.13,4.83]	23045
S_2	betapdf(x; 51,21)	betapdf(x; 42,20)	[4.79,5.49]	38740
S_3	betapdf(x; 52,20)	betapdf(x; 40,22)	[1.32,2.01]	12088
S_4	betapdf(x; 50,22)	betapdf(x; 46,16)	[2.46,3.15]	30742
S_5	betapdf(x; 58,14)	betapdf(x; 45,17)	[4.87,5.57]	39567
S_6	betapdf(x; 48,24)	betapdf(x; 37,25)	[3.05,3.74]	46112

1. 偏好矩阵法的运用

下面运用偏好矩阵法进行多指标 ATR 评估.

1) 计算各类型指标的单位标度　指标 $A_1 \sim A_4$ 单位标度 $\sigma_1 \sim \sigma_4$ 的计算结果如下:

$$\sigma_1 = 0.0997, \quad \sigma_2 = 0.1131, \quad \sigma_3 = 1.1186, \quad \sigma_4 = 1.1399 \times 10^4$$

2) 确立标准优劣差异矩阵　指标 $A_1 \sim A_4$ 下的标准优劣差异矩阵 $\Delta X_1 \sim \Delta X_4$ 的计算结果如下:

$$\Delta X_1 = \begin{bmatrix} 0 & 0.6964 & 0.5571 & 0.8356 & -0.2785 & 1.1142 \\ -0.6964 & 0 & -0.1393 & 0.1393 & -0.9749 & 0.4178 \\ -0.5571 & 0.1393 & 0 & 0.2785 & -0.8356 & 0.5571 \\ -0.8356 & -0.1393 & -0.2785 & 0 & -1.1142 & 0.2785 \\ 0.2785 & 0.9749 & 0.8356 & 1.1142 & 0 & 1.3927 \\ -1.1142 & -0.4178 & -0.5571 & -0.2785 & -1.3927 & 0 \end{bmatrix}$$

$$\Delta X_2 = \begin{bmatrix} 0 & -0.5702 & -0.2851 & -1.1405 & -0.9979 & 0.1426 \\ 0.5702 & 0 & 0.2851 & -0.5702 & -0.4277 & 0.7128 \\ 0.2851 & -0.2851 & 0 & -0.8553 & -0.7128 & 0.4277 \\ 1.1405 & 0.5702 & 0.8553 & 0 & 0.1426 & 1.2830 \\ 0.9979 & 0.4277 & 0.7128 & -0.1426 & 0 & 1.1405 \\ -0.1426 & -0.7128 & -0.4277 & -1.2830 & -1.1405 & 0 \end{bmatrix}$$

$$
\Delta X_3 = \begin{bmatrix} 0 & 1.1127 & -5.0333 & -2.9949 & 1.3231 & -1.9400 \\ -1.1127 & 0 & -6.2134 & -4.1750 & 0.0163 & -3.1201 \\ 5.0333 & 6.2134 & 0 & 2.0384 & 6.3564 & 3.0933 \\ 2.9949 & 4.1750 & -2.0384 & 0 & 4.3181 & 0.9020 \\ -1.3231 & -0.0163 & -6.3564 & -4.3181 & 0 & -3.2632 \\ 1.9400 & 3.1201 & -3.0933 & -0.9020 & 3.2632 & 0 \end{bmatrix}
$$

$$
\Delta X_4 = \begin{bmatrix} 0 & 1.3769 & -0.9612 & 0.6752 & 1.4494 & 2.0236 \\ -1.3769 & 0 & 2.3381 & -0.7016 & 0.0726 & 0.6467 \\ 0.9612 & 2.3381 & 0 & 1.6365 & 2.4107 & 2.9848 \\ -0.6752 & 0.7016 & 1.6365 & 0 & 0.7742 & 1.3484 \\ -1.4494 & -0.0726 & -2.4107 & -0.7742 & 0 & 0.5742 \\ -2.0236 & -0.6467 & -2.9848 & -1.3484 & -0.5742 & 0 \end{bmatrix}
$$

3) 建立偏好矩阵　取决策者确定偏好映射 (式 (4.25)) 的重要性参数 a =0.5, 计算得到偏好矩阵 $R_1 \sim R_4$ 如下:

$$
R_1 = \begin{bmatrix} 0.5000 & 0.5862 & 0.5692 & 0.6030 & 0.4652 & 0.6358 \\ 0.4138 & 0.5000 & 0.4826 & 0.5174 & 0.3805 & 0.5520 \\ 0.4308 & 0.5174 & 0.5000 & 0.5348 & 0.3970 & 0.5692 \\ 0.3970 & 0.4826 & 0.4652 & 0.5000 & 0.3642 & 0.5348 \\ 0.5348 & 0.6195 & 0.6030 & 0.6358 & 0.5000 & 0.6674 \\ 0.3642 & 0.4480 & 0.4308 & 0.4652 & 0.3326 & 0.5000 \end{bmatrix}
$$

$$
R_2 = \begin{bmatrix} 0.5000 & 0.4292 & 0.4644 & 0.3612 & 0.3778 & 0.5178 \\ 0.5708 & 0.5000 & 0.5356 & 0.4292 & 0.4467 & 0.5882 \\ 0.5356 & 0.4644 & 0.5000 & 0.3947 & 0.4118 & 0.5533 \\ 0.6388 & 0.5708 & 0.6053 & 0.5000 & 0.5178 & 0.6551 \\ 0.6222 & 0.5533 & 0.5882 & 0.4822 & 0.5000 & 0.6388 \\ 0.4822 & 0.4118 & 0.4467 & 0.3449 & 0.3612 & 0.5000 \end{bmatrix}
$$

$$
R_3 = \begin{bmatrix} 0.5000 & 0.6356 & 0.0747 & 0.1828 & 0.6596 & 0.2749 \\ 0.3644 & 0.5000 & 0.0428 & 0.1103 & 0.5020 & 0.1736 \\ 0.9253 & 0.9572 & 0.5000 & 0.7348 & 0.9600 & 0.8244 \\ 0.8172 & 0.8897 & 0.2652 & 0.5000 & 0.8965 & 0.6109 \\ 0.3404 & 0.4980 & 0.0400 & 0.1035 & 0.5000 & 0.1636 \\ 0.7251 & 0.8264 & 0.1756 & 0.3891 & 0.8364 & 0.5000 \end{bmatrix}
$$

$$R_4 = \begin{bmatrix} 0.5000 & 0.6656 & 0.3821 & 0.5836 & 0.6736 & 0.7334 \\ 0.3344 & 0.5000 & 0.2370 & 0.4132 & 0.5091 & 0.5801 \\ 0.6179 & 0.7630 & 0.5000 & 0.6939 & 0.7695 & 0.8164 \\ 0.4164 & 0.5868 & 0.3061 & 0.5000 & 0.5956 & 0.6624 \\ 0.3264 & 0.4909 & 0.2305 & 0.4044 & 0.5000 & 0.5713 \\ 0.2666 & 0.4199 & 0.1836 & 0.3376 & 0.4287 & 0.5000 \end{bmatrix}$$

4) 求解排序向量并聚合　利用式 (4.32) 计算指标 $A_1 \sim A_4$ 下的排序向量 $B_1 \sim B_4$, 结果如下:

$$B_1 = (0.1786, 0.1615, 0.1650, 0.1581, 0.1853, 0.1514)^{\mathrm{T}}$$

$$B_2 = (0.1550, 0.1690, 0.1620, 0.1829, 0.1795, 0.1516)^{\mathrm{T}}$$

$$B_3 = (0.1443, 0.1231, 0.2301, 0.1993, 0.1215, 0.1818)^{\mathrm{T}}$$

$$B_4 = (0.1846, 0.1525, 0.2054, 0.1689, 0.1508, 0.1379)^{\mathrm{T}}$$

再用式 (4.33) 聚合得到总排序向量

$$B = (0.1636, 0.1501, 0.1919, 0.1788, 0.1578, 0.1579)^{\mathrm{T}}$$

最终, 得到 6 个 ATR 系统的优劣排序为

$$S_3 \succ S_4 \succ S_1 \succ S_6 \succ S_5 \succ S_2$$

总排序向量 B 反映了系统 $S_1 \sim S_6$ 的优劣差异程度.

2. 次序关系法的运用

按照次序关系法的求解步骤, 首先建立指标 $A_1 \sim A_4$ 下的互补判断矩阵 $P_1 \sim P_4$, 计算结果如下:

$$P_1 = \begin{bmatrix} 0.5 & 0.8326 & 0.7818 & 0.8744 & 0.3388 & 0.9340 \\ 0.1674 & 0.5 & 0.4261 & 0.5729 & 0.0841 & 0.7068 \\ 0.2182 & 0.5739 & 0.5 & 0.6443 & 0.1165 & 0.7674 \\ 0.1256 & 0.4271 & 0.3557 & 0.5 & 0.0593 & 0.6407 \\ 0.6612 & 0.9159 & 0.8835 & 0.9407 & 0.5 & 0.9725 \\ 0.0660 & 0.2932 & 0.2326 & 0.3593 & 0.0275 & 0.5 \end{bmatrix}$$

$$P_2 = \begin{bmatrix} 0.5 & 0.2243 & 0.3538 & 0.0599 & 0.0883 & 0.5735 \\ 0.7757 & 0.5 & 0.6491 & 0.2118 & 0.2759 & 0.8270 \\ 0.6462 & 0.3509 & 0.5 & 0.1186 & 0.1642 & 0.7123 \\ 0.9401 & 0.7882 & 0.8814 & 0.5 & 0.5814 & 0.9590 \\ 0.9117 & 0.7241 & 0.8358 & 0.4186 & 0.5 & 0.9377 \\ 0.4265 & 0.1730 & 0.2877 & 0.0410 & 0.0623 & 0.5 \end{bmatrix}$$

$$P_3 = \begin{bmatrix} 0.5 & 0.9714 & 0 & 0 & 1 & 0 \\ 0.0286 & 0.5 & 0 & 0 & 0.5571 & 0 \\ 1 & 1 & 0.5 & 1 & 1 & 1 \\ 1 & 1 & 0 & 0.5 & 1 & 0.9275 \\ 0 & 0.4429 & 0 & 0 & 0.5 & 0 \\ 1 & 1 & 0 & 0.0725 & 1 & 0.5 \end{bmatrix}$$

$$P_4 = \begin{bmatrix} 0.5 & 1 & 0 & 1 & 1 & 1 \\ 0 & 0.5 & 0 & 0 & 1 & 1 \\ 1 & 1 & 0.5 & 1 & 1 & 1 \\ 0 & 1 & 0 & 0.5 & 1 & 1 \\ 0 & 0 & 0 & 0 & 0.5 & 1 \\ 0 & 0 & 0 & 0 & 0 & 0.5 \end{bmatrix}$$

然后按式 (4.32) 求解各指标下的排序向量 $B_1 \sim B_4$, 计算结果如下:

$$B_1 = (0.2087, 0.1486, 0.1607, 0.1369, 0.2291, 0.1160)^{\mathrm{T}}$$

$$B_2 = (0.1267, 0.1747, 0.1497, 0.2217, 0.2109, 0.1164)^{\mathrm{T}}$$

$$B_3 = (0.1490, 0.1029, 0.2500, 0.2143, 0.0981, 0.1858)^{\mathrm{T}}$$

$$B_4 = (0.2167, 0.1500, 0.2500, 0.1833, 0.1167, 0.0833)^{\mathrm{T}}$$

再计算每个 ATR 系统在各指标下的 Borda 分, 具体结果见表 4.4.

表 4.4　各属性下评估对象的 Borda 分

$\mathrm{B}(S_i, A_k)$	A_1	A_2	A_3	A_4
S_1	4	1	2	4
S_2	2	3	1	2
S_3	3	2	5	5
S_4	1	5	4	3
S_5	5	4	0	1
S_6	0	0	3	0

用式 (4.40) 求出总排序向量

$$B_w = (2.65, 1.95, 3.75, 3.30, 2.45, 0.90)^{\mathrm{T}}$$

最终得到 6 个 ATR 系统的优劣次序为

$$S_3 \succ S_4 \succ S_1 \succ S_5 \succ S_2 \succ S_6$$

3. 对比讨论

运用偏好矩阵法和次序关系法对算例 4-2 进行评估的结果基本相同, 只是系统 6 的排序位置出现了变化. 这主要是由于次序关系法中的 Borda 分仅说明优劣次序, 而不能反映优劣差异程度. 恰巧系统 6 在全部 4 项评估指标中有 3 项最劣 (按照 Borda 分排序), 导致其排序位置从偏好矩阵法中的第 4 位下降至次序关系法中的最后一位. 以上两种混合型多指标评估方法的优劣特点可概括如下:

✧ 偏好矩阵法

优势: 决策原理直观明确, 较好地解决了存在实数型、风险型和区间型三种指标类型的混合型多属性决策问题, 并且能够得到反映评估对象相对重要程度的排序向量.

不足: 为准确地估计指标差异的单位标度, 需要有较多的对象同时参与评估.

✧ 次序关系法

优势: 求解过程非常简明, 计算简单.

不足: 总排序向量只反映评估对象的综合优劣次序关系, 不能提供优劣差异程度的信息. 当评估对象数目较多时, Borda 分的区分作用将逐步减弱.

可见, 偏好矩阵法更适合评估对象数目较多的情况, 而次序关系法更适合在评估对象数目较少的场合中使用.

4.5 模糊型 ATR 多指标评估方法

4.5.1 ATR 评估中的模糊型多属性决策

在传统的多属性决策问题中, 对备选方案的评价信息一般都是精确的, 或者是用置信区间、概率分布等不确定数据类型进行客观描述. 然而某些方面的 ATR 系统性能需要进行主观判断, 决策者在对 ATR 系统进行评价的时候往往不能给出准确的评价值, 在这种情况下模糊数进行度量更为合适, 比如直觉模糊数、语言变量、区间数等[25]. 1965 年 Zadeh 提出模糊集 (Fuzzy Set, FS)[26] 的概念, 为模糊集的推广使用奠定了理论基础. 模糊语言标度成为多属性决策研究中的一个热门话题. 为了能够更加完备地表述研究对象的信息, 还可以采用区间数对隶属度、非隶属度和犹豫度进行表示, 满足了实际决策工作中的需求. 众多研究人员在此基础上对区间直觉模糊集进行了大量的理论研究, 区间直觉模糊集也被广泛应用到决策、逻辑规划和市场预测等领域[27].

TOPSIS 法是一种有效的多属性决策方法, 但以欧氏距离作为评价标准只能反映数据序列之间的空间距离关系, 而无法反映数据序列的态势变化情况. 在属性值相差较大的情况下, 只要备选方案和理想方案之间的欧氏距离相近仍会得到方案优劣相近的评价结果. 灰色关联分析法 (Grey Correlation Analysis, GCA) 是一种衡量曲线形状相似性的方法, 然而在传统灰色关联分析法中关联度的计算仅仅根据两个数据序列差值的绝对值, 只考虑了数据序列之间的几何相似性, 而忽略了数值上的接近性, 因而准确性无法得到保证. 因此, 把 TOPSIS 方法与灰色关联分析法有效结合起来可同时考虑到备选方案与理想解的逼近距离以及关联程度, 使得解决多属性决策问题更加客观、合理.

基于以上, 本书提出一种区间直觉模糊 TOPSIS-GCA 多属性决策方法. 首先通过引入区间直觉模糊熵的概念求出属性的熵权重, 并且结合由改进的层次分析法得到的主观权重进而求得各指标的组合权重; 然后结合各方案与绝对正负理想方案的加权欧氏距离和加权灰色关联度, 构建备选方案与理想方案的组合贴近度, 并根据组合贴近度对备选方案进行排名和评价.

4.5.2 区间直觉模糊 TOPSIS-GCA 方法

1. 基本原理

TOPSIS 法是一种有效的多属性决策方法, 又被称为逼近理想解排序方法. 相关理论在本书 4.3.3 节已经介绍过. 然而, 以欧氏距离作为评价标准只能反映数据序列之间的空间距离关系, 而无法反映数据序列的态势变化情况. 在属性值相差较大的情况下, 只要备选方案和理想方案之间的欧氏距离相近仍会得到方案优劣相近的评价结果. 灰色关联分析法是一种衡量曲线形状相似性的方法, 然而在传统灰色关联分析法中关联度的计算仅仅根据两个数据序列差值的绝对值, 只考虑了数据序列之间的几何相似性, 而忽略了数值上的接近性, 因而准确性无法得到保证. 因此, 把 TOPSIS 方法与灰色关联分析法有效结合起来可同时考虑到备选方案与理想解的逼近距离以及关联程度, 使得解决多属性决策问题更加客观、合理.

(1) 灰色关联分析相关理论

灰色关联分析以数据之间的相似性作为相关程度的度量, 可以直接反映数据序列曲线的情况变化. 即如果基准序列与关联序列的曲线形状越相似则表明二者的灰色关联程度越大, 反之就越小. 如图 4.7 所示, 曲线 L_1 为基准序列曲线, 曲线 L_2, L_3 以及 L_4 为对比序列曲线.

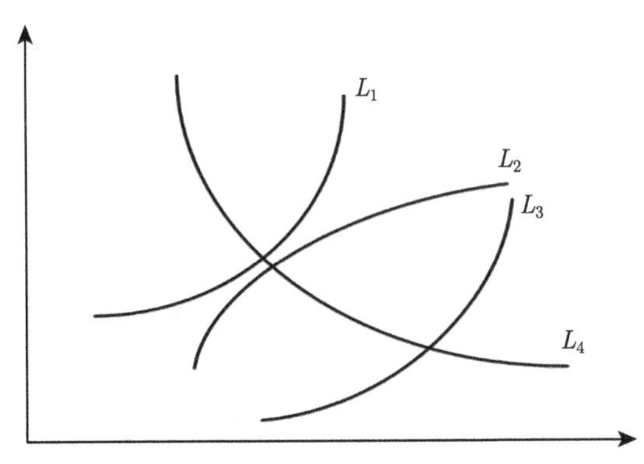

图 4.7　灰色关联分析示意图

从图 4.7 可以看出曲线 L_1 和曲线 L_3 的形状相似性程度最高, 表明 L_1 与 L_3 的关联度最大, 曲线 L_1 和曲线 L_2 的几何形状差别较大, 则关联度较小.

灰色关联分析适用于系统信息不完备的弱信息条件下的多属性决策问题. 该方法通过计算各备选方案与理想最优方案之间关联度的大小来进行备选方案的优劣排序, 进而做出决策.

(2) 区间直觉模糊集相关理论

由于客观事物的不确定性和复杂性, 用单独的数字来表示这些信息通常是具有挑战性的. 因此, 可以将这些信息用区间直觉模糊集 (Interval-Valued Intuitionistic Fuzzy Set, IVIFS) 来表示. IVIFS 的三个指标, 即隶属度、非隶属度和犹豫度, 可以分别表示支持、反对和中立三种状态. IVIFS 的范围在 [0,1] 的子区间上. 在描述不确定性、信息不完全等问题的过程中, IVIFS 具有较强的不确定性表达能力. 区间直觉模糊集的定义以及相关的一些基本运算如下所示.

1) 区间直觉模糊集的基本概念　设 $X=\{x_1,x_2,\cdots,x_m\}$ 为一个非空集合, 那么 X 上的一个区间直觉模糊集可以表示为如下形式:

$$A=\left\{\left\langle x_i,\left[\mu_A^L(x_i),\mu_A^U(x_i)\right],\left[\nu_A^L(x_i),\nu_A^U(x_i)\right]\right\rangle|x_i\in X\right\} \tag{4.41}$$

其中, $\mu_A^L(x):X\to[0,1]$,$\mu_A^U(x):X\to[0,1]$,$\nu_A^L(x):X\to[0,1]$,$\nu_A^U(x):X\to[0,1]$, 并且满足条件 $\forall x\in X$,$0\leqslant\mu_A^L(x_i)+\nu_A^L(x_i)\leqslant1$, $0\leqslant\mu_A^U(x_i)+\nu_A^U(x_i)\leqslant1$. $\mu_A^U(x)$ 和 $\mu_A^L(x)$ 表示 X 中元素 x 属于区间集 A 的上下限, $\nu_A^U(x)$ 和 $\nu_A^L(x)$ 表示 X 中元素 x 不属于区间集 A 的上下限. 相应地, x_i 属于 A 的犹豫度可以表示为如下形式:

$$\pi_A(x_i)=\left[\pi_A^L(x_i),\pi_A^U(x_i)\right]=\left[1-\mu_A^U(x_i)-\nu_A^U(x_i),1-\mu_A^L(x_i)-\nu_A^L(x_i)\right] \tag{4.42}$$

显然, 对于 $\forall x\in X$, 有 $0\leqslant\pi_A^L(x_i)\leqslant1$, $0\leqslant\pi_A^U(x_i)\leqslant1$.

2) 区间直觉模糊集的基本运算

$$
\begin{aligned}
&\alpha_1(x_i) = \left(\left[\mu_1^L(x_i), \mu_1^U(x_i)\right], \left[\nu_1^L(x_i), \nu_1^U(x_i)\right]\right), \\
&\alpha_2(x_i) = \left(\left[\mu_2^L(x_i), \mu_2^U(x_i)\right], \left[\nu_2^L(x_i), \nu_2^U(x_i)\right]\right)
\end{aligned}
$$

为区间直觉模糊集 A 中的任意两组区间直觉模糊数, 遵循以下运算法则[28]:

① $\alpha_1(x_i)+\alpha_2(x_i) = \left(\left[\mu_1^L(x_i) + \mu_2^L(x_i) - \mu_1^L(x_i)\cdot\mu_2^L(x_i), \mu_1^U(x_i) + \mu_2^U(x_i) - \mu_1^U(x_i)\cdot\mu_2^U(x_i)\right], \left[\nu_1^L(x_i)\cdot\nu_2^L(x_i),\ \nu_1^U(x_i)\cdot\nu_2^U(x_i)\right]\right)$;

② $\alpha_1(x_i)\cdot\alpha_2(x_i) = \left(\left[\mu_1^L(x_i)\cdot\mu_2^L(x_i), \mu_1^U(x_i)\cdot\mu_2^U(x_i)\right], \left[\nu_1^L(x_i) + \nu_2^L(x_i) - \nu_1^L(x_i)\cdot\nu_2^L(x_i),\ \nu_1^U(x_i) + \nu_2^U(x_i) - \nu_1^U(x_i)\cdot\nu_2^U(x_i)\right]\right)$;

③ $\lambda\alpha_1(x_i) = \left(\left[1-\left(1-\mu_1^L(x_i)\right)^\lambda, 1-\left(1-\mu_1^U(x_i)\right)^\lambda\right], \left[\left(\nu_1^L(x_i)\right)^\lambda, \left(\nu_1^U(x_i)\right)^\lambda\right]\right)$, $\lambda > 0$;

④ $(\alpha_1(x_i))^\lambda = \left(\left[\left(\mu_1^L(x_i)\right)^\lambda, \left(\mu_1^U(x_i)\right)^\lambda\right], \left[1-\left(1-\nu_1^L(x_i)\right)^\lambda, 1-\left(1-\nu_1^U(x_i)\right)^\lambda\right]\right)$, $\lambda > 0$;

⑤ $\alpha_1(x_i) \subseteq \alpha_2(x_i)$, 当且仅当 $\forall x_i \in X$, $\mu_{\alpha_1}^L(x_i) \leqslant \mu_{\alpha_2}^L(x_i)$, $\mu_{\alpha_1}^U(x_i) \leqslant \mu_{\alpha_2}^U(x_i)$, $\nu_{\alpha_1}^L(x_i) \geqslant \nu_{\alpha_2}^L(x_i)$ 以及 $\nu_{\alpha_1}^U(x_i) \geqslant \nu_{\alpha_2}^U(x_i)$.

3) 区间直觉模糊集的距离测度

根据直觉模糊集的几何解释, Szmidt 和 Kacprzyk[29] 定义了直觉模糊集的距离. 该方法将隶属度、非隶属度和犹豫度等因素综合考虑在内. 可以将这一思想推广到区间直觉模糊集的距离定义.

设有两个区间直觉模糊集, $A = \left\{\left\langle x_i, \left[\mu_A^L(x_i), \mu_A^U(x_i)\right], \left[\nu_A^L(x_i), \nu_A^U(x_i)\right]\right\rangle | x_i \in X\right\}$ 和 $B = \left\{\left\langle x_i, \left[\mu_B^L(x_i), \mu_B^U(x_i)\right], \left[\nu_B^L(x_i), \nu_B^U(x_i)\right]\right\rangle | x_i \in X\right\}$, 它们之间的规范化欧氏距离 $d(A,B)$ 可定义如下:

$$
\begin{aligned}
d(A,B) = \Bigg\{ \frac{1}{4m}\sum_{i=1}^{m} \Big[&\left(\mu_A^L(x_i) - \mu_B^L(x_i)\right)^2 + \left(\mu_A^U(x_i) - \mu_B^U(x_i)\right)^2 \\
&+ \left(\nu_A^L(x_i) - \nu_B^L(x_i)\right)^2 + \left(\nu_A^U(x_i) - \nu_B^U(x_i)\right)^2 \\
&+ \left(\pi_A^L(x_i) - \pi_B^L(x_i)\right)^2 + \left(\pi_A^U(x_i) - \pi_B^U(x_i)\right)^2 \Big] \Bigg\}^{\frac{1}{2}}
\end{aligned} \tag{4.43}
$$

4) 区间直觉模糊熵　对于任意的一组区间直觉模糊集 $A = \{\langle x_i, \mu_A(x_i), \nu_A(x_i)\rangle | x_i \in X, i = 1, 2, \cdots, m\}$, 区间直觉模糊集熵的定义如下所示:

$$
E(A) = \frac{1}{m}\sum_{i=1}^{m} \frac{\min\left\{\mu_A^L(x_i), \nu_A^L(x_i)\right\} + \min\left\{\mu_A^U(x_i), \nu_A^U(x_i)\right\} + \pi_A^L(x_i) + \pi_A^U(x_i)}{\max\left\{\mu_A^L(x_i), \nu_A^L(x_i)\right\} + \max\left\{\mu_A^U(x_i), \nu_A^U(x_i)\right\} + \pi_A^L(x_i) + \pi_A^U(x_i)} \tag{4.44}
$$

从公式 (4.44) 可以看出, 区间直觉模糊熵 $E(A)$ 不但包括隶属度 $\mu_A(x_i)$ 和非隶属度 $\nu_A(x_i)$ 的信息, 而且包含了犹豫度 $\pi_A(x_i)$ 的信息.

2. 求解步骤

区间直觉模糊 TOPSIS-GCA 多属性决策方法将灰色关联分析法计算备选方案与正负理想方案的灰色关联度和利用 TOPSIS 法计算备选方案与正负理想方案的欧氏距离结合起来, 用于解决 ATR 系统评价过程中的区间直觉模糊多属性决策问题. 所提出方法的步骤如图 4.8 所示.

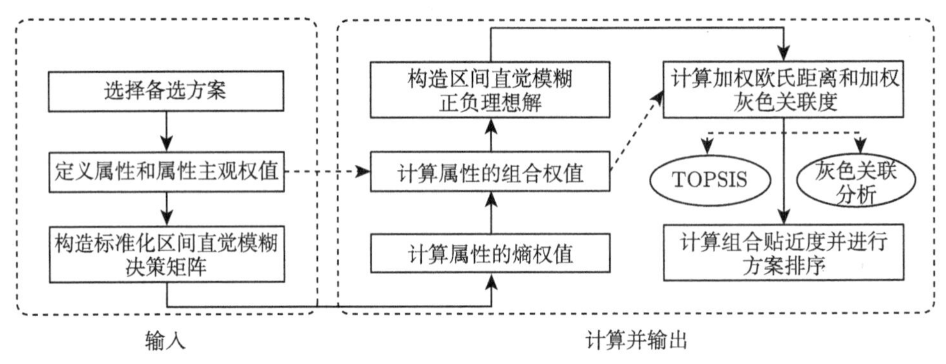

图 4.8　TOPSIS-GCA 方法

步骤 1　建立标准化区间直觉模糊决策矩阵.

对于一个区间直觉模糊多属性决策问题, 假设有 m 个备选方案可供选择, $X=\{X_1,X_2,\cdots,X_m\}$. 每一备选方案需要考虑 n 个属性, $A=\{A_1,A_2,\cdots,A_n\}$, 则标准化区间直觉模糊决策矩阵 $R=(r_{ij})_{m\times n}$ 可以表示如下形式:

$$R=\begin{bmatrix} r_{11} & r_{12} & \cdots & r_{1n} \\ r_{21} & r_{22} & \cdots & r_{2m} \\ \vdots & \vdots & & \vdots \\ r_{m1} & r_{m2} & \cdots & r_{mn} \end{bmatrix} \tag{4.45}$$

式中, r_{ij} 表示方案 X_i 在属性 A_j 下的归一化评价值, r_{ij} 以区间直觉模糊数的形式给出, 即 $r_{ij}=\left(\left[\mu_{ij}^L,\mu_{ij}^U\right],\left[\nu_{ij}^L,\nu_{ij}^U\right]\right)$.

步骤 2　计算属性权重.

1) 按照改进层次分析法[30] 的计算过程可得到各属性主观权重向量 $W_1=(\alpha_1,\alpha_2,\cdots,\alpha_n)$.

2) 根据区间直觉模糊熵的相关定义及内容, 可以得出属性的熵权重为

$$\beta_j=\begin{cases} \left(1-\bar{E}(A)\right)\beta_{1,j}+\bar{E}(A)\beta_{2,j}, & E(A_j)<1 \\ 0, & E(A_j)=1 \end{cases} \tag{4.46}$$

$$\beta_{1,j} = \frac{1 - E(A_j)}{\sum\limits_{j=1}^{n}(1 - E(A_j))} \tag{4.47}$$

$$\beta_{2,j} = \frac{1 + \bar{E}(A) - E(A_j)}{\sum\limits_{j=1}^{n}\left(1 + \bar{E}(A) - E(A_j)\right)} \tag{4.48}$$

式 (4.46)~(4.48) 中, $\beta_j \in [0,1]$, $\sum\limits_{j=1}^{n}\beta_j = 1$, $E(A_j)$ 为区间直觉模糊熵, $0 \leqslant E(A_j) \leqslant 1$, $\bar{E}(A)$ 为所有熵值不为 1 的平均值.

利用区间直觉模糊熵法求得各属性熵权重向量为 $W_2 = (\beta_1, \beta_2, \cdots, \beta_n)$.

3) 利用下式将主观权重和熵权重结合得到组合权重:

$$\omega_j = \frac{\sqrt{\alpha_j \beta_j}}{\sum\limits_{j=1}^{n}\sqrt{\alpha_j \beta_j}} \tag{4.49}$$

属性的组合权重向量为 $W = (\omega_1, \omega_2, \cdots, \omega_n)$.

步骤 3 构造绝对正理想解和绝对负理想解.

根据 4.3.3 节绝对理想解的概念, 取备选方案各属性理论上的最优情形和最差情形的极限值作为正、负理想解. 绝对理想解和绝对负理想解的区间直觉模糊数形式分别如下所示:

$$r_j^{+} = \left(\left[\mu_j^{+L}, \mu_j^{+U}\right], \left[\nu_j^{+L}, \nu_j^{+U}\right]\right) = ([1,1], [0,0]) \tag{4.50}$$

$$r_j^{-} = \left(\left[\mu_j^{-L}, \mu_j^{-U}\right], \left[\nu_j^{-L}, \nu_j^{-U}\right]\right) = ([0,0], [1,1]) \tag{4.51}$$

此时, 相对应的犹豫度分别为 $\pi_j^{+} = \left[\pi_j^{+L}, \pi_j^{+U}\right] = [0,0]$, $\pi_j^{-} = \left[\pi_j^{-L}, \pi_j^{-U}\right] = [0,0]$.

步骤 4 计算每个方案到绝对正负理想解之间的加权距离.

根据区间直觉模糊集的距离测度, 计算各备选方案到绝对正、负理想解的加权欧氏距离. 如下所示:

$$d_i^{+} = \left\{\frac{1}{4n}\sum_{j=1}^{n}\omega_j^2\left[\left(\mu_{ij}^L - \mu_j^{+L}\right)^2 + \left(\mu_{ij}^U - \mu_j^{+U}\right)^2 + \left(\nu_{ij}^L - \nu_j^{+L}\right)^2 + \left(\nu_{ij}^U - \nu_j^{+U}\right)^2 + \left(\pi_{ij}^L - \pi_j^{+L}\right)^2 + \left(\pi_{ij}^U - \pi_j^{+U}\right)^2\right]\right\}^{\frac{1}{2}} \tag{4.52}$$

$$d_i^{-} = \left\{\frac{1}{4n}\sum_{j=1}^{n}\omega_j^2\left[\left(\mu_{ij}^L - \mu_j^{-L}\right)^2 + \left(\mu_{ij}^U - \mu_j^{-U}\right)^2 + \left(\nu_{ij}^L - \nu_j^{-L}\right)^2 + \left(\nu_{ij}^U - \nu_j^{-U}\right)^2 + \left(\pi_{ij}^L - \pi_j^{-L}\right)^2 + \left(\pi_{ij}^U - \pi_j^{-U}\right)^2\right]\right\}^{\frac{1}{2}} \tag{4.53}$$

式 (4.52) 和 (4.53) 中, $\left(\left[\mu_j^{+L},\mu_j^{+U}\right],\left[\nu_j^{+L},\nu_j^{+U}\right]\right)=([1,1],[0,0])$, $\left(\left[\mu_j^{-L},\mu_j^{-U}\right],\left[\nu_j^{-L},\nu_j^{-U}\right]\right)=([0,0],[1,1])$, $\left[\pi_j^{+L},\pi_j^{+U}\right]=[0,0]$ 和 $\left[\pi_j^{-L},\pi_j^{-U}\right]=[0,0]$.

步骤 5　计算各方案到绝对正负理想解之间的加权灰色关联度.

备选方案与绝对正、负理想方案关于属性 x_j 的灰色关联系数分别为

$$\xi_{ij}^{+}=\frac{\min\limits_i\min\limits_j\left|r_{ij}-r_j^{+}\right|+\rho\max\limits_i\max\limits_j\left|r_{ij}-r_j^{+}\right|}{\left|r_{ij}-r_j^{+}\right|+\rho\max\limits_i\max\limits_j\left|r_{ij}-r_j^{+}\right|}\tag{4.54}$$

式中, $\left|r_{ij}-r_j^{+}\right|=\dfrac{1}{4}\left(\left|\mu_{ij}^{L}-\mu_j^{+L}\right|+\left|\mu_{ij}^{U}-\mu_j^{+U}\right|+\left|\nu_{ij}^{L}-\nu_j^{+L}\right|+\left|\nu_{ij}^{U}-\nu_j^{+U}\right|\right)$.

$$\xi_{ij}^{-}=\frac{\min\limits_i\min\limits_j\left|r_{ij}-r_j^{-}\right|+\rho\max\limits_i\max\limits_j\left|r_{ij}-r_j^{-}\right|}{\left|r_{ij}-r_j^{-}\right|+\rho\max\limits_i\max\limits_j\left|r_{ij}-r_j^{-}\right|}\tag{4.55}$$

式中, $\left|r_{ij}-r_j^{-}\right|=\dfrac{1}{4}\left(\left|\mu_{ij}^{L}-\mu_j^{-L}\right|+\left|\mu_{ij}^{U}-\mu_j^{-U}\right|+\left|\nu_{ij}^{L}-\nu_j^{-L}\right|+\left|\nu_{ij}^{U}-\nu_j^{-U}\right|\right)$, ξ_{ij}^{+} 和 ξ_{ij}^{-} 为各属性与绝对正理想解和绝对负理想解的灰色关联系数, ρ 为值在 0 到 1 之间的判别系数, 它的值通常取 0.5.

则备选方案对绝对正、负理想方案的加权关联度分别为

$$\xi_i^{+}=\sum_{j=1}^{n}\xi_{ij}^{+}\omega_j,\quad i=1,2,\cdots,m\tag{4.56}$$

$$\xi_i\ =\sum_{j=1}^{n}\xi_{ij}^{-}\omega_j,\quad i=1,2,\cdots,m\tag{4.57}$$

步骤 6　对加权欧氏距离和加权灰色关联度进行归一化处理.

归一化处理的方式如下所示:

$$\alpha_i=\frac{\beta_i}{\max\beta_i}\tag{4.58}$$

式中, $i=1,2,\cdots,m$, β_i 表示 d_i^{+}, d_i^{-}, ξ_i^{+} 和 ξ_i^{-}, 相应地, α_i 表示 D_i^{+}, D_i^{-}, E_i^{+} 和 E_i^{+}.

步骤 7　计算每个方案的组合贴近度并排序.

根据 TOPSIS 法和灰色关联分析法原理, 如果 $D_i^{+}+E_i^{-}$ 越大, 则对应的备选方案越接近于正理想方案, 同时如果 $D_i^{-}+E_i^{+}$ 越大, 则对应的备选方案越接近负理想方案. 同时考虑加权距离和加权灰色关联度, 可以得到贴近度系数如下所示:

$$V_i^{+}=\alpha D_i^{-}+\beta E_i^{+},\quad i=1,2,\cdots,m\tag{4.59}$$

$$V_i^{-}=\alpha D_i^{+}+\beta E_i^{-},\quad i=1,2,\cdots,m\tag{4.60}$$

式中：α 和 β 为偏好系数, 反映了决策者对距离和灰色关联度的重视程度, 满足 $\alpha+\beta=1$, 且 $\alpha,\beta\in[0,1]$, 它们的值可以按照决策者的自身偏好确定. 如果决策者对两者无特殊偏好, 我们可以令 $\alpha=0.5$, $\beta=0.5$. V_i^+ 和 V_i^- 分别可以表示备选方案与正、负理想方案的组合贴近程度.

$$Z_i=\frac{V_i^+}{V_i^++V_i^-},\quad i=1,2,\cdots,m \tag{4.61}$$

组合贴近度 Z_i 可以作为备选方案的综合评价值. 从上面公式易知, Z_i 越大, 表示备选方案越接近正理想方案的同时越远离负理想方案, 则方案越优, 排名越高.

4.5.3 评估实例

以评估 ATR 系统 $A_1\sim A_3$ 为例, 选择评价指标 $T_1\sim T_6$. 以验证所提出的区间直觉模糊 TOPSIS-GCA 方法的合理性和有效性, 并且还对在不同的偏好系数的情况下进行结果稳定性分析, 以帮助决策者做出更好的选择.

(1) 构造标准化决策矩阵

各评估指标的数据如表 4.5 所示. μ 表示决策者对各指标评价值的隶属度区间, ν 表示决策者对各指标评价值的非隶属度区间.

表 4.5 标准化决策矩阵

评估指标	ATR 系统					
	A_1		A_2		A_3	
	μ	ν	μ	ν	μ	ν
T_1	[0.30,0.45]	[0.40,0.45]	[0.60,0.70]	[0.15,0.25]	[0.30,0.40]	[0.45,0.50]
T_2	[0.25,0.45]	[0.35,0.50]	[0.45,0.55]	[0.40,0.45]	[0.20,0.25]	[0.65,0.70]
T_3	[0.15,0.25]	[0.60,0.70]	[0.45,0.55]	[0.35,0.40]	[0.05,0.10]	[0.80,0.85]
T_4	[0.50,0.60]	[0.35,0.40]	[0.15,0.35]	[0.55,0.60]	[0.45,0.65]	[0.25,0.30]
T_5	[0.35,0.55]	[0.25,0.40]	[0.05,0.10]	[0.80,0.85]	[0.15,0.25]	[0.60,0.70]
T_6	[0.65,0.70]	[0.15,0.25]	[0.30,0.40]	[0.35,0.55]	[0.55,0.70]	[0.15,0.20]

(2) 计算指标组合权重

采用改进层次分析法 (IAHP) 求出属性主观权重和区间直觉模糊熵法求出属性熵权重, 最后利用公式 (4.49) 求出属性的组合权重, 结果如表 4.6 所示.

表 4.6 指标权重结果

指标权重	评估指标					
	T_1	T_2	T_3	T_4	T_5	T_6
主观权重	0.183	0.212	0.145	0.191	0.108	0.161
熵权重	0.135	0.134	0.200	0.157	0.199	0.175
组合权重	0.160	0.171	0.173	0.176	0.149	0.171

(3) 计算加权欧氏距离和加权灰色关联度

根据 4.5.2 节可知, 本实例的正负理想方案为

$$
\begin{aligned}
A^{+}=&(([1,1],[0,0]),([1,1],[0,0]),([1,1],[0,0]),([1,1],[0,0]),\\
&([1,1],[0,0]),([1,1],[0,0]))\\
A^{-}=&(([0,0],[1,1]),([0,0],[1,1]),([0,0],[1,1]),([0,0],[1,1]),\\
&([0,0],[1,1]),([0,0],[1,1]))
\end{aligned}
$$

依据公式 (4.52) 和 (4.53) 计算各方案到正负理想方案的加权欧氏距离 d_i^+ 和 d_i^-, 由式 (4.54)~(4.57) 得到各方案与正负理想方案的加权灰色关联度 ξ_i^+ 和 ξ_i^-, 如表 4.7 所示. 并按照式 (4.58) 对加权欧氏距离 d_i^+, d_i^- 和加权灰色关联度 ξ_i^+, ξ_i^- 进行归一化处理, 得到 D_i^+, D_i^-, R_i^+, R_i^-, 如表 4.8 所示.

表 4.7 加权欧氏距离和加权灰色关联度

ATR 系统	距离		灰色关联度	
	d_i^+	d_i^-	ξ_i^+	ξ_i^-
A_1	0.090	0.094	0.780	0.574
A_2	0.098	0.087	0.745	0.632
A_3	0.107	0.083	0.727	0.680

表 4.8 归一化的加权距离和加权灰色关联度

ATR 系统	距离		灰色关联度	
	D_i^+	D_i^-	R_i^+	R_i^-
A_1	0.841	1.000	1.000	0.844
A_2	0.920	0.930	0.955	0.929
A_3	1.000	0.883	0.932	1.000

(4) 计算组合贴近度

根据公式 (4.59)~(4.61) 计算各备选方案与理想方案的组合贴近程度. 当 $\alpha=0.5$, $\beta=0.5$ 时, 各方案与正负理想方案的贴近度 V_i^+, V_i^- 以及组合贴近度 Z_i 如表 4.9 所示.

表 4.9 组合贴近度和排序结果

ATR 系统	V_i^+	V_i^-	Z_i	排序
A_1	1.000	0.843	0.543	1
A_2	0.943	0.925	0.505	2
A_3	0.908	1.000	0.476	3

从表 4.9 可知, ATR 系统 A_1 的组合贴近度为 0.543, 为各 ATR 系统中的最大值, 具有最好的性能.

本章小结

从决策分析的角度来看, ATR 评估问题与一般性的多指标综合评估问题并无太多差异, 可以归结为多属性决策问题. 多属性决策问题一直是决策分析领域的理论研究重点. 其中, 区间数及混合型多指标评估方法更是近年来方法研究中的热点, 也是解决多指标的 ATR 评估问题的有力工具. 我们结合 ATR 评估问题的自身特点, 给出了几种有针对性的多指标综合评估方法.

针对 ATR 评估中的区间数多属性决策问题, 结合评估对象的实际特点改进优化了两种多指标评估方法. 区间加权法基于价值理论, 通过确定评估指标的价值函数并加权形成区间数综合评分值, 给出了评估对象满足决策者价值需求程度的范围. 区间 TOPSIS 法借鉴了传统 TOPSIS 法的求解思想, 通过计算评估对象与绝对理想点及绝对负理想点之间的区间距离, 综合形成区间数评分值, 定量指示了评估对象距理想情况的差距范围.

针对 ATR 评估中的混合型多属性决策问题, 分别给出了两种基于关系模型的多指标综合评估方法. 偏好矩阵法从赋予偏好关系基数值的角度出发, 通过确立标准优劣差异矩阵同时实现评估对象之间的优劣比较和差异规范, 并充分考虑了区间型和风险型指标各自的不确定性特点. 次序关系法侧重于获取各属性下不同评估对象间的优劣次序关系, 根据指标权重向量聚合得到总排序向量, 排定评估对象的总体优劣次序.

针对 ATR 评估中的模糊型多属性决策问题, 提出一种区间直觉模糊 TOPSIS-GCA 方法, 将 TOPSIS 和灰色关联分析两方法优点相结合, 不仅从物理空间距离尺度上体现了备选方案与理想方案的相近程度, 还反映了备选方案与理想方案数据序列之间的几何相似程度, 使得解决多属性决策问题更加客观、合理. 同时, 该方法还可以推广到直觉模糊集、模糊集等多种应用场景.

文献和历史评述

Klimack 和 Bassham 等[14,31-32] 在分析 ATR 技术发展中面临的规划问题时, 将决策分析 (Decision Making, DM) 理论引入到 ATR 评估中. 文献 [31] 将价值 (value) 函数和效用 (utility) 函数作为不同量纲属性的转化工具, 通过对指标体系进行赋权并获取底层指标的价值 (效用) 函数, 得到评估对象的综合价值 (效用). 文献 [14]、[32] 又进一步给出了一种混合的价值/效用 (hybrid value-utility) 评估模型. 文献 [33] 采用价值/效用模型, 提出了针对 ATR 技术研究人员的评估者决策 (evaluator DA) 模型和针对 ATR 系统装备使用人员的作战者决策 (warfighter DA) 模型, 两种决策模型都能够综合多个评估指标给出 ATR 系统价值 (效用) 值.

上述综合评估方法的理论基础是多准则决策 (Multiple Criteria Decision Making, MCDM), 由多目标决策 (Multiple Objective Decision Making, MODM) 和多属性决策 (Multiple Attribute Decision Making, MADM) 两个重要部分组成. 文献 [2] 认为在实际应用中这种划分能很好地适用解决问题的两个方面：设计问题多采用多目标决策方法; 选择和评估问题则使用多属性决策方法. 文献 [2]、[3]、[4] 和 [34] 等都对经典的多属性决策方法做过系统整理.

根据 ATR 评估问题的特点, 书中将讨论的重点放在了区间数多属性决策和混合型多属性决策这两类问题上. 区间分析是以区间数为研究对象的一种数学分析方法, 文献 [6] 是这方面的早期理论著作. 文献 [35] 将区间数多属性决策理论与方法的研究可概括为五个方面：属性权重确定、方案的综合评估值计算、区间数排序、信息不完全区间数多属性决策和具有序区间偏好信息的群决策. 文献 [36] 主要对于方案综合评估值计算问题进行了系统的研究, 只是在研究过程中更多地关注于一般性问题. 根据最终所得综合评估值的数据特点, 区间数多属性决策方法的研究可分为两类. 一类方法 (如文献 [16]、[37]、[38]、[39]、[40] 和 [41]) 在界定问题时将评估方案的属性与决策者给出的权重都看作区间数, 将研究重点放在属性权重向量的求解上, 在获取了确定权重向量后, 仅采用简单线性加权来计算区间数综合评估值, 且区间数指标的规范化方法比较粗糙; 另一类方法 (如文献 [42]、[43]、[44] 和 [45]) 的主要特点在于借鉴了 TOPSIS 法求解思路, 绕开了各种指标的统一规范化难题, 但由于求解过程中定义的距离函数仍为实数值, 因而最终只能得到确定值形式的综合评估值. 采用区间数评估值的无疑会使评估结果更具柔性, 文献 [33] 中就列出了一个 COMPASE 中心对 ATR 系统稳健性进行区间评分的实例.

混合型多属性决策问题已经引起了国内外学者的普遍关注, 文献 [46]、[47]、[48]、[49]、[50]、[51]、[52]、[53]、[54]、[55] 和 [56] 是国内的一些方法成果, 大多针对出现实数型、区间型和模糊型这三类指标的综合评估问题. 其中, 文献 [46]、[51] 和 [55] 采用了 TOPSIS 求解思路, 需要对指标做规范化处理, 并不适合于存在大量概率型指标的 ATR 应用背景; 文献 [47]、[49]、[50] 和 [54] 似乎更关注于权重信息不完全情况的处理; 文献 [55] 总结了各类不确定性和混合型多属性决策方法, 文献 [56] 则从不确定信息下案例推理的角度进行了案例研究.

如何获取决策者的主观偏好是多属性决策研究的一个重要方面, 但这超出了本书的讨论范畴. 无论是方法层面还是理念高度, 层次分析 (Analytic Hierarchy Process, AHP)[58-59] 都为理解和获取 “偏好” 提供了极好的参考.

对于使用较多的模糊型多属性决策问题, 文献 [60] 提出了区间直觉模糊集 (IVIFS) 的概念, 为了能够更加完备地表述研究对象的信息, 采用区间数对隶属度、非隶属度和犹豫度进行表示, 满足了实际决策工作中的需求. 文献 [61] 研究了一类指标权重已知的直觉模糊多属性群决策问题, 提出了一种基于模糊有序加权平均算子 (FOWA) 的多属性决策方法. 为适应实际决策的需要. 但有关区间直觉模糊集的研究多集中在区间直觉模糊集的聚类算法、区间直觉模糊集的距离测度、关联测度、相似性测度以及区间直觉模糊信息的集成方式等基础理论方面, 可参考文献 [62]、[63]、[64] 和 [65]. 这些针对模糊型数据多属性决策方法研究, 对存在主观评价指标的 ATR 多指标评估问题具有借鉴价值. 文献 [66] 和 [67] 结合自动目标识别效果评估的应用背景进行了系统研究, 本书已在 1.3.2 小节中简要介绍过他们的理论方法成果, 这里不再重复.

参 考 文 献

[1] 仇国芳. 评估决策的信息集结理论与方法研究 [D]. 西安: 西安交通大学, 2003.

[2] Hwang C L, Yoon K S. Multiple Attribute Decision Making: Methods and Applications[M]. Berlin: Spring-Verlag, 1981.

[3] 徐玖平, 吴巍. 多属性决策的理论与方法 [M]. 北京: 清华大学出版社, 2006.

[4] 岳超源. 决策理论与方法 [M]. 北京: 科学出版社, 2003.

[5] Kamenetzky R D. The relationship between the analytic hierarchy process and the additive value function[J]. Decision Sciences, 1982, 13(4): 702-713.

[6] Moore R E. Interval analysis[M]. New York: Prentice-Hall, 1966.

[7] 吴江, 黄登仕. 区间数排序方法研究综述 [J]. 系统工程, 2004, 22(8): 1-4.

[8] Sengupta A, Pal T K. On comparing interval numbers[J]. European Journal of Operational Research, 2000, 127: 28-43.

[9] 徐泽水, 达庆利. 区间数的排序方法研究 [J]. 系统工程, 2001, 19(6): 94-96.

[10] 张吉军. 区间数的排序方法研究 [J]. 运筹与管理, 2003, 12(3): 18-22.

[11] 黄德才, 郑河荣. 理想点决策方法的逆序问题与逆序的消除 [J]. 系统工程与电子技术, 2001, 23(12): 80-83.

[12] Keeney R L. Value Focused Thinking, a Path to Creative Decision Making[M]. Cambridge: Harvard University Press, 1992.

[13] 胡永宏, 贺思辉. 综合评价方法 [M]. 北京: 科学出版社, 2000.

[14] Klimack B. Hybrid value-utility decision analysis[R]. Military Academy, West Point: Operations Research Center of Excellence, ADA403768, 2002.

[15] 徐泽水, 达庆利. 区间数排序的可能度法及其应用 [J]. 系统工程学报, 2003, 18(1): 67-70.

[16] 达庆利, 徐泽水. 不确定多属性决策的单目标最优化模型 [J]. 系统工程学报, 2002, 17(1): 50-55.

[17] 宋业新, 张曙红, 陈绵云. 基于模糊模式识别的时序混合多指标决策 [J]. 系统工程与电子技术, 2002, 24(4): 1-4.

[18] 徐泽水, 达庆利. 区间型多属性决策的一种新方法 [J]. 东南大学学报 (自然科学版), 2003, 33(4): 498-501.

[19] 徐泽水. 不确定多属性决策方法及应用 [M]. 北京: 清华大学出版社, 2004.

[20] 徐泽水. 求解不确定型多属性决策问题的一种新方法 [J]. 系统工程学报, 2002, 17(2): 177-181.

[21] 姚升保, 岳超源, 张鹏, 吴春诚. 风险型多属性决策的一种求解方法 [J]. 华中科技大学学报 (自然科学版), 2005, 33(11): 83-85.

[22] 姚升保, 岳超源. 基于综合赋权的风险型多属性决策方法 [J]. 系统工程与电子技术, 2005, 27(12): 2047-2050.

[23] 姜艳萍. 基于模糊互补判断矩阵的决策理论与方法研究 [D]. 沈阳: 东北大学, 2002.

[24] 徐泽水. 模糊互补判断矩阵排序的一种算法 [J]. 系统工程学报, 2001, 16(4): 311-314.

[25] Zeng X, Shu L, Yan S, et al. A novel multivariate grey model for forecasting the sequence of ternary interval numbers[J]. Appl. Math. Model., 2019, 69: 273-286.

[26] Zadeh L A. Fuzzy sets[J]. Information and Control, 1965, 8(3), 338-353.

[27] Wu L, Wei G, Gao H, Wei Y. Some interval-valued intuitionistic fuzzy Dombi Hamy mean operators and their application for evaluating the elderly tourism service quality in tourism destination[J]. Mathematics, 2018, 6(12): 294.

[28] Peng J J. Wang J Q, Wang J, Chen X H. Multicriteria decision-making approach with hesitant interval-valued intuitionistic fuzzy sets[J]. The Scientific World Journal, 2014, 2014: 1-22.

[29] Szmidt E, Kacprzyk J. Distances between intuitionistic fuzzy sets[J]. Fuzzy Set. Syst., 2000, 114: 505-518.

[30] 杨晓, 王玉玫. 基于改进层次分析法的作战目标优选研究 [J]. 计算机应用与软件, 2018, 35(4): 28-32.

[31] Klimack W K, Bassham C B, Bauer K W. Application of decision analysis to automatic target recognition programmatic decisions[R]. Wright-Patterson Air Force Base, OH: Air Force Inst. of Tech., ADA401738, 2002.

[32] Klimack W K. Robustness of multiple objective decision analysis preference functions[D]. AFB, OH: Air Force Inst. of Tech., School of Engineering and Management, 2002.

[33] Bassham C B. Automatic target recognition classification system evaluation methodology[D]. AFB, OH: Air Force Inst. of Tech., School of Engineering and Management, 2002.

[34] Chankong V, Haimes Y Y. Multiobjective Decision Making: Theory and Methodology[M]. New York: Elsevier Science, 1983.

[35] 郭均鹏. 区间评估理论方法与应用研究 [D]. 天津: 天津大学, 2003.

[36] 尤天彗. 区间数多属性决策的理论与方法研究 [D]. 沈阳: 东北大学, 2004.

[37] 樊治平, 胡国奋. 区间数多属性决策的一种目标规划方法 [J]. 管理工程学报, 2000, 14(4): 50-52.

[38] 樊治平, 张全. 不确定性多属性决策的一种线性规划方法 [J]. 东北大学学报, 1998, 19(4): 419-421.

[39] 樊治平, 张全. 具有区间数的多属性决策问题的分析方法 [J]. 东北大学学报 (自然科学版), 1998, 19(4): 432-434.

[40] 樊治平, 张全. 一种不确定性多属性决策模型的改进 [J]. 系统工程理论与实践, 1999, 19(12): 42-47.

[41] 姜艳萍, 樊治平. 给出方案偏好信息的区间数多指标决策方法 [J]. 系统工程与电子技术, 2005, 27(2): 250-252.

[42] 高峰记, 黄咏芳, 任晓燕. 多指标区间决策的理想点贴近法 [J]. 数学的实践与认识, 2005, 35(1): 30-33.

[43] 尤天慧, 樊治平. 区间数多指标决策的一种 TOPSIS 方法 [J]. 东北大学学报 (自然科学版), 2002, 23(9): 840-843.

[44] 尤天慧, 樊治平. 一种基于决策者风险态度的区间数多指标决策方法 [J]. 运筹与管理, 2002, 11(5): 1-4.

[45] 张吉军, 樊玉英. 权重为区间数的多指标决策问题的逼近理想点法 [J]. 系统工程与电子技术, 2002, 24(11): 76-77.

[46] 丁传明, 黎放, 齐欢. 一种基于相似度的混合型多属性决策方法 [J]. 系统工程与电子技术, 2007, 29(5): 737-740.

[47] 饶从军, 肖新平. 风险型动态混合多属性决策的灰矩阵关联度法 [J]. 系统工程与电子技术, 2006, 28(9): 1353-1357.

[48] 王威, 崔明明. 混合型多属性决策问题的熵方法 [J]. 数学的实践与认识, 2007, 37(3): 64-68.

[49] 卫贵武, 罗玉军, 姚恒申. 权重信息不完全的混合型多属性决策方法 [C]. 2006 中国控制与决策学术年, 天津, 2006: 1161-1164.

[50] 卫贵武. 混合型多属性决策的灰色关联分析法 [J]. 数学的实践与认识, 2008, 38(7): 12-14.

[51] 夏勇其, 吴祈宗. 一种混合型多属性决策问题的 TOPSIS 方法 [J]. 系统工程学报, 2004, 19(6): 630-634.

[52] 徐一帆, 黎放, 杨建军. 基于模糊相似度的混合型多属性决策方法 [C]. 中国系统工程学会决策科学专业委员会第六届学术年会, 2005, 北京: 114-121.

[53] 闫书丽, 肖新平. 混合型多属性决策的一种新方法 [A]. 2006 年灰色系统理论及其应用学术会议 [C], 2006, 北京: 223-231.

[54] 闫书丽, 杨万才, 肖新平. 属性权重未知的混合型多属性决策方法 [J]. 统计与决策, 2008 (253): 16-18.

[55] 李明. 不确定多属性决策及其在管理中的应用 [M]. 北京: 经济管理出版社, 2021.

[56] 李鹏, 李庆胜, 徐志伟, 等. 不确定信息下的案例推理决策方法及应用研究 [M]. 北京: 经济科学出版社, 2021.

[57] 曾三云, 龙君. 无偏好信息的混合型多属性决策问题的 TOPSIS 方法 [J]. 桂林电子科技大学学报, 2007, 27(5): 398-401.

[58] Saaty T L, Vargas L G. Models, Methods, Concepts & Applications of the Analytic Hierarchy Process[M]. Boston: Kluwer Academic Publishers, 2001.

[59] Saaty T L. The Analytic Hierarchy Process[M]. New York: McGraw-Hill, 1980.

[60] Atanassov K, Gargov G. Interval valued intuitionistic fuzzy sets[J]. Fuzzy Set Syst., 1989, 31(3): 343-349.

[61] Atanassov K T, Pasi G, Yager R R. Intuitionistic fuzzy interpretations of multi-measurement tool multi-criteria decision making[J]. Int. J. Syst. Sci., 2005, 36(15): 859-868.

[62] Zhao H, Xu Z, Yao Z. Interval-valued intuitionistic fuzzy derivative and differential operations[J]. Int. J. Comput. Int. Sys., 2016, 9(1): 36-56.

[63] Meng F, Chen X. Correlation coefficient of interval-Valued intuitionistic uncertain linguistic sets and its application[J]. Journal of Cybernetics, 2017, 48(2): 114-135.

[64] Kang Y, Wu S, Cao D, et al. New hesitation-based distance and similarity measures on intuitionistic fuzzy sets and their applications[J]. International Journal of Systems Science, 2018, 49(4):783-799.

[65] Liu D F, Chen X H, Peng D. Interval-valued intuitionistic fuzzy ordered weighted cosine similarity measure and its application in investment decision-making[J]. Complexity, 2017, 2017: 1-11.

[66] 李彦鹏. 自动目标识别效果评估：基础、理论体系及相关研究 [D]. 长沙: 国防科学技术大学, 2004.

[67] 庄钊文, 黎湘, 李彦鹏, 王宏强. 自动目标识别效果评估技术 [M]. 北京: 国防工业出版社, 2006.

第 5 章　ATR 技术效率度量

5.1　引　　言

第 4 章主要研究多指标的 ATR 综合评估问题, 并且将问题局限于某个特定条件, 即没有考虑评估对象所处工作条件发生变化的情况. ATR 系统的设计一般都是针对一定的应用背景. 当工作环境发生变化时, 其性能很可能受到影响. 同时, 性能也受到 ATR 系统代价的约束. 一般而言, 对性能要求越高, 系统代价也越大. 因此, ATR 系统评估需要同时考虑工作条件 (Operation Condition, OC) 变化和系统代价约束这两个方面. 其中, 工作条件可理解为一个多维空间, 每个维度代表能够影响 ATR 系统性能的一类因素 (factor). 按照上述理解, 特定条件就是该多维空间的一个子集. 理论上分析, 只要其中一个因素的取值有所变动, 特定条件就相应发生了变化, 因而实际应用的 ATR 系统将面临无穷多个特定条件. 但现实中可操作的分析方法往往是将工作条件中各类因素的取值离散化, 构建若干典型工作条件进行评估测试.

由于性能、代价和工作条件三方面存在相互影响与制约, Ross 等[1] 提出通过限定 ATR 代价来考察 ATR 性能在扩展工作条件中的下降趋势——扩展性, 或者通过限定 ATR 性能来分析 ATR 代价随工作条件恶化的增长——量测性. 尽管约束 ATR 代价或限定 ATR 性能在具体实践中很难严格落实 (这一点连 Ross 本人也承认), 但这种重视工作条件及系统代价的评估思想还是得到了广泛认可.

实用性检验时区分评估对象的性能和代价有一定合理性. 性能体现了 ATR 技术的功能发展, 而代价则反映了实用化进程所处的阶段. 从效率的角度来看, ATR 评估问题中的代价与性能类似于生产理论中的投入与产出. 至于工作条件, 则类似于一组投入产出的时期. 再回到 ATR 评估问题中来. 无论是以仿真还是以实测的方式进行 ATR 试验, 控制工作条件总是比较容易的. 例如, 采用相同的测试数据、设置相同的内/外场测试环境等. 因此, 从控制工作条件入手来分析和处理 "性能–代价–工作条件" 三方面综合参与的 ATR 评估问题更为切实可行.

书中我们将使用效率分析的新理念来讨论工作条件可变情况下的多指标评估方法. 本章相应的论述重点为涉及多个性能及代价指标的 ATR 技术效率分析, 至于如何测算工作条件中影响因素的作用, 我们将在第 6 章展开论述.

5.2 DEA 理论基础

“效率”的概念已经根植于社会生活中的各个领域和方面, 概括起来说, 效率是描述各种资源使用的指标[2]. 不同时期、不同学科领域乃至不同学者对于效率有着各自不同的认识. 在具体的量测与计算过程中, 又有多种测算理论与方法. 下面首先简要介绍本章所要使用到的 DEA 理论的一些基本概念, 本节主要节选自文献 [3]、[4]、[5] 和 [6].

数据包络分析 (Data Envelopment Analysis, DEA) 是一种能够对多个同类型决策单元 (Decision Making Units, DMU) 进行效率计算的系统分析方法, 理论要点包括以下内容.

5.2.1 公理假设

由于 DEA 方法最早与生产领域联系密切, 因此其中许多基本概念与生产有关. 设某个 DMU 有 m 个输入, s 个输出, 生产活动中的输入 (投入) 和输出 (产出) 向量分别为 $X=(x_1,x_2,\cdots,x_m)^{\mathrm{T}}$ 和 $Y=(y_1,y_2,\cdots,y_s)^{\mathrm{T}}$, 于是可用 (X,Y) 来表示这个 DMU 的生产活动.

定义 5.1 称集合 $T=\{(X,Y)|$ 输出 Y 能用输入 X 生产出来$\}$ 为所有可能生产活动构成的生产可能集.

设有 n 个 DMU, 第 j 个决策单元 $\mathrm{DMU}_j(j=1,2,\cdots,n)$ 对应的输入输出分别为 $X_j=(x_{1j},x_{2j},\cdots,x_{mj})^{\mathrm{T}}$ 和 $Y_j=(y_{1j},y_{2j},\cdots,y_{sj})^{\mathrm{T}}$. 由于 (X_j,Y_j) 是实际观测到的生产活动, 因此有 $(X_j,Y_j)\in T$. 通常称 $(X_j,Y_j)(j=1,2,\cdots,n)$ 组成的集合 $T'=\{(X_1,Y_1),(X_2,Y_2),\cdots,(X_n,Y_n)\}$ 为参考集.

根据实际情况及研究问题的方便, 可假设生产可能集满足以下四条公理:

1) **凸性** 对于任意的 $(X,Y)\in T,(X',Y')\in T$ 以及 $\mu\in[0,1]$, 有 $\mu(X,Y)+(1-\mu)(X',Y')\in T$.

2) **锥性** 若 $(X,Y)\in T$ 且 $k>0$, 则 $k(X,Y)=(kX,kY)\in T$.

3) **无效性** 设 $(X,Y)\in T$, 若 $X'\geqslant X$, 则 $(X',Y)\in T$; 若 $Y'\leqslant Y$, 则 $(X,Y')\in T$.

4) **最小性** 生产可能集 T 是满足上述条件 (1)~(3) 的所有集合的交集.

在公理条件 (1)~(4) 的基础上, 对于已有观测值 $(X_j,Y_j)(j=1,2,\cdots,n)$ 得

$$T_{C^2R}=\left\{(X,Y)\left|\sum_{j=1}^{n}\lambda_jX_j\leqslant X,\ \sum_{j=1}^{n}\lambda_jY_j\geqslant Y,\ \lambda_j\geqslant 0, j=1,2,\cdots,n\right.\right\} \tag{5.1}$$

若去掉公理条件 (2), 则 (不满足锥性的) 生产可能集为

$$T_{C^2GS^2}=\left\{(X,Y)\left|\sum_{j=1}^{n}\lambda_jX_j\leqslant X,\sum_{j=1}^{n}\lambda_jY_j\geqslant Y,\lambda_j\geqslant 0,\sum_{j=1}^{n}\lambda_j=1,j=1,2,\cdots,n\right.\right\} \tag{5.2}$$

一般称式 (5.1) 和式 (5.2) 所表述的生产可能集为经验生产可能集.

5.2.2 基本模型

由于 DMU 一般有多个输入和输出, 要对 DMU 做效率评估就必须对其输入输出进行 "综合", 这就需要赋予每个输入输出恰当的权重.

设输入权向量 $V=(v_1,v_2,\cdots,v_m)^{\mathrm{T}}$, 输出权向量 $U=(u_1,u_2,\cdots,u_s)^{\mathrm{T}}$.

定义 5.2 称

$$h_{j_0}=\frac{U^{\mathrm{T}}Y_{j_0}}{V^{\mathrm{T}}X_{j_0}}=\frac{\sum\limits_{k=1}^{s}u_ky_{kj_0}}{\sum\limits_{i=1}^{m}v_ix_{ij_0}} \tag{5.3}$$

为 DMU_{j0} 的效率评估指数. 进行适当约束后, h_{j0} 越大, 表明 DMU_{j0} 越能够用相对较少的输入得到相对较多的输出, 因而其生产效率越高.

依据上述思想, Charnes 和 Cooper 于 1978 年提出了第一种基本 DEA 模型[3] ($\mathrm{C^2R}$ 模型) 来判断 DMU_{j0} 的相对效率 V_P.

$$(\mathrm{C^2R}-\bar{P})\begin{cases}\max V_{\bar{P}}=\dfrac{\sum\limits_{k=1}^{s}u_ky_{kj_0}}{\sum\limits_{i=1}^{m}v_ix_{ij_0}}\\ \text{s.t.}\ \dfrac{\sum\limits_{k=1}^{s}u_ky_{kj}}{\sum\limits_{i=1}^{m}v_ix_{ij}}\leqslant 1, & j=1,2,\cdots,n\\ u_k\geqslant 0, & k=1,2,\cdots,s\\ v_i\geqslant 0, & i=1,2,\cdots,m\end{cases} \tag{5.4}$$

式 (5.4) 是一个分布式规划问题, 可采用 Charnes-Cooper 变换将其转换为线性规划模型:

$$(P_{\mathrm{C^2R}}^{I})\begin{cases}V_P=\max\mu^{\mathrm{T}}Y_{j_0}\\ \text{s.t.}\ \omega^{\mathrm{T}}X_j-\mu^{\mathrm{T}}Y_j\geqslant 0, \quad j=1,2,\cdots,n\\ \omega^{\mathrm{T}}X_{j_0}=1\\ \omega\geqslant 0,\ \mu\geqslant 0\end{cases} \tag{5.5}$$

式 (5.5) 中 ω 和 μ 分别表示输入和输出指标的权向量.

C^2R 模型对应的生产可能集满足凸性、锥性、无效性和最小性. 如果去掉锥性的假设条件, 则得到另一个基本 DEA 模型——C^2GS^2 模型. 该模型可用下面的线性规划模型表示:

$$(P^I_{C^2GS^2})\begin{cases} V_P = \max(\mu^{\mathrm{T}} Y_{j_0} + \mu_0) \\ \text{s.t. } \omega^{\mathrm{T}} X_j - \mu^{\mathrm{T}} Y_j - \mu_0 \geqslant 0, \quad j = 1, 2, \cdots, n \\ \quad \omega^{\mathrm{T}} X_{j_0} = 1 \\ \quad \omega \geqslant 0,\ \mu \geqslant 0 \end{cases} \tag{5.6}$$

对式 (5.5) 和式 (5.6) 进行分析后不难发现, V_P 的值域为 [0, 1]. V_P 取值越大, DMU_{j0} 的相对效率越高. 对此, 有如下的 DMU 有效性定义.

定义 5.3　对于 C^2R 模型或 C^2GS^2 模型, 若线性规划的解中存在 $\omega^* > 0$, $\mu^* > 0$, 并且 $V_P = 1$, 则称 DMU_{j0} 为 DEA 有效.

5.2.3　生产函数

定义 5.4　设 $(X, Y) \in T$, 如果不存在 $(X, Y') \in T$, 其中 $Y \leqslant Y'$, 则称 (X, Y) 为有效生产活动. 对于生产可能集合 T, 称全部有效生产活动 (X, Y) 构成的超曲面 $Y = f(X)$ 为生产函数.

生产函数是在一定的技术条件下, 任何一组输入与最大输出之间的函数关系. 由于生产可能集具有无效性, 即允许生产中存在浪费现象, 所以生产函数中 Y 是关于 X 的增函数. 但是增函数不能清楚地描述出不减性的程度, 于是有规模效益 (return to scale) 的定义如下.

定义 5.5　设 $(X, Y) \in T$, 令 $\alpha(\beta) = \max\{\alpha | (\beta X, \alpha Y) \in T, \beta \neq 1\}$,

$$\rho = \lim_{\beta \to 1} \frac{\alpha(\beta) - 1}{\beta - 1} \tag{5.7}$$

若 $\rho > 1$, 称 (X, Y) 对应的 DMU 为规模效益递增的; 若 $\rho < 1$, 称其为规模效益递减的; 若 $\rho = 1$, 称其为规模效益不变的.

5.3　ATR 技术效率度量方法

5.3.1　ATR 技术效率原理

评估对象的输出 (output) 是目标识别结果, 可用各种性能指标度量. 虽然从信号处理的角度来看, 评估对象的输入是目标特性数据, 但 ATR 评估中关注的是代价对于系统性能的约束, 因此将代价指标作为评估对象的输入 (input). 这样, 每一个评估对象就可以看作是具有输入输出的生产单元 (也称为 DMU). 这里的

ATR 评估问题实质上就是研究多个同类型的 DMU. 所谓同类型, 指具有以下三个特征[4]:

1) 具有相似的目标和任务;

2) 具有相似的外部环境;

3) 具有相似的输入输出指标.

显然, 只要所有评估对象处于相同的工作条件下, 就是可以看作是同类型的 DMU. 我们这里提出一种有别于扩展性或量测性的新研究思路: 对所有评估对象的性能和代价不做任何强制性限定, 而是在相同的工作条件下将 “性能–代价” 一并转化为评估对象的 “效率” (efficiency). 我们将评估对象在扩展工作条件中的相对效率称为 “ATR 技术效率”, 如图 5.1 所示.

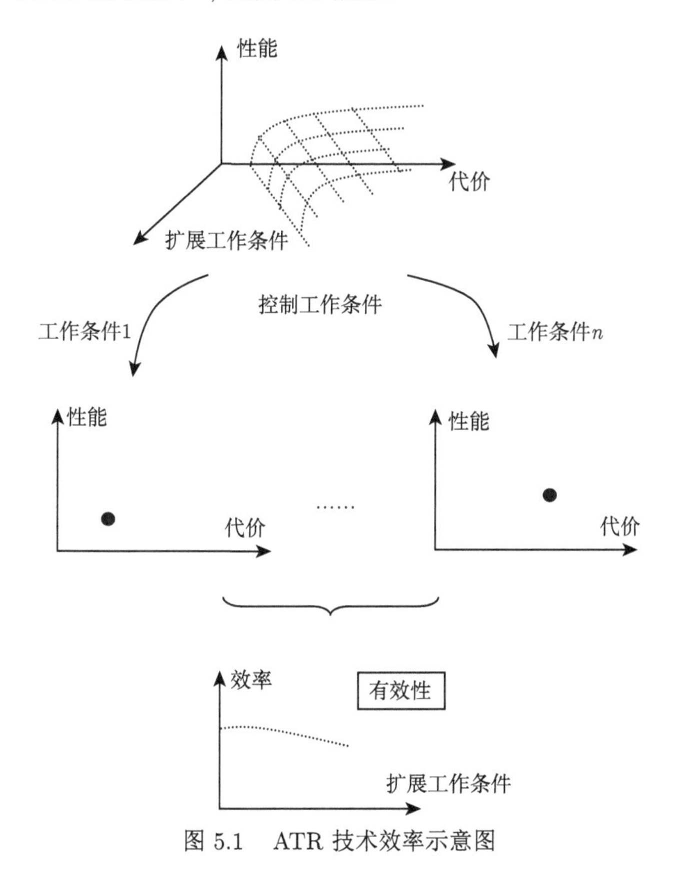

图 5.1 ATR 技术效率示意图

5.3.2 效率度量求解技巧

DEA 理论能够解决多条件多指标的相对效率计算. 下面结合 ATR 评估问题的特点, 对求解步骤及其中的技术细节进行讨论.

1. 模型选择

两种基本 DEA 模型 (C^2R 模型和 C^2GS^2 模型) 的主要区别在于对生产可能集是否作锥性假设. 下面讨论锥形假设是否适用于 ATR 评估, 以便选取恰当的 DEA 模型.

许多 ATR 性能指标, 如识别率 (P_{CC})、ROC 曲线下面积 (AUC) 等, 值域范围都在 [0, 1] 之间. 也就是说, ATR 评估中 DMU 的输出很多都有上限, 并不会随着输入的增大而无限制增大. 很明显, 锥性假设不适用于 ATR 评估的应用背景. 此外, 从生产函数的角度来看, ATR 技术的总体特性属于规模效益递减. C^2R 模型所对应的生产可能集 (式 (5.1)) 是规模效益不变 (constant scale to return) 的, 而 C^2GS^2 模型对应的生产可能集 (式 (5.2)) 则是规模效益可变 (variable scale to return) 的[6]. 图 5.2[6] 直观地给出了单输入/单输出情况下, 两个 DEA 模型所对应的生产可能集合 (图中的阴影区域).

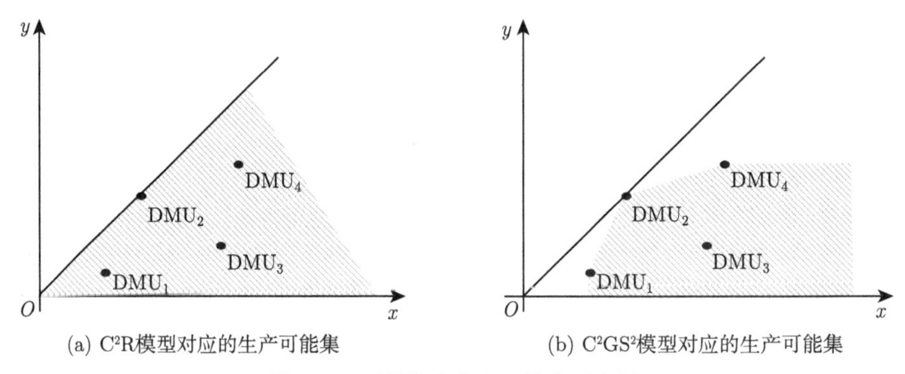

图 5.2 两种基本生产可能集示意图

从图 5.2 不难看出, C^2GS^2 模型能够更好地适应 ATR 技术特点. DEA 理论中通常将 C^2GS^2 模型得到的效率值 V_P 称为技术效率, 故本章将评估对象的相对效率称为 "ATR 技术效率".

2. 权重限制

从式 (5.6) 不难看出, 最初的 C^2GS^2 模型对于输入输出指标的权重实际上没有任何限制. 但 ATR 评估中显然需要对各种指标进行权重限制, 即指标赋权. 对 DEA 模型进行权重限制的研究已经较为成熟, 其中一种比较常见的解决思路是加入一个约束锥来限制权重向量的取值, 如 Charnes 等给出的 C^2WH 模型[6]. 考虑到层次分析法 (Analytic Hierarchy Process, AHP)[7] 是一种应用广泛的偏好获取方法, 这里采用吴育华等[8] 提出的 DEAHP 模型, 即带有 AHP 约束锥的 C^2GS^2 模型:

$$
\begin{cases}
V_P = \max(\mu^{\mathrm{T}} Y_{j_0} + \mu_0) \\
\text{s.t. } \omega^{\mathrm{T}} X_j - \mu^{\mathrm{T}} Y_j - \mu_0 \geqslant 0, \quad j = 1, 2, \cdots, n \\
\quad \omega^{\mathrm{T}} X_{j_0} = 1 \\
\quad \omega \in V,\ \mu \in U
\end{cases}
\tag{5.8}
$$

式 (5.8) 中的 V 和 U 分别为限制输入 (代价) 指标和输出 (性能) 指标的闭凸锥, 通过 AHP 法建立判断矩阵得到. 具体来说, 就是分别对性能指标和代价指标使用 AHP 法, 以两两比较的方式建立判断矩阵 $B_s = (b_{ij})_{s\times s}$ 和 $C_m = (c_{ij})_{m\times m}$. 记 λ_s 和 λ_m 分别为矩阵 B_s 和 C_m 的最大特征根, 则有 $V = \{\mu | (B_s - \lambda_s E_s)\mu \geqslant 0\}$, $U = \{\omega | (C_m - \lambda_m E_m)\omega \geqslant 0\}$($E_s$ 和 E_m 表示 s 阶和 m 阶单位矩阵). 式 (5.8) 变为如下线性规划式:

$$
\begin{cases}
V_P = \max(\mu^{\mathrm{T}} Y_{j_0} + \mu_0) \\
\text{s.t. } \omega^{\mathrm{T}} X_j - \mu^{\mathrm{T}} Y_j - \mu_0 \geqslant 0, \quad j = 1, 2, \cdots, n \\
\quad \omega^{\mathrm{T}} X_{j_0} = 1 \\
\quad (C_m - \lambda_m E_m)\omega \geqslant 0, \quad (B_s - \lambda_s E_s)\mu \geqslant 0
\end{cases}
\tag{5.9}
$$

由于在式 (5.3) 中首先约定了 $h_{j0} = U^{\mathrm{T}} Y_{j0} / V^{\mathrm{T}} X_{j0} \leqslant 1$, 然后又在式 (5.6) 中令 $\omega X_{j0} = 1$, 这就造成式 (5.6) 解得的 ω^* 和 μ^* 受到 (X, Y) 具体数值大小的影响[5]. 因此, 应按照下面的方式给出判断矩阵.

给出相对重要程度的判断时, 判断的不是各个属性 "整体" 间的相对重要程度, 而是单位指标间的相对重要程度. 例如以输入指标 x_{1j} 表示完成一次目标识别进行的加法次数, x_{2j} 表示进行的乘法次数. 对于 $c_{12} = 1/3$, 应理解为进行一次乘法的重要程度是进行一次加法的 3 倍 (即一次乘法运算的代价相当于 3 次加法运算), 而不是说在运算代价中乘法的重要性是加法的 3 倍.

3. 技术效率

确定了 DEA 模型与权重限制后, 就可以开始计算评估对象的 ATR 技术效率. 下面先解释 ATR 技术效率的含义.

$\mathrm{C^2GS^2}$ 模型在使用中常采用对偶的 D 形式, 如式 (5.6) 的对偶形式为

$$
(D^I_{\mathrm{C^2GS^2}})\begin{cases} V_D = \min\theta \\ \text{s.t.} \ \sum\limits_{j=1}^{n}\lambda_j X_j \leqslant \theta X_{j_0} \\ \quad\ \ \sum\limits_{j=1}^{n}\lambda_j Y_j \geqslant Y_{j_0} \\ \quad\ \ \sum\limits_{j=1}^{n}\lambda_j = 1 \\ \quad\ \ \lambda_j \geqslant 0, \quad j=1,2,\cdots,n \end{cases} \tag{5.10}
$$

从式 (5.10) 更容易看出 ATR 技术效率的含义: 在式 (5.2) 给出的生产可能集中, 力图在保持输出 (性能) 不变的前提下, 将输入 (代价) 按比例 $\theta(\theta \leqslant 1)$ 进行压缩. $\theta < 1$, 说明可以用更少的代价达到相同的性能, 即该评估对象不是有效的.

引入 AHP 约束锥后, 式 (5.2) 变为式 (5.9). 式 (5.9) 的对偶形式为

$$
\begin{cases} V_D = \min\theta \\ \text{s.t.} \ \sum\limits_{j=1}^{n}\lambda_j X_j - \theta X_{j_0} \in V^* \\ \quad\ -\sum\limits_{j=1}^{n}\lambda_j Y_j + Y_{j_0} \in U^* \\ \quad\ \ \sum\limits_{j=1}^{n}\lambda_j = 1 \\ \quad\ \ \lambda_j \geqslant 0, \quad j=1,2,\cdots,n \end{cases} \tag{5.11}
$$

式 (5.11) 中 V^* 和 U^* 分别表示式 (5.8) 中 V 和 U 的负极锥.

与式 (5.11) 对应的生产可能集为

$$
T^G_{\mathrm{C^2GS^2}} = \left\{(X,Y)\middle| \sum_{j=1}^{n}\lambda_j X_j - X \in U^*,\ -\sum_{j=1}^{n}\lambda_j Y_j + Y \in V^*,\ \lambda_j \geqslant 0,\right.
$$

$$
\left.\sum_{j=1}^{n}\lambda_j = 1,\ j=1,2,\cdots,n\right\} \tag{5.12}
$$

对比式 (5.10) 和式 (5.11) 不难看出, 式 (5.11)(进行权重约束后) 解得的技术效率 θ 具有与式 (5.10) 相同的含义. 直接用式 (5.11) 求解线性规划并不方便, 本章中更多的是利用式 (5.9) 进行求解. 线性规划理论中的对偶定理保证: 当式 (5.11) 存在最优解时, 式 (5.9) 也存在最优解; 且二者的最优化目标值相同 ($V_D = V_P$).

至此, 前面有关 ATR 技术效率的讨论都是从输入角度出发. 事实上, 无论是 P 形式还是 D 形式的 $\mathrm{C^2GS^2}$ 模型还可以从输出角度给出. 例如, 输出角度的 D 形式 $\mathrm{C^2GS^2}$ 模型为

$$
(D^O_{\mathrm{C^2GS^2}})\begin{cases} V'_D = \max \alpha \\ \text{s.t.} \ \sum\limits_{j=1}^{n} \lambda_j X_j \leqslant X_{j_0} \\ \quad \sum\limits_{j=1}^{n} \lambda_j Y_j \geqslant \alpha Y_{j_0} \\ \quad \sum\limits_{j=1}^{n} \lambda_j = 1 \\ \quad \lambda_j \geqslant 0, \quad j = 1, 2, \cdots, n \end{cases} \tag{5.13}
$$

从式 (5.13) 不难看出 V'_D 的含义: 在式 (5.2) 给出的生产可能集中, 力图在保持输入不变的前提下, 将输出按比例 $\alpha(\alpha \geqslant 1)$ 进行扩大. $\alpha > 1$, 说明可以用同样的代价实现更高的性能, 即该评估对象不是有效的.

引入 AHP 约束锥后, 基于输出的 D 形式 $\mathrm{C^2GS^2}$ 模型为

$$
\begin{cases} V'_D = \max \alpha \\ \text{s.t.} \ \sum\limits_{j=1}^{n} \lambda_j X_j - X_{j_0} \in V^* \\ \quad -\sum\limits_{j=1}^{n} \lambda_j Y_j + \alpha Y_{j_0} \in U^* \\ \quad \sum\limits_{j=1}^{n} \lambda_j = 1 \\ \quad \lambda_j \geqslant 0, \quad j = 1, 2, \cdots, n \end{cases} \tag{5.14}
$$

式 (5.14) 中 V^* 和 U^* 分别表示 V 和 U 的负极锥. 可见, 式 (5.14) 解得的技术效率 α 具有与式 (5.13) 相同的含义. 直接利用式 (5.14) 求解线性规划并不方便, 故采用其对偶形式求解:

$$
\begin{cases} V'_P = \min(\omega^{\mathrm{T}} X_{j_0} + \omega_0) \\ \text{s.t.} \ \omega^{\mathrm{T}} X_j - \mu^{\mathrm{T}} Y_j + \omega_0 \geqslant 0, \quad j = 1, 2, \cdots, n \\ \quad \mu^{\mathrm{T}} Y_{j_0} = 1 \\ \quad (C_m - \lambda_m E_m)\omega \geqslant 0, \ (B_s - \lambda_s E_s)\mu \geqslant 0 \end{cases} \tag{5.15}
$$

对偶定理保证: 当式 (5.14) 存在最优解时, 式 (5.15) 也存在最优解; 且二者的最优化目标值相同 $(V'_D = V'_P)$.

一般而言, $\theta^* \neq \alpha^*$. 这里称基于输入角度 (式 (5.9)) 得到的 ATR 技术效率 V_P 为 “代价效率” (Cost Efficiency, CE). 由于基于输出角度 (式 (5.15)) 得到的

$V_P' > 1$, 故取其倒数, 并称 $1/V_P'$ 为 "性能效率" (Performance Efficiency, PE). 显然, CE(PE) 值越大, 评估对象的相对效率越高. 代价效率 CE 反映对系统代价的利用程度; PE 反映对系统性能的实现程度. 当 CE 或 PE 为 1 时, 可以进一步判断其是否 DEA 有效. 由于引入了锥结构的权重限制, 定义 5.3 需作如下调整:

定义 5.6　若式 (5.8) 给出的线性规划存在最优解 ω^*, μ^*, μ_0^*, 使得

$$V_P = 1, \quad \text{且 } \omega^* \in \text{Int}\, U, \quad \mu^* \in \text{Int}\, V$$

则称 DMU_{j0} 为 DEA 有效.

DEA 有效性与多目标规划中的 Pareto 最优性之间存在着密切联系. 考虑下面的多目标规划问题:

$$(\text{VP})\begin{cases} V-\min[f_1(X,Y), f_2(X,Y), \cdots, f_{m+s}(X,Y)] \\ (X,Y) \in T \end{cases} \tag{5.16}$$

式 (5.16) 中 T 表示式 (5.12) 定义的生产可能集; V–min 表示对 $m+s$ 个目标函数 $f_k(X,Y)$ 组成的向量求极小值, 其中 $f_k(X,Y)$ 的定义为

$$f_k(X,Y) = \begin{cases} x_k, & 1 \leqslant k \leqslant m \\ -y_{k-m}, & m+1 \leqslant k \leqslant m+s \end{cases} \tag{5.17}$$

下面的定理给出了多目标规划的 Pareto 解与 DEA 有效之间的等效性.

定理 5.1　若 (X_{j0}, Y_{j0}) 是式 (5.16) 的 Pareto 解, 则 DMU_{j0} 为 DEA 有效; 反之, 若 DMU_{j0} 为 DEA 有效, 则 (X_{j0}, Y_{j0}) 是式 (5.16) 的 Pareto 解.

证明　证明过程详见文献 [6](定理 10.4.1).

定理 5.1 表明: 对于 DEA 有效的 DMU, 除非减少某些输出, 否则无法减少任何输入; 类似地, 除非增加某些输入, 否则无法增加任何输出. ATR 评估中对应的解释为: 对于 DEA 有效的评估对象, 在假定的生产可能集范围内, 除非增加系统代价, 否则再无法提高其性能; 或者降低其性能要求, 否则再无法减少其系统代价. 也就是说[9]: 从绝对理性的角度出发, 无论有何偏好均不应该选择非 DEA 有效的评估对象 (非 Pareto 解); 至于选择哪一个 DEA 有效的评估对象, 取决于决策者的偏好或者其他方面的信息.

5.4　评 估 实 例

实例 5-1　选择雷达传感器带宽 (band width, BW) 作为因素构建扩展工作条件, 对各种带宽情况下的 ATR 技术效率进行评估.

1. 试验场景

在通用处理器平台上构建多个半实物仿真 ATR 系统, 编号 1~18. 传感器带宽取 8 个离散值: 60, 120, 180, 240, 300, 360, 420 和 480MHz. 获取不同带宽条件下的高分辨距离像 (High Resolution Range Profile, HRRP) 组成训练和测试数据集. 训练数据俯仰角 30°, 方位姿态范围 0~180°; 测试集 1 和测试集 2 俯仰角分别为 29.5° 和 25°, 方位姿态范围 0~180°.

2. 评估指标

将 ATR 系统 j 在测试集 1 上的 $\mathrm{P_{CC}}$ 测试值作为系统的输出 (性能) 指标 1, 记作 y_{1j}; 在测试集 2 上的 $\mathrm{P_{CC}}$ 测试值作为输出指标 2, 记作 y_{2j}. 将完成一次目标识别所进行的加法次数作为输入 (代价) 指标 1, 记作 x_{1j}; 所进行的乘法次数作为输入指标 2, 记作 x_{2j}; 算法自身和存储模板的实系数个数作为输入指标 3, 记作 x_{3j}.

3. 权重约束

先考虑输入指标间的权重: 由于所用的通用平台具有乘加器, 因此认为一次乘法和一次加法的重要程度相等; 此外, 认为增加一个实系数存储空间的重要程度是做一次乘/加运算的 2 倍. 再考虑输出指标间的权重: 由于测试集 1 较为接近训练集, 而测试集 2 与训练集在俯仰姿态上存在一定差异, 更能反映 ATR 系统的泛化能力. 故判定, 提高测试集 2 上 $\mathrm{P_{CC}}$ 一个百分点的重要程度是提高测试集 1 上 $\mathrm{P_{CC}}$ 一个百分点的 3 倍.

根据以上考虑, 得到输入指标的判断矩阵

$$C_3 = \begin{bmatrix} 1 & 1 & 1/2 \\ 1 & 1 & 1/2 \\ 2 & 2 & 1 \end{bmatrix}$$

和输出指标的判断矩阵

$$B_2 = \begin{bmatrix} 1 & 1/3 \\ 3 & 1 \end{bmatrix}$$

显然, C_3 和 B_2 均满足一致性条件.

4. 评估结果

求解式 (5.9) 及式 (5.15) 给出的带有 AHP 约束锥的 $\mathrm{C^2GS^2}$ 模型, 得到不同带宽条件下 ATR 系统的代价效率值 V_{CE} 和性能效率值 V_{PE}, 具体计算结果如图 5.3 和图 5.4 所示.

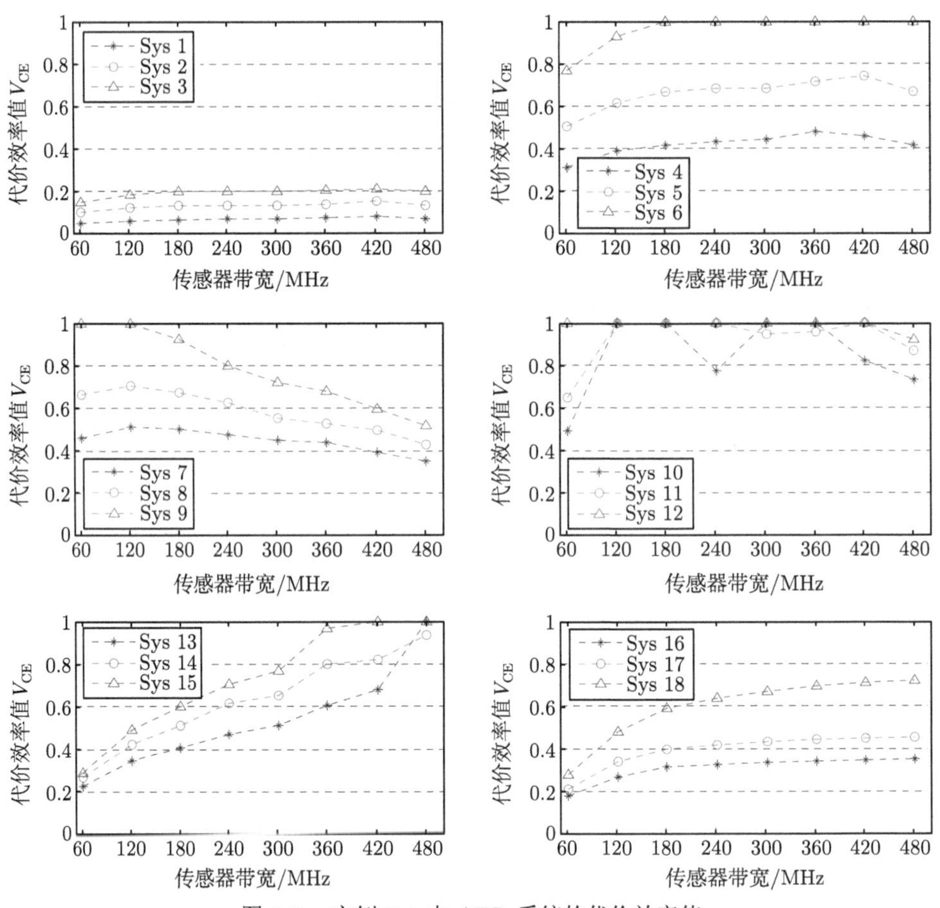

图 5.3　实例 5-1 中 ATR 系统的代价效率值

为方便选择, 给出不同带宽条件下 V_{CE} 和 V_{PE} 都大于 0.9 的 ATR 系统编号及其指标值, 见表 5.1. 根据定义 5.6 判断 ATR 系统是否 DEA 有效, 并将 DEA 有效的系统用 “*” 标出, 以供决策者选择.

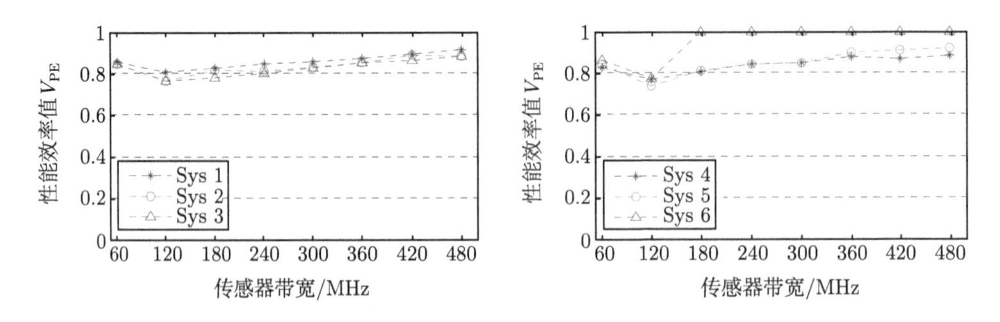

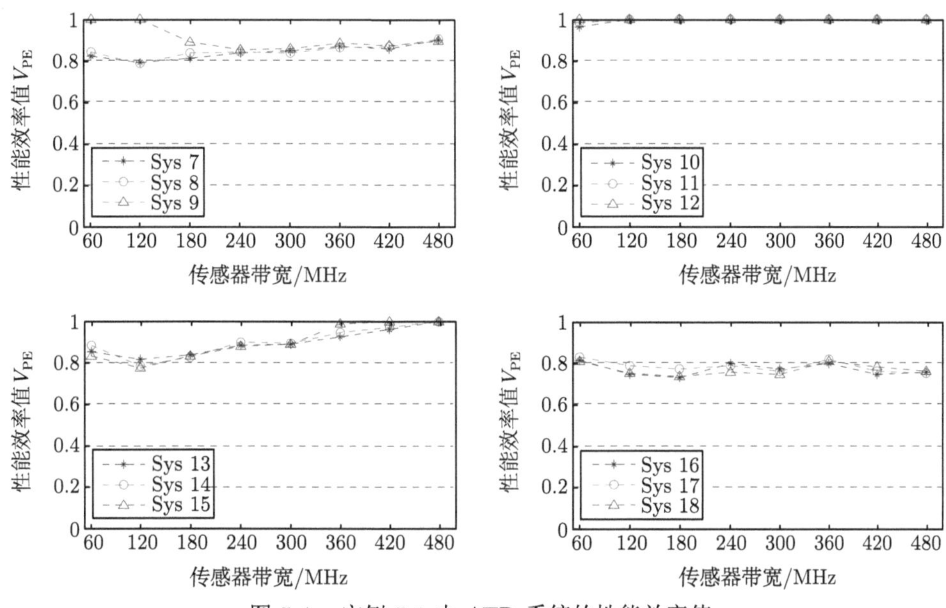

图 5.4 实例 5-1 中 ATR 系统的性能效率值

通过表 5.1 不难看出, 编号 12 的 ATR 系统在 60~420MHz 传感器带宽范围内始终为 DEA 有效. 当带宽为 480MHz 时, 其性能效率与代价效率也都高于 0.9. 带宽 60~480MHz 的扩展工作条件下, 该系统的各项性能指标接近或达到同等条件下的最优值, 而代价指标却相对较小, 因而是一个比较理想的选择.

表 5.1 不同带宽条件下效率值大于 0.9 的 ATR 系统

带宽/MHz	系统编号	效率值		评估指标值	
		V_{CE}	V_{PE}	代价指标	性能指标
60	9*	1	1	X_9=(945, 1150, 1150)	Y_9=(0.46, 0.43)
	12*	1	1	X_{12}=(1215, 1150, 1240)	Y_{12}=(0.52, 0.53)
120	9*	1	1	X_9=(2570, 2800, 2800)	Y_9=(0.53, 0.47)
	10*	1	1	X_{10}=(5150, 5000, 5200)	Y_{10}=(0.72, 0.64)
	11*	1	1	X_{11}=(4100, 4000, 4150)	Y_{11}=(0.71, 0.64)
	12*	1	1	X_{12}=(2840, 2800, 2890)	Y_{12}=(0.70, 0.63)
180	6*	1	1	X_6=(4350, 4500, 4500)	Y_6=(0.61, 0.57)
	10*	1	1	X_{10}=(8375, 8250, 8450)	Y_{10}=(0.75, 0.70)
	11*	1	1	X_{11}=(6825, 6750, 6900)	Y_{11}=(0.73, 0.69)
	12*	1	1	X_{12}=(4965, 4950, 5040)	Y_{12}=(0.72, 0.68)
240	6*	1	1	X_6=(5850, 6000, 6000)	Y_6=(0.64, 0.60)
	11*	1	1	X_{11}=(10050, 10000, 10150)	Y_{11}=(0.78, 0.73)
	12*	1	1	X_{12}=(7590, 7600, 7690)	Y_{12}=(0.76, 0.71)

续表

带宽/MHz	系统编号	效率值		评估指标值	
		V_{CE}	V_{PE}	代价指标	性能指标
300	6*	1	1	X_6=(7350, 7500, 7500)	Y_6=(0.66, 0.59)
	10*	1	1	X_{10}=(16325, 16250, 16450)	Y_{10}=(0.77, 0.72)
	11	0.95	0.998	X_{11}=(13775, 13750, 13900)	Y_{11}=(0.77, 0.72)
	12*	1	1	X_{12}=(10715, 10750, 10840)	Y_{12}=(0.75, 0.72)
360	6*	1	1	X_6=(8850, 9000, 9000)	Y_6=(0.70, 0.61)
	10*	1	1	X_{10}=(21050, 21000, 21200)	Y_{10}=(0.79, 0.73)
	11	0.95	0.998	X_{11}=(18000, 18000, 18150)	Y_{11}=(0.79, 0.72)
	12*	1	1	X_{12}=(14340, 14400, 14490)	Y_{12}=(0.77, 0.72)
	15	0.97	0.99	X_{15}=(10620, 10860, 14896)	Y_{15}=(0.78, 0.66)
420	6*	1	1	X_6=(10350, 10500, 10500)	Y_6=(0.73, 0.62)
	11*	1	1	X_{11}=(22725, 22750, 22900)	Y_{11}=(0.82, 0.75)
	12*	1	1	X_{12}=(18465, 18550, 18640)	Y_{12}=(0.81, 0.73)
	15*	1	1	X_{15}=(12420, 12670, 16696)	Y_{15}=(0.81, 0.70)
480	6*	1	1	X_6=(11850, 12000, 12000)	Y_6=(0.77, 0.65)
	12	0.92	0.995	X_{12}=(23090, 23200, 23290)	Y_{12}=(0.81, 0.73)
	13*	1	1	X_{13}=(23700, 24080, 28096)	Y_{13}=(0.86, 0.72)
	14	0.94	0.997	X_{14}=(17775, 18080, 22096)	Y_{14}=(0.85, 0.71)
	15*	1	1	X_{15}=(14220, 14480, 18496)	Y_{15}=(0.84, 0.70)

本章小结

ATR 技术研发过程中, 科研人员往往需要大量的目标数据用以训练并验证所开发的算法或系统. 基于实验手段的 ATR 评估一般都可以落实为在测试集上进行识别测试. 不同的测试集代表了不同的工作条件. 如果仅在一个特定的工作条件下对 ATR 系统进行训练和测试, 通常都会取得令人满意的评估结果. 这一方面是由于工作条件涵盖的范围窄, 容易找到或设计出适合于该特定工作条件的算法; 另一方面则是由于测试数据和训练数据较为接近, 无法真实反映该系统的泛化能力 (实用性能). 对此, ATR 技术在其实用化评估方案设计中, 往往选择一种或几种最为主要的因素, 并变化各种因素的取值水平构建出多个扩展工作条件, 从而检验评估对象在扩展工作条件中的性能及变化趋势.

本章围绕 "性能–代价–工作条件" 三方面参与的 ATR 评估方法展开讨论. 引入效率测算理论, 主要从系统效率的角度分析扩展工作条件中的 ATR 系统的效率问题, 基于 DEA 理论提出了 ATR 评估背景需求的技术效率度量及求解方法. 该方法针对现有扩展性 (量测性) 评估方法以及传统性能建模方法的实践困难, 将评估对象视为具有相似输入输出指标的同类型决策单元, 将评估对象的 "性能—代价" 一并转化为 ATR 技术效率. 结合 ATR 评估问题的实际特点, 还对该求解过程中的模型选择、指标权重限制、技术效率计算等技术细节进行了详细说明. 最后运用 ATR 技术效率度量方法进行了实例分析, 可作为运用该方法进行 ATR 评估的一个参考范例.

文献和历史评述

ATR 扩展性 (实用性) 的问题其实一直受到广泛关注. 许多研究机构分别针对各种具体的应用背景开展了扩展性分析, 并建立了一些颇具指导意义的性能模型. 令人遗憾的是, 许多研究成果并没有严格遵循 Ross 所提出的前提条件, 其中很大一部分原因就是 ATR 算法或系统面对的实际工作场景非常复杂, 这使得度量 ATR 系统的工作条件成为一个难题. 即便是即将输入的信息简化为单幅图像, 衡量工作条件的方法仍处于探索之中. 文献 [10] 针对 SAR ATR 评估背景, 以图像质量衡量 ATR 系统的输入, 通过试验手段选取合适的图像质量评估指标, 并希望预测不同输入 (图像质量) 情况下的 ATR 性能. 对几乎同样的问题, 文献 [11] 则主要希望借助信息论, 从理论上分析输入图像的信息量, 以此预测 ATR 性能. 这两种研究思路在成像目标识别研究领域都具有代表性, 类似问题的方法研究还可以参考文献 [12]、[13] 和 [14].

考察 ATR 性能受因素变化的影响一直就是 ATR 研究领域中的一项重要内容, 其分析结果能够为 ATR 技术改进提供参考依据. 由于研究目标在于找出性能与因素二者间的相互关系, 因此这类问题也常被称为性能建模 (performance modeling). Ross 的设想实际上是要在同等系统代价水平上建立可以相互比较的性能模型. 严格意义上讲, 所谓的 ATR 扩展性评估方法只是一种考察 "性能–代价–工作条件" 三方面关系的分析思路, 并不存在特定的求解步骤. 文献 [1] 将评估对象的性能、代价及所处工作条件三方面相互联系, 评估过程中需要综合考虑. 扩展性评估方法采用控制代价的技术途径, 在同等代价支出的前提条件下比较各个评估对象的性能表现; 量测性评估方法则采用控制性能的技术途径, 在达到相同性能的前提条件下比较各个评估对象的代价. 固定代价支出时, 评估对象在扩展工作条件中的性能表现称为扩展性; 保持性能表现时, 评估对象在扩展工作条件中的代价需求称为量测性, 如图 5.5[1] 所示.

对 ATR 技术的实用化检验, 上述两种评估方法都具有积极的指导意义, 但是这两种方法在实践过程中也都存在各自的困难.

从扩展性角度来看, ATR 系统为实现目标识别功能必然需要系统代价支出, 例如平台的计算时间、算法自身的存储空间等. 文献 [15] 结合扩展工作条件, 给出了一个极好的原则性讨论. 扩展性评估方法的实践困难在于: 如何将每个 ATR 系统都设计成恰好满足限定的代价要求？即便是明确规范了 ATR 系统的运行平台和工作环境, 精确指定 ATR 系统的运行时间、存储容量等各项代价指标也是很难实现的. 因此, 在实际评估时往往只粗略划分代价水平, 甚至不考虑某些代价指标实际上也就是放松甚至取消系统代价的约束. 但是显然类似的妥协反而有悖于扩展性理念的初衷.

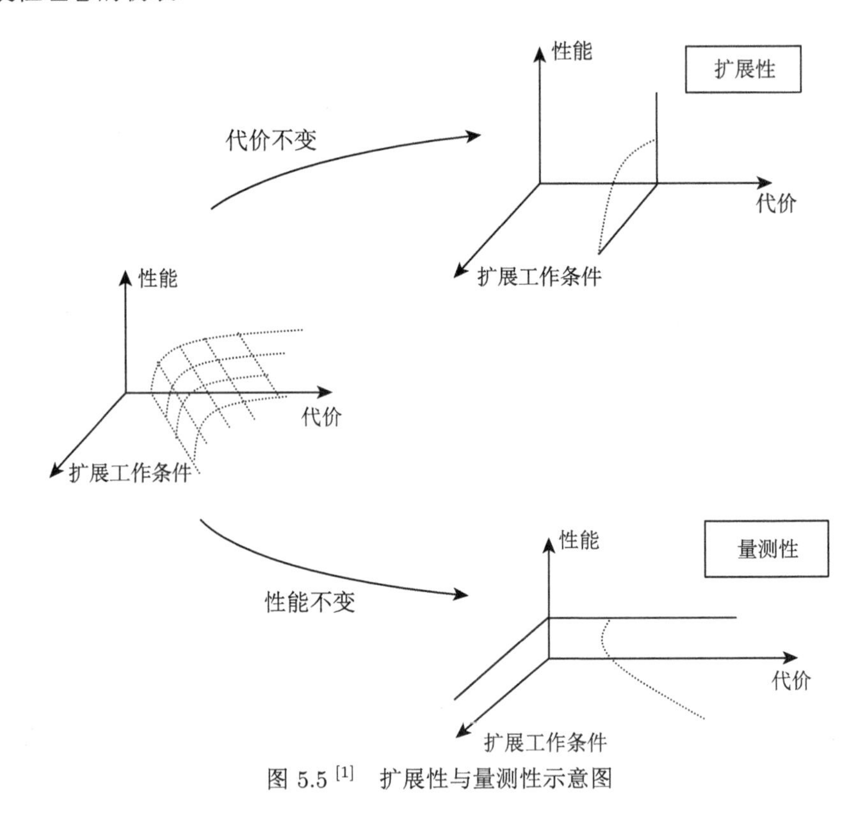

图 5.5 [1]　扩展性与量测性示意图

从量测性角度来看, ATR 系统的实际性能与代价支出、组成结构、数据预处理手段、特征提取、分类器、判决规则、训练/测试集设计等多种因素相关. 量测性评估方法仅有增加或减少代价支出这一种调节方式, 调控力度显然不够因而无法很好地维持评估对象的性能稳定. 故采用量测性方法来评估 ATR 系统的讨论很少见. 文献 [16] 基于 MSTAR 数据分析了 SAR ATR 性能与模型复杂度 (model complexity) 的关系, 却没有建立具体的性能模型, 佐证了该方法在实践中存在的困难.

正是为了突破扩展性评估和量测性评估这两种研究思路的局限, 本书给出了一套允许 ATR 系统的输入和输入自由变动的技术效率分析方法, 其理论基础是管理学中成熟的 DEA 理论. 如果仅仅是为了理解 DEA 的基本概念, 或者是研究 ATR 评估问题, 读者可不必专门研读海量的原始 DEA 理论文献. 文献 [3] 和 [4] 为学习 DEA 理论提供了很好的中文读本: 文献 [3] 是国内较早系统介绍 DEA 理论的书籍, 偏重于 DEA 模型方面的理论证明; 文献 [4] 扩充了不少理论研究的进展, 并增加了许多实际应用的例子. 文献 [6] 是近年关于 DEA 的综述性文献, 可以看做是文献 [3] 的持续发展和补充完善. 文献 [5] 展示了基于 DEA 理论的方法研究及应用过程, 具有方法层面的借鉴价值.

参 考 文 献

[1] Ross T D, Bradley J J, Hudson L J. SAR ATR: So what's the problem? - An MSTAR perspective[A]. Algorithms for Synthetic Aperture Radar Imagery VI, 1999, Orlando, FL, USA, SPIE 3721: 662-672.

[2] 刘志迎. 基于效率理论的高技术产业增长研究 [D]. 南京: 南京农业大学, 2006.

[3] 魏权龄. 评价相对有效性的 DEA 方法 [M]. 北京: 中国人民大学出版社, 1988.

[4] 盛昭瀚, 朱乔, 吴广谋. DEA 理论、方法和应用 [M]. 北京: 科学出版社, 1996.

[5] 许晓东. 高等学校规模效益评价的理论和应用研究 [D]. 武汉: 华中理工大学, 2000.

[6] 魏权龄. 数据包络分析 [M]. 北京: 科学出版社, 2004.

[7] Saaty T L. The Analytic Hierarchy Process[M]. New York: McGraw-Hill, 1980.

[8] 吴育华, 曾祥云, 宋继旺. 带有 AHP 约束锥的 DEA 模型 [J]. 系统工程学报, 1999, 14(4): 330-333.

[9] 崔逊学. 多目标进化算法及其应用 [M]. 北京: 国防工业出版社, 2006.

[10] Chen Y, Chen G S, Blum R S, Blasch E. Image quality measures for predicting automatic target recognition performance[J]. 2008.

[11] Horne A M. Information theory for the prediction of SAR target classification performance[A]. Algorithms for Synthetic Aperture Radar Imagery VIII, 2001, SPIE 4382: 404-415.

[12] 李敏, 周振华, 张桂林. 自动目标识别算法性能评估中的图像度量 [J]. 红外与激光工程, 2007, 36(3): 412-416.

[13] 张桂林, 熊艳, 曹伟烜, 李强. 一种评价自动目标检测算法性能的方法 [J]. 华中理工大学学报, 1994, 22(5): 46-50.

[14] 周川, 张桂林, 陈鸿翔, 彭嘉雄. 基于试验设计的 ATR 算法的性能评价 [J]. 华中科技大学学报, 1996, 24(2): 43-45.

[15] Ross T D, Westerkamp L A, Zelnio E G. Extensibility and other model-based ATR evaluation concepts[A]. Algorithms for Synthetic Aperture Radar Imagery IV, 1997, Orlando, FL, USA, SPIE 3070: 554-565.

[16] O'Sullivan J A, DeVore M D, Kedia V, Miller M I. SAR ATR performance using a conditional Gaussian model[J]. IEEE Trans. on Aerospace and Electronic Systems, 2001, 37(1): 91-108.

第 6 章　影响因素作用测算

6.1　引　　言

第 6 章我们提到, 扩展性度量了 ATR 性能在一定代价约束下的性能变化, 而量测性则度量了为达到指定性能的代价变化. 虽然这两种评估方法均难以实际操作, 但是考察评估对象的性能 (代价) 受到因素影响的思想却无疑具有重要的现实意义.

对某个因素进行性能分析与建模的文献报道并不少见. 由于研究目标往往是找出性能与因素二者之间的关系, 因此这类问题也被称为性能建模 (performance modeling) 问题. 开展性能建模工作的意义在于: 根据得到的性能模型, 可以对评估对象的 ATR 技术水平产生一个大致理解, 从而很快做出相关决策. 若评估对象采用了新兴技术, 研究结果为该技术是否实用提供验证; 若评估对象采用经典技术手段, 则性能模型可作为横向比较的技术标杆 (benchmark). 概括起来, 性能模型为掌握 ATR 技术的发展程度提供了经验性指导.

对 ATR 技术进行性能建模的研究可以分为理论推导与实验观测两类, 本章主要关注基于实验观测的建模问题. 依靠实验手段的研究已经开展了较长时间, 如基于响应函数模型的性能评估[1]. 此类方法在实际应用中主要存在以下几方面的问题: ① 性能模型的预先假设往往缺乏理论指导, 而且很多情况下性能指标与因素取值之间的关系难以显式描述; ② 模型拟合的结果代表 “平均” 性能表现, 不能反映当前最优的 ATR 技术水平; ③ 实验设计阶段往往忽略代价约束, 不利于评估结果的横向对比.

对于第 3 个问题, 我们在第 5 章中给出了一条新的解决途径: 将性能与代价转换为评估对象的相对效率——ATR 技术效率, 避免需要严格约束系统的代价或性能; 再通过不同因素取值情况下的效率值计算 (有效性评估方法), 选出评估对象中的 Pareto 解以供决策者选择. 但是仅仅做有效性评估还是无法定量分析因素变化的实际作用. 对此, 本章将力图解决扩展工作条件中影响因素作用的测算问题.

现在流行的性能建模方法侧重于建立 ATR 性能 (应该在一定代价约束下进行, 但却往往被忽视) 与因素值之间的关系模型, 而本章关注的重点在于分析 ATR 技术效率与因素值的相互关系. 我们所关系的研究问题可概括为: ① ATR 技术效率对因素变化的适应能力, 考察评估对象能否在一个比较宽的工作条件范围内始终具备较高的相对效率; ② 因素变化对于 DEA 有效系统的效率影响, 考察因素变化对最优 ATR 技术水平产生的作用. 本章的讨论重点是根据 ATR 评估问题的特点, 实现扩展工作条件中因素作用的测算、分解及解释.

6.2 Malmquist 指数

Malmquist 指数 (Malmquist Index, MI) 最早由 Malmquist 于 1953 年提出, 其思想后来被广泛应用于生产率的研究中, 因此也被称为 Malmquist 生产率指数 (Malmquist Productive Index, MPI). 下面先对定义 MPI 所必需的距离函数进行说明, 然后简介 MPI 的定义及分解方式.

6.2.1 距离函数

距离函数 (distance function) 提供了一种在不对生产行为进行任何假定的条件下, 研究多输入多输出系统效率的工具[2]. Malmquist[3] 在 1953 年首次给出距离函数的定义, 之后 Shephard[4] 依据生产函数再次定义了距离函数, 并被广泛使用. 距离函数可以从输入和输出两个角度给出, 下面以输出角度为例说明.

设有 m 种生产要素输入, s 种输出, 输入向量和输出向量分别为 $x=(x_1,x_2,\cdots,x_m)^{\mathrm{T}}$ 和 $y=(y_1,y_2,\cdots,y_s)^{\mathrm{T}}$, 则第 t 期的生产集可以表示为[4]

$$S^t=\{(y^t,x^t)|x^t \text{ 能够产生 } y^t\} \tag{6.1}$$

再用 P^t 表示与生产集 S^t 相关的输出集

$$P^t(x^t)=\{y^t:(y^t,x^t)\in S^t\} \tag{6.2}$$

并假设 P^t 为封闭、非空、有界的凸集合, 且输入与输出皆可自由处置, 则第 t 期的输出距离函数为

$$D_O^t(x^t,y^t)=\inf\{\delta|\delta>0,\ (y^t/\delta)\in P^t(x^t)\} \tag{6.3}$$

由式 (6.3) 不难看出, 输出距离函数为在输入固定为 x^t 及既定生产集合 S^t 的条件下, 输出 y^t 与最大可能输出之比值. 式 (6.3) 给出了同期 (within-period) 的输出距离函数, 邻期 (adjacent-period) 的两个输出距离函数定义为

$$D_O^t(x^{t+1},y^{t+1})=\inf\{\delta|\delta>0,\ (y^{t+1}/\delta)\in P^t(x^{t+1})\} \tag{6.4}$$

和

$$D_O^{t+1}(x^t,y^t)=\inf\{\delta|\delta>0,\ (y^t/\delta)\in P^{t+1}(x^t)\} \tag{6.5}$$

类似地, 可以从输入角度定义输入集

$$L^t(y^t) = \{x^t : (x^t, y^t) \in S^t\} \tag{6.6}$$

同样假设 L^t 为封闭、非空、有界的凸集合, 且输入与输出皆可自由处置, 则第 t 期的输入距离函数为

$$D_I^t(y^t, x^t) = \sup\{\delta|\delta > 0,\ (x^t/\delta) \in L^t(y^t)\} \tag{6.7}$$

而邻期的两个输入距离函数为

$$D_I^t(y^{t+1}, x^{t+1}) = \sup\{\delta|\delta > 0,\ (x^{t+1}/\delta) \in L^t(y^{t+1})\} \tag{6.8}$$

和

$$D_I^{t+1}(y^t, x^t) = \sup\{\delta|\delta > 0,\ (x^t/\delta) \in L^{t+1}(y^t)\} \tag{6.9}$$

6.2.2 Malmquist 指数

基于距离函数的定义并比照 Malmquist 指数, Caves 等[5] 分别从输出角度 (output-oriented) 和输入角度 (input-oriented) 构造了 MPI. 下面以输出角度为例进行说明.

设 (x^t, y^t) 和 (x^{t+1}, y^{t+1}) 分别表示第 t 和 $t+1$ 期的输入输出; $D_O^t(x^t, y^t)$ 表示以第 t 期技术为参照, 第 t 期的输出距离函数; $D_O^t(x^{t+1}, y^{t+1})$ 表示以第 t 期技术为参照, 第 $t+1$ 期的输出距离函数.

定义 6.1 第 t 期的输出 MPI 为[5]

$$M_O^t(x^t, y^t, x^{t+1}, y^{t+1}) = \frac{D_O^t(x^{t+1}, y^{t+1})}{D_O^t(x^t, y^t)} \tag{6.10}$$

类似地, 可以用第 $t+1$ 期技术为参照, 定义第 $t+1$ 期的 MPI 为

$$M_O^{t+1}(x^t, y^t, x^{t+1}, y^{t+1}) = \frac{D_O^{t+1}(x^{t+1}, y^{t+1})}{D_O^{t+1}(x^t, y^t)} \tag{6.11}$$

按照式 (6.10) 和式 (6.11) 的定义, 不同时期的生产技术差异将导致测算结果的不同, 即 $M_O^t(x^t, y^t, x^{t+1}, y^{t+1}) \neq M_O^{t+1}(x^t, y^t, x^{t+1}, y^{t+1})$. 为避免出现这种差异, Fare 等[184] 提出以两个时期的几何均值重新定义 MPI.

定义 6.2 以几何均值形式定义的第 t 期至第 $t+1$ 期的输出 MPI 为

$$M_O(x^t, y^t, x^{t+1}, y^{t+1}) = \left[\frac{D_O^t(x^{t+1}, y^{t+1})}{D_O^t(x^t, y^t)} \cdot \frac{D_O^{t+1}(x^{t+1}, y^{t+1})}{D_O^{t+1}(x^t, y^t)}\right]^{\frac{1}{2}} \tag{6.12}$$

若 $M_O(x^t, y^t, x^{t+1}, y^{t+1}) > 1$, 表示所评估 DMU 的生产率从第 t 期至第 t+1 期有改善; 若 $M_O(x^t, y^t, x^{t+1}, y^{t+1}) < 1$, 表示生产率衰退.

按式 (6.12) 定义的 MPI 可以进一步分解为[6]

$$
\begin{aligned}
M_O(x^t, y^t, x^{t+1}, y^{t+1}) &= \frac{D_O^{t+1}(x^{t+1}, y^{t+1})}{D_O^t(x^t, y^t)} \cdot \left[\frac{D_O^t(x^{t+1}, y^{t+1})}{D_O^{t+1}(x^{t+1}, y^{t+1})} \cdot \frac{D_O^t(x^t, y^t)}{D_O^{t+1}(x^t, y^t)}\right]^{\frac{1}{2}} \\
&= \mathrm{EC} \times \mathrm{TC}
\end{aligned} \tag{6.13}
$$

式 (6.13) 中 EC 和 TC 分别表示效率变化 (Efficiency Change, EC) 和技术变化 (Technical Change, TC):

$$
\mathrm{EC} = \frac{D_O^{t+1}(x^{t+1}, y^{t+1})}{D_O^t(x^t, y^t)} \tag{6.14}
$$

$$
\mathrm{TC} = \left[\frac{D_O^t(x^{t+1}, y^{t+1})}{D_O^{t+1}(x^{t+1}, y^{t+1})} \cdot \frac{D_O^t(x^t, y^t)}{D_O^{t+1}(x^t, y^t)}\right]^{\frac{1}{2}} \tag{6.15}
$$

式 (6.14) 中 EC 以第 t 期的输出距离函数为基准, 衡量第 $t+1$ 期的输出距离函数的变动, 即效率的变化. EC>1, 说明效率提高; EC<1, 表示效率下降. 式 (6.15) 中的 $\dfrac{D_O^t(x^{t+1}, y^{t+1})}{D_O^{t+1}(x^{t+1}, y^{t+1})}$ 以第 $t+1$ 期的输入输出来衡量技术变动, $\dfrac{D_O^t(x^t, y^t)}{D_O^{t+1}(x^t, y^t)}$ 以第 t 期的输入输出来衡量技术变动, 而 TC 则取这两项的几何平均值. TC>1, 说明技术水平进步; TC<1, 说明技术水平退步.

6.3 影响 ATR 效率的因素作用测算方法

6.3.1 因素作用后的数据特性

扩展工作条件中 ATR 评估问题的一个突出特点是, 实验结果既有序列性又具有截面性. 既可以选择同一个评估对象在不同因素取值条件下的技术效率变化序列作纵向分析, 又可以选择特定因素取值条件下的多个评估对象效率作横向对比. 生产理论中将此类数据称为面板数据 (panel data). 稍微有所不同的是: 生产理论中面板数据的序列性一般由时间变化引起; 而 ATR 评估中面板数据的序列性由工作条件中的因素变化所造成. 显然, 这只是一种表面性差异. 完全可以采用与时间变化相同的思路来分析因素变化, 从而将面板数据分析方法应用 ATR 评估中.

Malmquist 指数法是生产理论中分析面板数据的一类重要方法. 分析过程中还可将 Malmquist 指数进一步分解, 得到技术变化指数和效率变化指数. 技术变化代表两个时期内生产前沿面 (生产函数) 的移动, 衡量了技术进步对于生产率的促进作用; 而效率变化则代表了两个时期内决策单元相对效率的变化, 衡量了决策单元是否更靠近当前的生产前沿面. 对应到 ATR 评估中: 技术变化描述了因素变化对最优 ATR 技术效率的改善, 衡量了因素变化对于现有最佳技术水平的作用效果; 效率变化则描述了因素变化对于评估对象效率的影响, 衡量了评估对象对因素变化的适应程度. 因此, 可将实验结果作为面板数据来计算 Malmquist 指数并进行分解, 实现因素作用的定量度量. 下面讨论求解过程中的一些技术细节.

6.3.2 影响因素作用求解技巧

1. MPI 定义与分解

MPI 的定义方式并不唯一. 下面结合 ATR 评估这一应用背景, 讨论 MPI 定义及分解方式.

(1) MPI 的定义

从形式上来看, Caves 和 Fare 对于 MPI 定义的区别在于: Cave 定义的 MPI(式 (6.10)) 仅以前一期的技术水平为参考; 而 Fare 定义的 MPI(式 (6.12)) 综合参考了相邻两期的技术水平. 生产领域中面板数据的纵向表示时间序列, 时期基准一般没有特殊含义, 由此导致可任选一个时期作为基期的 "随意性"; 但对于 ATR 评估问题而言, 期数对应于某个因素的取值 (如图像信噪比 SNR=15dB), 具有明确的物理内涵. 使用以单期技术水平为参考的 MPI 显得更为灵活. 此外, 采用单期 MPI 的另一个好处在于只需要计算一个邻期距离函数 (有关这个问题我们将稍后讨论).

从内容上分析, Caves 和 Fare 对于 MPI 的定义也存在差异. Caves 定义 MPI 时采用了规模效益可变的距离函数; 而 Fare 则是采用规模效益不变的距离函数. 从生产领域的角度看, Fare 的定义反映了一种长期 (long-run) 观点. 但 ATR 评估中的生产可能集是规模效益可变的, 也更为关注相邻两期间的短期 (short-run) 变化, 故规模效益可变的参考技术更符合问题背景.

综上所述, Caves 定义的 MPI 更适合于 ATR 评估的应用背景, 即

$$M_O^t(x^t, y^t, x^{t+1}, y^{t+1}) = \frac{D_{OV}^t(x^{t+1}, y^{t+1})}{D_{OV}^t(x^t, y^t)} \tag{6.16}$$

式 (6.16) 中下标 "$_V$" 表示规模效益可变; 下标 "$_O$" 表示从输出角度定义.

(2) MPI 的分解

Fare 等[6] 对几何均值形式的 MPI(式 (6.13)) 进行了分解. 对于单期形式, 相应的分解方式为[7]

$$M_{OC}^t(x^t, y^t, x^{t+1}, y^{t+1}) = \frac{D_{OC}^t(x^{t+1}, y^{t+1})}{D_{OC}^t(x^t, y^t)}$$

$$= \frac{D_{OC}^{t}(x^{t+1}, y^{t+1})}{D_{OC}^{t+1}(x^{t+1}, y^{t+1})} \cdot \frac{D_{OC}^{t+1}(x^{t+1}, y^{t+1})}{D_{OC}^{t}(x^{t}, y^{t})}$$

$$= \frac{D_{OC}^{t}(x^{t+1}, y^{t+1})}{D_{OC}^{t+1}(x^{t+1}, y^{t+1})} \cdot \frac{D_{OV}^{t+1}(x^{t+1}, y^{t+1})}{D_{OV}^{t}(x^{t}, y^{t})} \cdot \frac{\dfrac{D_{OC}^{t+1}(x^{t+1}, y^{t+1})}{D_{OV}^{t+1}(x^{t+1}, y^{t+1})}}{\dfrac{D_{OC}^{t}(x^{t}, y^{t})}{D_{OV}^{t}(x^{t}, y^{t})}} \tag{6.17}$$

式 (6.17) 分解后的第一项 $\dfrac{D_{OC}^{t}(x^{t+1}, y^{t+1})}{D_{OC}^{t+1}(x^{t+1}, y^{t+1})}$ 为技术变化 TC. 显然, 该技术变化针对规模效益不变的情况, 不适合在 ATR 评估中使用.

再考虑 Ray 等[8] 提出的另一种分解方式:

$$\begin{aligned} M_{OC}^{t}(x^{t}, y^{t}, x^{t+1}, y^{t+1}) &= \frac{D_{OC}^{t}(x^{t+1}, y^{t+1})}{D_{OC}^{t}(x^{t}, y^{t})} \\ &= \frac{D_{OV}^{t}(x^{t+1}, y^{t+1})}{D_{OV}^{t+1}(x^{t+1}, y^{t+1})} \cdot \frac{D_{OV}^{t+1}(x^{t+1}, y^{t+1})}{D_{OV}^{t}(x^{t}, y^{t})} \cdot \frac{\dfrac{D_{OC}^{t}(x^{t+1}, y^{t+1})}{D_{OV}^{t}(x^{t+1}, y^{t+1})}}{\dfrac{D_{OC}^{t}(x^{t}, y^{t})}{D_{OV}^{t}(x^{t}, y^{t})}} \\ &= \mathrm{TC} \times \mathrm{EC} \times \mathrm{SC} \end{aligned} \tag{6.18}$$

对比式 (6.18) 和式 (6.16) 不难发现, 式 (6.16) 所定义的 MPI 即为式 (6.18) 中前两个子项的乘积. 式 (6.18) 的第一个子项表示规模效益可变的技术变化; 第二个子项表示规模可变的效率变化; 第三个子项表示规模变化 (Scale Change, SC).

文献 [7] 的对比分析表明, Ray 分解方式比 Fare 的更为准确. 另外, 考虑到分解结果中技术变化和效率变化的性质, 采用如下方式拆分式 (6.16)

$$\begin{cases} M_{OV}^{t}(x^{t}, y^{t}, x^{t+1}, y^{t+1}) = \dfrac{D_{OV}^{t}(x^{t+1}, y^{t+1})}{D_{OV}^{t}(x^{t}, y^{t})} \\ \qquad\qquad = \mathrm{TC}_{OV} \times \mathrm{EC}_{OV} \\ \mathrm{TC}_{OV} = \dfrac{D_{OV}^{t}(x^{t+1}, y^{t+1})}{D_{OV}^{t+1}(x^{t+1}, y^{t+1})} \\ \mathrm{EC}_{OV} = \dfrac{D_{OV}^{t+1}(x^{t+1}, y^{t+1})}{D_{OV}^{t}(x^{t}, y^{t})} \end{cases} \tag{6.19}$$

以上关于 MPI 定义及分解的讨论都是从输出角度出发. 根据本书 5.2 节中“性能效率”(PE) 的定义, 不难得到

$$\mathrm{PE} = 1/V_P' = D_{OV}^{t}(x^{t}, y^{t}) \tag{6.20}$$

然而根据 "代价效率"(CE) 的定义, 却得到

$$\mathrm{CE} = V_P = 1/D_{IV}^t(x^t, y^t) \tag{6.21}$$

为保证两种角度定义的 MPI 具有相同意义, 将基于输入角度的 MPI、技术变化指数 TC_{IV} 和效率变化指数 EC_{IV} 分别定义如下:

$$\begin{cases} M_{IV}^t(x^t, y^t, x^{t+1}, y^{t+1}) = \dfrac{D_{IV}^t(x^t, y^t)}{D_{IV}^t(x^{t+1}, y^{t+1})} \\ \qquad\qquad\qquad\qquad = \mathrm{TC}_{IV} \times \mathrm{EC}_{IV} \\ \mathrm{TC}_{IV} = \dfrac{D_{IV}^{t+1}(x^{t+1}, y^{t+1})}{D_{IV}^t(x^{t+1}, y^{t+1})} \\ \mathrm{EC}_{IV} = \dfrac{D_{IV}^t(x^t, y^t)}{D_{IV}^{t+1}(x^{t+1}, y^{t+1})} \end{cases} \tag{6.22}$$

式 (6.22) 中下标 "$_I$" 表示从输入角度定义.

2. 距离函数计算

由前面对 MPI 定义与分解方式的讨论不难看出, 计算和分解 MPI 的基础在于计算距离函数. 求解距离函数的方法分为参数法和非参数法两类. 实际应用中, 采用非参数的 DEA 方法求解距离函数占据了绝大多数, 这主要是因为 DEA 方法不需要假定生产函数, 适用范围更广泛[9]. ATR 评估中的生产函数为性能与代价的制约关系, 很难用某种函数准确描述. 因此, 我们采用非参数的 DEA 方法求解距离函数, 下面重点讨论两个技术细节.

(1) 具有权重约束的距离函数计算

通常 DEA 模型中的生产可能集以 "和形式" (sum form) 给出, 因而计算距离函数的 DEA 模型也多以 D 形式出现. 但如果需要约束权重, 采用带有约束锥的 P 形式更方便计算. 下面分别给出 P 形式的带有权重约束条件的输入和输出距离函数计算式:

$$\begin{cases} [D_{IV}^k(y^u, x^u)]^{-1} = \max[\mu^{\mathrm{T}} y^u + \mu_0] \\ \text{s.t. } \omega^{\mathrm{T}} X_j^k - \mu^{\mathrm{T}} Y_j^k - \mu_0 \geqslant 0, \quad j = 1, 2, \cdots, n \\ \quad \omega^{\mathrm{T}} x^u = 1 \\ \quad (C_m - \lambda_m E_m)\omega \geqslant 0, \quad (B_s - \lambda_s E_s)\mu \geqslant 0 \end{cases} \tag{6.23}$$

$$
\begin{cases}
[D_{OV}^k(x^u, y^u)]^{-1} = \min[\omega^{\mathrm{T}} x^u + \omega_0] \\
\text{s.t. } \omega^{\mathrm{T}} X_j^k - \mu^{\mathrm{T}} Y_j^k + \omega_0 \geqslant 0, \quad j = 1, 2, \cdots, n \\
\quad \mu^{\mathrm{T}} y^u = 1 \\
\quad (C_m - \lambda_m E_m)\omega \geqslant 0, \quad (B_s - \lambda_s E_s)\mu \geqslant 0
\end{cases}
\tag{6.24}
$$

式 (6.23) 和式 (6.24) 中 X_j^k, Y_j^k $(j = 1, 2, \cdots, n)$ 表示第 k 期生产可能集中的 n 个输入输出; x^u, y^u 表示第 u 期所评估 DMU 的输入、输出; B_s, C_m 表示输出、输入指标的单位权重判断矩阵; λ_s, λ_m 表示矩阵 B_s, C_m 的最大特征根; 下标 "$_V$" 表示规模效益可变, "$_I$" 表示输入角度, "$_O$" 表示输出角度.

(2) 无可行解现象的解释及对策

在规模效益可变的情况下使用 DEA 方法计算距离函数, 有可能出现线性规划无可行解的情况. 文献 [10] 从输入角度对此给出了形象的解释, 如图 6.1[10] 所示.

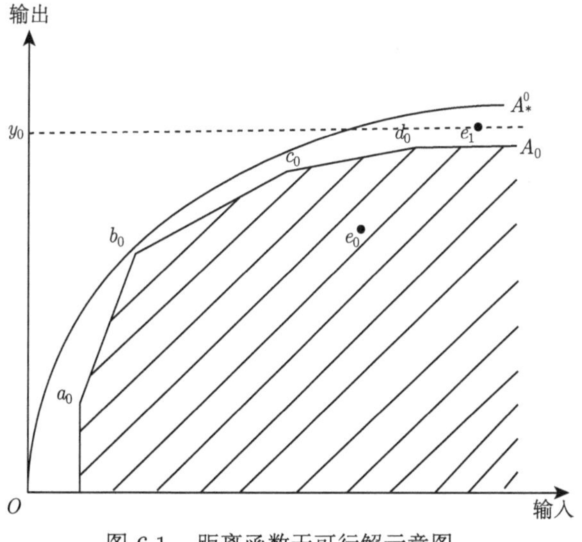

图 6.1　距离函数无可行解示意图

图 6.1 给出了一个单输入/单输出情况的例子. 图中曲线 A_*^0 表示未观测到的生产函数, 点 a_0, b_0, c_0 和 d_0 表示 4 个第 0 期的 DMU. 使用 DEA 方法得到的经验生产可能集 (阴影区域) 位于 A_0 下方. 现在考虑输出为 y_0 的 DMU. 显然, 若以 A_0 作为参考技术, 则无法找到可行解.

假设所评估 DMU 在第 0 期和第 1 期的位置分别为 e_0 和 e_1, 第 1 期的输出为 y_0. 通过图 6.1 看出, 距离函数 $D_{IV}^0(e^1)$ 无可行解. 但若以曲线 A_*^0 为第 0 期的参考技术, 则 $D_{IV}^{0}(e^1)$ 存在可行解. 这说明无可行解的本质原因在于, 缺乏足够的观测数据 (DMU) 逼近出真实生产函数[10]. 下面结合 ATR 评估问题的特点, 讨论几类典型情况并给出解决对策.

各类因素对于 ATR 系统的性能与代价影响各异, 可能出现的情况有

1) 代价基本不受影响, 但性能随因素变化而变化, 典型的例子是待识别目标的外形发生了变化;

2) 代价随因素变化而增大 (减少), 同时性能也有所提高 (降低), 例如增大 (减少) 雷达 ATR 系统的传感器带宽;

3) 代价随因素变化而增大 (减少), 但是性能反而下降 (提高), 例如增加 (减少) 待识别的目标类型数目.

以上三种情况的单输入/单输出举例如图 6.2 所示.

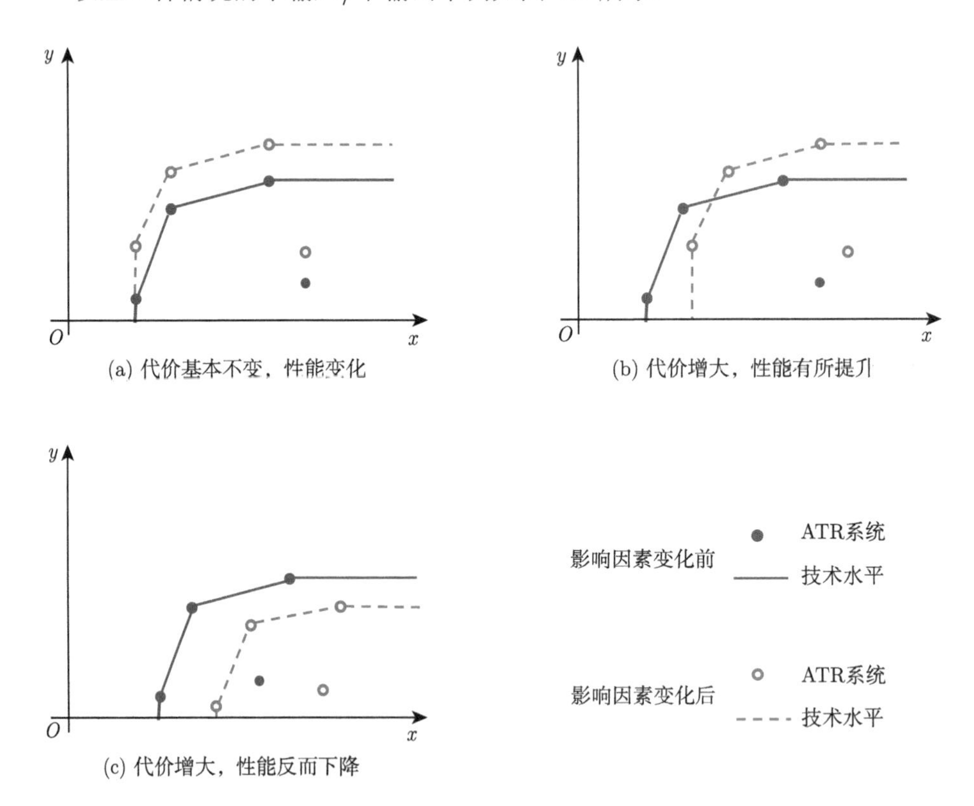

(a) 代价基本不变，性能变化

(b) 代价增大，性能有所提

(c) 代价增大，性能反而下降

图 6.2　因素变化对 ATR 性能–代价影响示意图

对于图 6.2(a) 所代表的情况, 应该尽可能地从输出角度来定义 MPI, 通过计算输出距离函数来避免无可行解情况的出现. 对于图 6.2(b)、(c) 所代表的情况, 则应该根据问题背景并结合实验结果谨慎地选择基期及距离函数类型. 例如, 对

图 6.2(b) 的情况, 应该以因素变化前的 ATR 技术水平 (折线 $B_0C_0D_0$) 为基期来计算邻期的输出距离函数, 或者以因素变化后的 ATR 技术水平 (折线 $B_1C_1D_1$) 为基期来计算邻期的输入距离函数. 反之, 则可能出现无可行解的情况, 如图 6.2(b) 中的点 D_1 和 B_0.

最后, 结合图 6.2 对 MPI 的定义形式做一点补充讨论. 很明显, 若采用几何均值形式的 MPI (如式 (6.12)), 需要分别以第 t 期和第 $t+1$ 期的生产函数作为参考技术来计算两个邻期的距离函数. 而对于图 6.2(c) 所代表的情况, 若以因素变化前的 ATR 技术水平 (折线 $B_0C_0D_0$) 为参考技术, 则无论是采用输入距离函数还是输出距离函数, 都将面临无可行解的情况, 如图 6.2(c) 中的点 C_0. 评估对象的代价增大, 性能反而下降的情况在 ATR 评估中并非罕见. 这也正是前面采用单期形式来定义 MPI 的另一个重要原因.

3. 评估指数的解释

生产理论中的 MPI 及其分解指数有着实际的经济含义. 当 MPI 应用于 ATR 评估后, 这些评估指数的含义又如何解释呢? 下面以单输入/单输出的情况为例 (如图 6.3 所示), 对这些评估指数的含义进行解释.

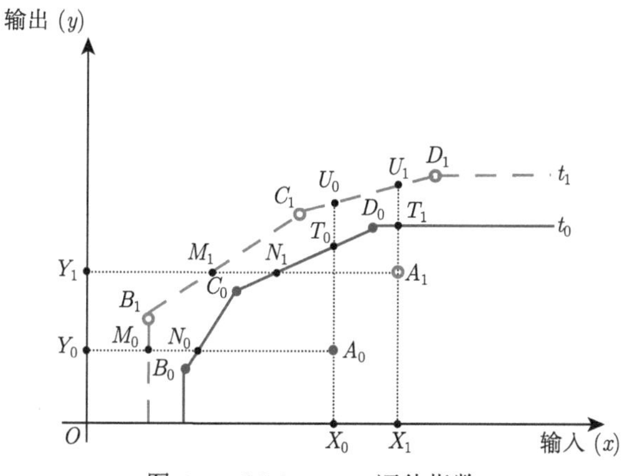

图 6.3　Malmquist 评估指数

图 6.3 给出了只有一个性能指标和一个代价指标时, 因素变化后评估对象指标值的变化. 图中实线表示因素变化前的最优 ATR 技术水平, 记作基期 t_0; 虚线表示因素变化后的最优 ATR 技术水平, 记作 t_1 期. 图中的点 A_0, B_0, C_0 和 D_0 分别表示基期 t_0 时 4 个评估对象的实验结果; 点 A_1, B_1, C_1 和 D_1 则表示 t_1 时期的实验结果.

将点 A 作为评估对象, 几个输出距离函数的几何图解为

$$
\begin{cases}
D_{OV}^{0}(A_0)=\dfrac{A_0X_0}{T_0X_0}\\[2ex]
D_{OV}^{1}(A_0)=\dfrac{A_0X_0}{U_0X_0}\\[2ex]
D_{OV}^{0}(A_1)=\dfrac{A_1X_1}{T_1X_1}\\[2ex]
D_{OV}^{1}(A_1)=\dfrac{A_1X_1}{U_1X_1}
\end{cases}
\tag{6.25}
$$

输入距离函数的几何图解相应为

$$
\begin{cases}
D_{IV}^{0}(A_0)=\dfrac{Y_0A_0}{Y_0N_0}\\[2ex]
D_{IV}^{1}(A_0)=\dfrac{Y_0A_0}{Y_0M_0}\\[2ex]
D_{IV}^{0}(A_1)=\dfrac{Y_1A_1}{Y_1N_1}\\[2ex]
D_{IV}^{1}(A_1)=\dfrac{Y_1A_1}{Y_1M_1}
\end{cases}
\tag{6.26}
$$

对于点 A 所代表的评估对象, 基于输出角度 MPI 及分解指数的几何图解为

$$
\begin{cases}
M_{OV}^{0}(A_0,A_1)=\dfrac{D_{OV}^{0}(A_1)}{D_{OV}^{0}(A_0)}=\dfrac{A_1X_1/T_1X_1}{A_0X_0/T_0X_0}\\[2ex]
\mathrm{TC}_{OV}=\dfrac{D_{OV}^{0}(A_1)}{D_{OV}^{1}(A_1)}=\dfrac{U_1X_1}{T_1X_1}\\[2ex]
\mathrm{EC}_{OV}=\dfrac{D_{OV}^{1}(A_1)}{D_{OV}^{0}(A_0)}=\dfrac{A_1X_1/U_1X_1}{A_0X_0/T_0X_0}
\end{cases}
\tag{6.27}
$$

而基于输入角度 MPI 及分解指数的几何图解为

$$
\begin{cases}
M_{IV}^{0}(A_0,A_1)=\dfrac{D_{IV}^{0}(A_0)}{D_{IV}^{0}(A_1)}=\dfrac{Y_0A_0/Y_0N_0}{Y_1A_1/Y_1N_1}\\[2ex]
\mathrm{TC}_{IV}=\dfrac{D_{IV}^{1}(A_1)}{D_{IV}^{0}(A_1)}=\dfrac{Y_1N_1}{Y_1M_1}\\[2ex]
\mathrm{EC}_{IV}=\dfrac{D_{IV}^{0}(A_0)}{D_{IV}^{1}(A_1)}=\dfrac{Y_0A_0/Y_0N_0}{Y_1A_1/Y_1M_1}
\end{cases}
\tag{6.28}
$$

参照图 6.3 及式 (6.27)、(6.28), 对上述评估指数逐一解释如下:

(1) Malmquist 生产率指数

Malmquist 生产率指数 (MPI) 的含义为: 当因素发生变化时, 评估对象的相对效率变化. 该指数反映了效率受因素作用的改变程度. MPI>1, 说明效率有所提高; MPI<1, 说明效率有所下降.

(2) 技术变化指数

技术变化指数 (TC) 的含义为: 当因素发生变化时, 最优技术水平的变化. 该指数反映了因素变化对技术前沿面所产生的移动作用. TC>1, 说明在参考点处的 ATR 技术水平有所提高; TC<1, 说明技术水平有所下降.

不难推断, 评估对象的数目足够多时, 平均技术变化指数反映出 ATR 技术前沿面的整体移动程度, 可作为一种衡量 ATR 技术水平变化的整体度量指标. 计算技术变化指数时, 评估对象的代价 (性能) 相同, 符合 ATR 扩展性 (量测性) 的基本思想. 因此可以说, 基于输出角度的平均技术变化指数是一种"平均最优"意义上的扩展性度量指标; 而基于输入角度的平均技术变化指数则是"平均最优"意义上的量测性度量指标. 这里"最优"指度量对象是 ATR 技术前沿面 (当前最优技术水平).

(3) 效率变化指数

效率变化指数 (EC) 的含义为: 当因素发生变化时, 评估对象距技术前沿面的变化情况. 该指数反映评估对象的效率对因素变化的适应能力. EC>1, 说明更接近技术前沿面, 效率较因素变化前有所提高; EC<1, 说明更远离技术前沿面, 效率较因素变化前有所下降.

6.4 评估实例

实例 6-1 沿用实例 5-1 中的面板数据和权重约束, 分析带宽变化对参评 ATR 系统效率和技术水平的实际作用.

1. 数据特性分析

先分析性能及代价指标值受带宽变化影响的特性. 将 2 个性能指标 (P_{CC}_#Test1、P_{CC}_#Test2) 和 3 个代价指标 (Num_add、Num_prod 和 Num_coeff) 两两组合, 构成 6 组单输入/单输出的情况, 如图 6.4 所示.

从图 6.4 中不难看出, 本实例中面板数据特性与图 6.4(b) 中的情况类似. 根据面板数据的特点, 决定采用基于输出角度的评估指数.

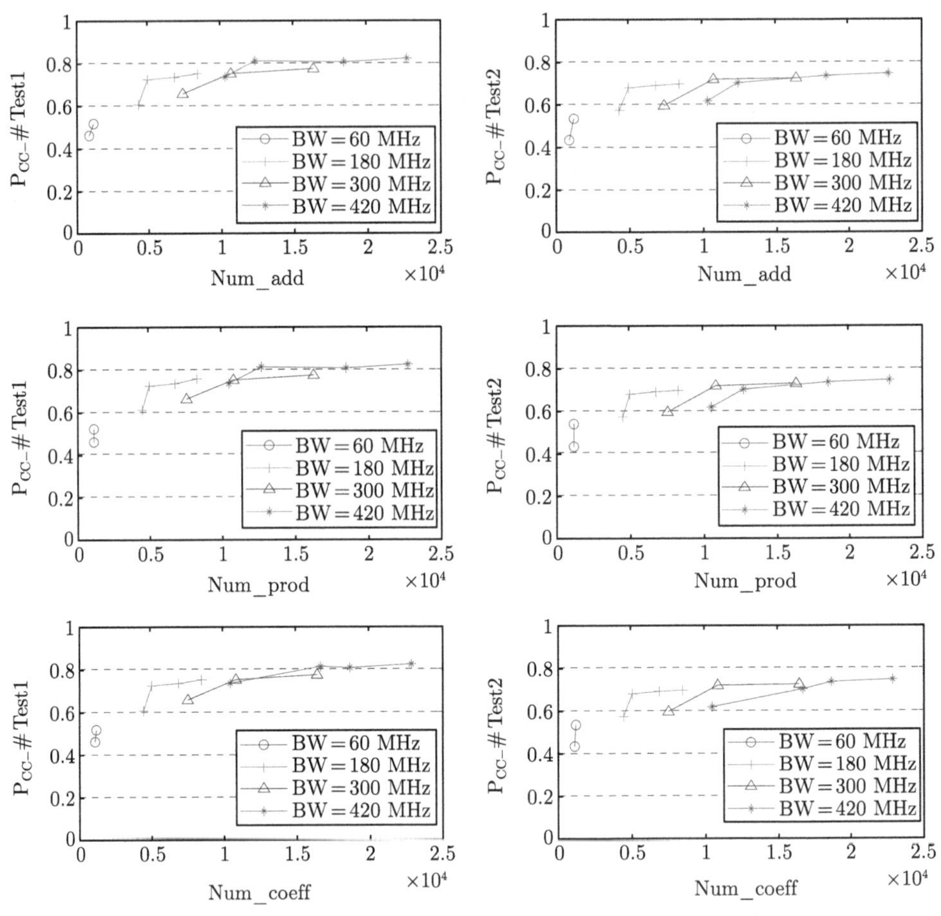

图 6.4　不同带宽条件下 DEA 有效系统的性能和代价指标

2. 评估结果

以带宽每增加 60MHz 为一期, 按式 (6.23) 和式 (6.24) 计算输出距离函数 (均以带宽较小的工作条件作为基期). 然后根据式 (6.19) 依次计算带宽从 60MHz 逐步增大到 480MHz 过程中, 18 个参评 ATR 系统的技术变化指数 TC_{OV} 和效率变化指数 EC_{OV}, 具体结果见表 6.1 和表 6.2.

从表 6.1 中不难看出, 带宽从 60MHz 增大到 240MHz 的过程中, 几乎所有 ATR 系统的技术变化都大于 1. 特别是当带宽从 60MHz 增大到 120MHz 时, 除系统 9 外, 所有系统的技术变化都大于 1.2. 这说明: 此次带宽增大使得 ATR 技术水平得到明显提升. 然而从 240MHz 增大到 480MHz 的过程中, 平均技术变化指数仅在 360~420MHz 一处略大于 1, 其余各处的平均指数都约等于 1. 这说明: 带宽增大到一定程度后, 对 ATR 技术水平的促进作用就趋于平缓, 出现了类似饱和的现象. 上述评估结果与多个研究机构的实验结论[11-13] 类同.

表 6.1 参评 ATR 系统的技术变化指数

ATR 系统编号	带宽变化/MHz						
	60~120	120~180	180~240	240~300	300~360	360~420	420~480
1	1.2494	1.0717	1.0416	0.9966	1.0128	1.0256	0.9866
2	1.2494	1.0717	1.0416	0.9966	1.0128	1.0256	0.9866
3	1.2494	1.0717	1.0416	0.9966	1.0128	1.0256	0.9866
4	1.2494	1.0717	1.0416	0.9966	1.0128	1.0256	0.9866
5	1.2433	1.0561	1.0306	0.9829	0.9756	1.0008	0.9883
6	1.2274	0.8809	0.8723	0.8582	0.9520	0.9807	1.0073
7	1.2494	1.0717	1.0416	0.9966	1.0128	1.0256	0.9866
8	1.2382	1.0558	1.0398	0.9894	1.0032	1.0248	0.9866
9	0.9151	1.0065	1.0144	0.9765	0.9954	1.0153	0.9794
10	1.2494	1.0717	1.0416	0.9966	1.0128	1.0256	0.9866
11	1.2403	1.0577	1.0416	0.9899	1.0037	1.0256	0.9866
12	1.2262	1.0397	1.0246	0.9818	0.9980	1.0159	0.9797
13	1.2494	1.0717	1.0416	0.9966	1.0094	1.0256	0.9866
14	1.2494	1.0717	1.0416	0.9883	0.9983	1.0116	0.9827
15	1.2494	1.0629	1.0332	0.9824	0.9614	0.9951	0.9968
16	1.2494	1.0717	1.0416	0.9966	1.0128	1.0256	0.9866
17	1.2494	1.0717	1.0416	0.9966	1.0100	1.0256	0.9866
18	1.2494	1.0639	1.0343	0.9827	0.9639	0.9957	0.9961
平均值	1.2269	1.0522	1.0282	0.9834	0.9978	1.0164	0.9879

表 6.2 参评 ATR 系统的效率变化指数

ATR 系统编号	带宽变化/MHz						
	60~120	120~180	180~240	240~300	300~360	360~420	420~480
1	0.9418	1.0269	1.0222	1.0145	1.0183	1.025	1.0226
2	0.9029	1.0671	0.9945	1.0217	1.0297	1.0393	0.9987
3	0.9052	1.0212	1.0234	1.0316	1.0365	1.0083	1.0238
4	0.9310	1.0455	1.0426	1.011	1.0335	0.9903	1.0176
5	0.8787	1.0977	1.0407	1.0056	1.0635	1.0093	1.0113
6	0.8964	1.2936	1	1	1	1	1
7	0.9634	1.0262	1.0317	1.0115	1.026	0.988	1.0495
8	0.9278	1.0681	1.0105	0.9915	1.0326	1.0011	1.0427
9	1	0.8888	0.9583	1.0053	1.032	0.9891	1.0233
10	1.0433	1	0.9933	1.0068	1	0.995	0.9985
11	1.0181	1	1	0.9980	0.9996	1.0024	0.9958
12	1	1	1	1	1	1	0.9953
13	0.9553	1.0216	1.0565	1.0072	1.0446	1.0359	1.0421
14	0.8908	1.0500	1.0885	0.9957	1.0593	1.0289	1.0247
15	0.9356	1.069	1.0583	1.0121	1.1143	1.011	1
16	0.9177	0.9745	1.0952	0.9691	1.0296	0.9347	1.0201
17	0.9525	0.9776	1.0258	0.9623	1.0739	0.9341	0.9858
18	0.9243	0.9819	1.0258	0.9894	1.0867	0.9629	0.9743
平均值	0.9436	1.0339	1.026	1.0018	1.0378	0.9975	1.0126

从表 6.2 中很难看到效率变化指数明显大于 1 或小于 1, 反映出参评 ATR 系统的相对效率随带宽变化的波动不大.

为从整体上把握带宽变化所起的作用, 将 60~480MHz 这 7 次变化过程中的评估指数取几何均值, 见表 6.3. 该表的数据说明: 在本实例中, 带宽每增大 60MHz, ATR 系统的效率值整体平均提高 3.6%. 其中, ATR 技术水平的提升起到了主要作用——带宽每增大 60MHz, 最优系统的整体平均性能提升幅度约为 3.1%.

表 6.3　带宽变化过程中评估指数的几何均值

ATR 系统编号	Malmquist 指数	技术变化指数	效率变化指数
1	1.0499	1.0432	1.0064
2	1.0473	1.0432	1.0039
3	1.0466	1.0432	1.0033
4	1.0488	1.0424	1.0061
5	1.039	1.0277	1.011
6	0.9783	0.9624	1.0166
7	1.0502	1.0432	1.0067
8	1.0422	1.0381	1.0039
9	0.9730	0.9906	0.9823
10	1.0477	1.0432	1.0044
11	1.041	1.039	1.002
12	1.0268	1.0292	0.9977
13	1.0557	1.0413	1.0138
14	1.0516	1.0368	1.0143
15	1.0486	1.027	1.0211
16	1.0371	1.0432	0.9942
17	1.0375	1.0414	0.9962
18	1.0315	1.0276	1.0038
平均值	1.0363	1.0312	1.0049

本 章 小 结

作为人工智能的一个重要分支, ATR 技术经过几十年的发展已日显成熟. 与其他许多人工智能的应用领域一样, ATR 所面临的主要问题仍然是机器化的算法或系统“只能”在有限的场景 (工作条件) 下发挥出色. 一旦环境中某些因素超出了设计者的预计范围, 目标识别性能就会受到不同程度的影响. 那么, 对于 ATR 评估而言, 如何分析影响因素的实际作用就成为一个现实而紧迫的任务. 实际上, 考察 ATR 性能受因素变化的影响一直就是 ATR 技术领域中的一项重要内容, 其根本原因就在于客观、准确的分析结果能够为 ATR 技术改进提供方向性的指导.

本章给出了一种扩展工作条件中的因素作用分析方法. 根据扩展工作条件下

ATR 测试结果具有的面板数据特征, 基于 Malmquist 生产率指数定量分析了因素变化对 ATR 技术变化和效率变化的作用, 提出了因素作用测算方法. 详细讨论了适用于 ATR 评估问题的 MPI 定义及其分解方式、距离函数计算、评估指数解释等技术细节, 得到了平均技术变化指数与扩展性 (量测性) 之间的内在联系. 本章在评估方法方面的贡献在于: 针对传统性能建模方法的实践困难, 结合 ATR 评估问题的实际特点, 从系统效率的角度分析影响因素对技术效率的实际作用, 突破了单纯性能建模方法的局限, 因而具有较高的理论与应用价值.

文献和历史评述

性能与因素关系的分析与建模, 也是 ATR 技术实用性检验研究中的重要内容, 大致可分为理论分析与实验归纳两类.

目前对 ATR 性能的理论分析又有两种方法: 统计法与信息论法. 顾名思义, 统计法的主要原理是先假设输入信号的统计分布, 再结合 ATR 技术途径, 对一些重要指标的极限值进行理论推导. 模式分类中的一些误差界 (如文献 [14] 的 Bhattacharyya 界、文献 [15] 的 Chernoff 界等) 可以用来分析识别性能的极限. 例如文献 [16] 采用高斯模型描述高分辨率雷达数据, 在此基础上分析了目标位置估计与识别的极限性能. 显然, 只有信号的统计分布符合实际情况, 这些理论性的分析更具实际意义. 因此, 在应用统计法之前需要检验相应的统计分布假设. 文献 [17] 在这方面给出了一个典范, 一开始就着手于验证高分辨率雷达目标 RCS 的统计模型.

与统计法不同, 信息论法从信息传输的角度来考察 ATR 问题, 将传感器与 ATR 系统都视为目标信息的传输通道, 并采用熵的概念来度量信息. 对 SAR 图像中目标的正确分类概率与图像分辨率的关系, 文献 [18] 根据信息论的观点建立了性能模型, 其理论预测与实验结果基本一致. 尽管统计法与信息论法的分析思路存在差异, 但二者均以概率论作为理论基础. 采用统计法或信息论法来预测 ATR 理论性能时, 存在一些原则性问题. 文献 [19] 从数学建模层面上分析了这些问题; 文献 [20] 则结合 SAR ATR 算法评估的应用背景, 研究了这两种方法 (文献 [20] 中的统计法仅局限于贝叶斯统计分析法) 的联系以及各自的局限性, 并且回顾了一些早期的应用研究实例.

实验归纳是一种更为直接的性能建模途径. 典型做法是根据实验结果拟合出性能与影响因素的关系模型, 以此进行 ATR 性能评估, 如文献 [1] 提出基于响应函数模型的性能评估. 文献 [21] 结合地面运动目标识别的应用背景, 针对目标类型数目构建 EOC 并给出了性能模型 (但是建模过程中没有系统代价约束); 文献 [11]、[12] 和 [13] 结合空空 (Air-to-Air, A-A) 背景中的飞行器识别问题, 针对雷达传感器带宽这一重要因素, 各自进行了独立研究并得到基本相符的结论. 文献 [22] 系统回顾了美国陆军实验室 (Army Research Laboratory, ARL) 自 20 世纪 80 年代中期就开始的一项有关成像 ATR 系统的性能评估工作, 文中通过试验手段给出了一些关键指标的性能曲线图, 但没有归纳得到性能模型. 文献 [1] 指出, 建立性能模型的困难之一在于如何度量输入图像的质量. 对此, 文献 [23]、[24] 和 [25] 提出了一系列度量红外图像质量的指标, 并在此基础上建立了用于性能分析的响应函数模型. 文献 [26] 还通过线性回归、Logistic 回归等方式, 研究了 ATR 算法性能与输入图像质量的内在联系.

本章在讨论影响因素作用时所采用的方法与以往很多方法不同, 其中一些重要的概念源自经济学中的 Malmquist 指数. 文献 [5] 和文献 [6] 分别从不同角度定义了 Malmquist 指数, 而文献 [6]、[8] 以及文献 [27] 更是相继对如何度量 MPI 进行了学术争鸣, 有兴趣的读者可以选择阅读.

参考文献

[1] 熊艳, 张桂林, 彭嘉雄. 自动目标识别算法性能评价的一种方法 [J]. 自动化学报, 1996, 22(2): 192-194.

[2] 孟令杰. 中国农业增长的效率分析 [D]. 南京: 南京农业大学, 1999.

[3] Malmquist S. Index numbers and indifference surfaces[J]. Trabajos de Estadistica, 1953, 4: 209-242.

[4] Shephard R W. Theory of Cost and Production Functions[M]. Princeton: Princeton University Press, 1970.

[5] Caves D W, Christensen L R, Diewert W E. The economic theory of index numbers and the measurement of input, output, and productivity[J]. Econometrica, 1982, 50(6): 1394-1414.

[6] Fare R, Grosskopf S, Norris M, Zhang Z. Productivity growth, technical progress, and efficiency change in industrialized countries[J]. The American Economic Review, 1994, 84(1): 66-83.

[7] Grifell-Tatjé E, Lovell C A K. A generalized Malmquist productivity index[J]. Sociedad de Estadistica e Investigacion Operativa, 1999, 7(1): 81-101.

[8] Ray S C, Desli E. Productivity growth, technical progress, and efficiency change in industrialized countries: comment[J]. The American Economic Review, 1997, 87(5): 1033-1039.

[9] 李发勇. 基于定向技术距离函数的技术效率测算及应用 [D]. 成都: 四川大学, 2005.

[10] Ray S C, Mukherjee K. Decomposition of the fisher ideal index of productivity: a non-parametric analysis of US airline data[J]. The Economic Journal, 1996, 106: 1659-1678.

[11] Rosenbach K, Schiller J. Non con-operative air target identification using radar imagery: identification rate as a function of signal bandwidth[A]. IEEE International

Radar Conference[C], 2000: 305-309.
[12] 黄培康, 殷红成, 许小剑. 雷达目标特性 [M]. 北京: 电子工业出版社, 2005.
[13] 闫锦. 基于高距离分辨像的雷达目标识别研究 [D]. 北京: 中国航天科工集团第二研究院, 2004.
[14] Bhattacharyya A. On a measure of divergence between two statistical populations defined by their probability distribution[J]. Bulletin of the Calcutta Mathematical Society, 1943, 35: 99-100.
[15] Chernoff H. A measure of asymptotic efficiency for tests of a hypothesis based on the sum of observations[J]. The Annals of Mathematical Statistics, 1952, 23: 493-507.
[16] O′Sullivan J A, Jacobs S P, Kedia V. Stochastic models and performance bounds for pose estimation using high-resolution radar data[A]. Algorithms for Synthetic Aperture Radar Imagery V[C], 1998, Orlando, FL, USA, SPIE 3370: 576-587.
[17] Holt C, Attili J, Schmidt S. Validation of a Chi2 model of HRR target RCS variability and verification of the resulting ATR performance model[A]. Automatic Target Recognition XI[C], 2001, Orlando, FL, USA, SPIE 4379: 229-235.
[18] Horne A M. Information theory for the prediction of SAR target classification performance[A].Algorithms for Synthetic Aperture Radar Imagery VIII[C], 2001, SPIE 4382: 404-415.
[19] Mcclure D E. Vision strategies and ATR performance: a mathematical statistical framework and critique[R]. Brown University, 2004.
[20] Dudgeon D E. ATR performance modeling and estimation[R]. MIT Lincoln Laboratory, Technical Report 1051, 1998.
[21] Williams R, Westerkamp J. Automatic target recognition of time critical moving targets using 1D high range resolution (HRR) radar[J]. IEEE AES Systems Magazine, 2000, 15(4): 37-43.
[22] Ratches J A, Walters C P, Buser R G, Duenther B D. Aided and automatic target recognition based upon sensory inputs from image forming systems[J]. IEEE Trans. on Pattern Analysis and Machine Intelligence, 1997, 19(9): 1004-1019.
[23] 李敏, 周振华, 张桂林. 自动目标识别算法性能评估中的图像度量 [J]. 红外与激光工程, 2007, 36(3): 412-416.
[24] 张桂林, 熊艳, 曹伟烜, 李强. 一种评价自动目标检测算法性能的方法 [J]. 华中理工大学学报, 1994, 22(5): 46-50.
[25] 周川, 张桂林, 陈鸿翔, 彭嘉雄. 基于试验设计的 ATR 算法的性能评价 [J]. 华中理工大学学报, 1996, 24(2): 43-45.
[26] Chen Y, Chen G S, Blum R S, Blasch E. Image quality measures for predicting automatic target recognition performance[J]. 2008.
[27] Fare R, Grosskopf S, Norris M, Zhang Z. Productivity growth, technical progress, and efficiency change in industrialized countries: reply[J]. The American Economic Review, 1997, 87(5): 1040-1043.

第 7 章　性能预测与可信度检验

7.1　引　　言

在 ATR 系统性能评估问题中, 非合作目标的样本数据通常是十分有限的, 甚至很少, 往往演变成小样本评估问题. 这种情况下传统的统计学预测方法难以取得理想的效果. 支持向量机 (Support Vector Machine, SVM) 依据结构风险最小化原则, 有效解决机器学习中泛化能力不强问题, 其拓扑结构由支持向量决定, 克服了传统神经网络拓扑结构很大程度上取决于网络设计者主观经验的缺陷[1]. 同时在训练数据较少的情况下也具有很好的推广能力, 能够有效解决非线性、小样本以及高维数问题. 目前, 支持向量机广泛应用于故障诊断、性能预测等领域[2-6]. 基于支持向量机的预测评估方法用于解决 ATR 系统性能评估问题中, 以解决小样本的 ATR 评估问题.

在 ATR 系统性能评估中, 评估结果的可信度是我们尤为关注的一个问题. 稳健可靠的评估结果能够帮助决策者得出正确的评估结论, 反之则会严重影响评估结论的正确性和有效性. 在性能评估过程中往往存在诸多不确定性, 如评估专家的主观性、评估数据的不确定性、评估方法选取的片面性等, 这些因素都会影响评估结论的可信性, 因此需要对评估结果进行检验, 也就是进行可信度评估. 可信度评估是指对仿真系统或模型的可信程度进行分析、计算和评估. 可信度评估的层次与性能评估的层次通常不一致, 难以在评估过程本身的层次上完成对评估结果可信度的测度与控制. 于是, 需要一种更高层次的评估策略. 这种评估策略既可以包括原评估过程, 还可全面观测分析原评估过程, 进而形成一个可测控评估结果可信度的过程回路. 目前针对评估结果的可信度测评主要依靠专家评判的方法, 如模糊综合评估方法, 这种评估结果可信度分析方法虽然有一定的可以借鉴的地方, 但仍存在一些主观因素的影响. 而 DS 证据理论在信度推理和信息聚合等方面表现出优良的性能, 可以减少主观因素所造成的偏差, 因此选择 DS 证据理论作为可信度分析的理论基础.

7.2　基于优化支持向量机的性能预测

7.2.1　支持向量机基本原理

支持向量机是 Vapnik 等基于统计学习理论提出的一种机器学习方法.[7] 其原理是把非线性的训练数据通过核函数映射到 Hilbert 空间, 即高维特征空间, 并根据结构风险最小化原则在高维空间构建线性回归函数. 支持向量机类似于一个神经网络的形式, 将多个中间节点进行线性组合得到输出结果, 而每个中间节点相当于输入样本和一个支持向量的内积, 所以又被叫做支持向量网络, 如图 7.1 所示.

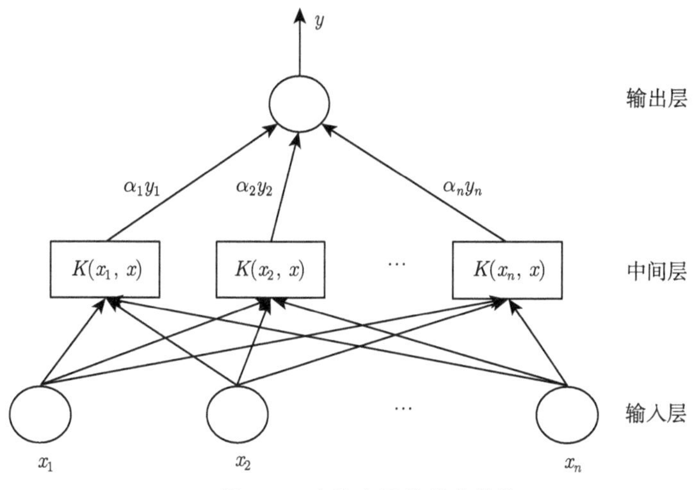

图 7.1 支持向量机基本结构

对于回归分析问题, 给定训练样本 $D = \{(x_1, y_1), (x_2, y_2), \cdots, (x_m, y_m)\}, y_i \in \mathbf{R}$, 传统的回归分析模型通常基于模型输出值 $f(x)$ 与真实输出值 y 之间的差异来直接计算损失值, 当且仅当 $f(x)$ 与 y 完全相等时, 损失值才为零. 然而, 对于支持向量回归 (Support Vector Regression, SVR) 能够容忍 $f(x)$ 和 y 之间至多存在 ε 的偏差, 也就是当 $f(x)$ 和 y 之间的差异绝对值大于 ε 时才计算损失值, 如图 7.2 所示.

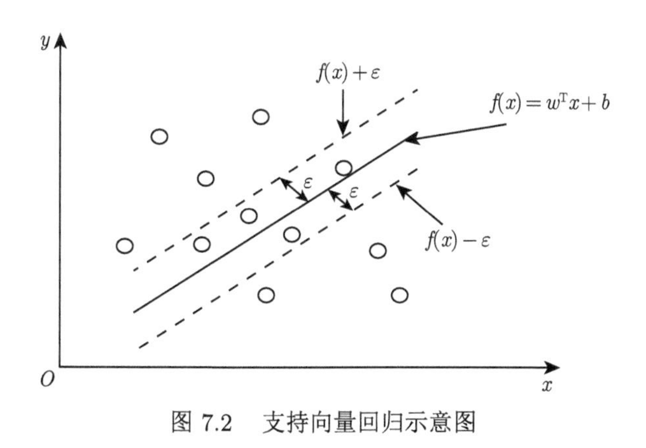

图 7.2 支持向量回归示意图

从图 7.2 可以看出, 以 $f(x)$ 为中心, 构建了一个 2ε 宽度的间隔带, 如果训练样本在此间隔带中, 则被认为是预测正确的, 不计算损失.

支持向量机核函数的选择对其性能有着至关重要的影响, 尤其是针对在处理线性不可分的数据时更为显著. 核函数的功能是通过映射关系将空间中线性的、不可分割的数据映射到一个高维的特征空间中, 使线性不可分的数据在这个高维特征空间是可分的. 我们定义这种映射关系为 $\varphi(x)$. 但由于从输入空间到高维特征空间的这种映射关系会造成维度爆炸式增长, 进而极大地加大运算量, 所以需要构造一个核函数:

$$K(x_i, x_j) = \langle \varphi(x_i), \varphi(x_j) \rangle = \varphi(x_i)^{\mathrm{T}} \varphi(x_j) \tag{7.1}$$

以避免数据在高维特征空间内的计算, 仅仅需要在输入空间就可以进行特征空间的内积运算.

这里选择式 (7.2) 所示的 RBF 高斯径向基函数作为支持向量机的核函数, 原因在于该核函数的应用范围最广, 无论对于大样本还是小样本数据都具有比较好的性能, 可以直观地反映两个数据之间的距离.

$$k(x_i, x_j) = \exp\left(-\frac{\|x_i - x_j\|^2}{\sigma^2}\right) \tag{7.2}$$

式 (7.2) 中, σ 为高斯核函数的覆盖宽度.

在确定核函数和样本数据的条件下, SVM 模型的预测能力主要受惩罚因子 C 以及核函数参数 g 的影响[8]. 惩罚因子 C 主要决定着由训练样本数据产生的经验风险对 SVM 模型性能的影响, 也就是经验风险与惩罚因子 C 之间呈正相关关系, 当 C 值趋于无穷大时, SVM 的经验风险趋于结构风险; 而当 C 值趋于零时, 由于 SVM 模型不能获取到样本信息, SVM 模型就无法解决问题, 模型失效. 核函数参数 g 主要通过改变映射函数进而影响高维特征空间中样本数据分布的复杂程度, 当 g 值较大时, 会出现欠学习现象, 此时训练误差和测试误差都很大; 当 g 值较小时, 会出现过学习现象, 此时训练误差小而测试误差大. 本书提出改进的灰狼优化算法对 SVM 惩罚因子 C 和核函数参数 g 进行更为精确的寻优, 进而为提高支持向量机的预测能力提供保障.

7.2.2 基于立方混沌和自适应策略的灰狼优化算法

Mirjalili 等根据对自然界灰狼种群的等级层次机制研究和捕食行为的模拟, 提出来了一种新型智能优化算法——灰狼优化 (Grey Wolf Optimizer, GWO) 算法[9]. 灰狼优化算法原理简单, 所需要的参数相对较少, 在函数优化问题求解中的性能要明显优于差分进化算法 (DE)、粒子群算法 (PSO) 和遗传算法 (GA) 等方法[10]. 但和其他智能优化算法一样, 在解决复杂的优化问题时也存在着收敛精度不高、易陷于局部最优、难以搜索到全局最优解等缺点. 因此, 下面针对传统灰狼优化算法所存在的不足, 提出一种改进的灰狼优化 (CAGWO) 算法.

1. 灰狼优化算法原理

自然界中, 灰狼具有严格的等级层次结构, 从上到下狼群可以分为四个阶层, 分别为 α, β, δ 和 ω. 灰狼的等级依次降低, 数量依次增加. 其中 α 为领头狼, 主要负责对狼群事务做出决策; β 为副领头狼, 负责协助领头狼 α 处理事务; δ 为普通狼, 主要负责侦查、捕猎等; ω 为最底层狼, 由 α, β, δ 指挥.

在灰狼算法中, 灰狼算法按照灰狼的捕食行为主要分为搜索追踪猎物、包围猎物和攻击猎物这三个阶段, 灰狼算法中位置更新过程如图 7.3 所示.

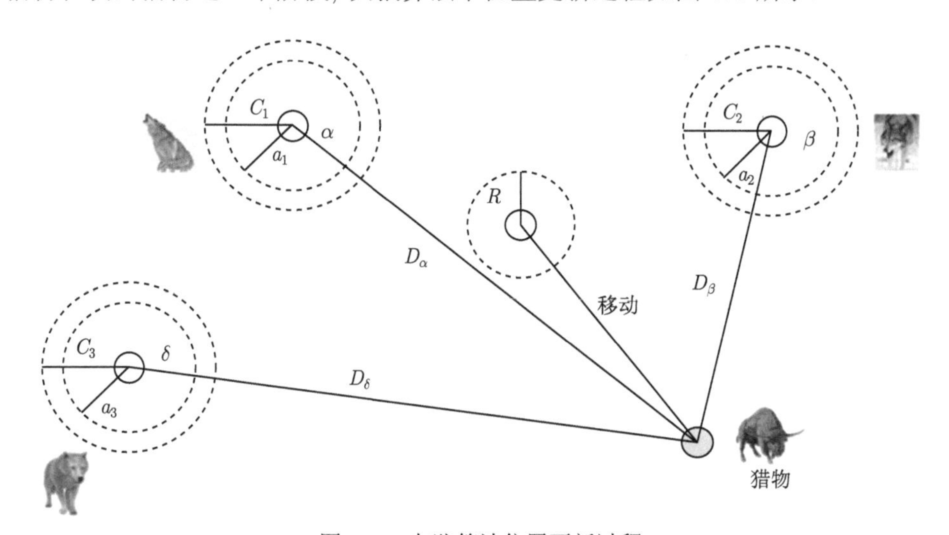

图 7.3 灰狼算法位置更新过程

在整个狩猎过程中, 灰狼群体中每个个体对应着一个潜在的解, 而在灰狼群体中的灰狼 α 等级、β 等级、δ 等级分别对应位置信息的最优解、次优解以及第三优解, 猎物的位置由这 3 个解所决定, ω 狼群根据前 3 个等级狼群的位置信息, 计算与猎物之间的距离, 逐渐逼近猎物.

灰狼个体和猎物之间的距离为

$$D = |C \cdot X_p(t) - X(t)| \tag{7.3}$$

式 (7.3) 中, $X(t)$ 为目前灰狼个体所处的位置, $X_p(t)$ 为当前猎物所处的位置. C 为扰动系数, 其计算公式如下所示:

$$C = 2r_1 \tag{7.4}$$

式 (7.4) 中, r_1 是区间 [0, 1] 内的随机数.

灰狼位置更新为

$$X(t+1) = X_p(t) - AD \tag{7.5}$$

式 (7.5) 中, A 为收敛系数, 当 $|A| > 1$ 时进行全局搜索, 当 $|A| < 1$ 时进行局部搜索. A 的值由以下公式所决定:

$$A = a(2r_2 - 1) \tag{7.6}$$

式 (7.6) 中, r_2 为区间 [0, 1] 内的随机数, a 为收敛控制参数, 由 $a = 2(1 - t/t_{\max})$ 所决定, 取值范围为 [0, 2], $t_{\max}$ 是最大的迭代次数.

捕食猎物过程表示为

$$\begin{cases} D_\alpha = |C_1 X_\alpha(t) - X(t)| \\ D_\beta = |C_2 X_\beta(t) - X(t)| \\ D_\delta = |C_3 X_\delta(t) - X(t)| \end{cases} \tag{7.7}$$

$$\begin{cases} X_1 = X_\alpha - A_1 D_\alpha \\ X_2 = X_\beta - A_2 D_\beta \\ X_3 = X_\delta - A_3 D_\delta \end{cases} \tag{7.8}$$

$$X_P(t+1) = \frac{X_1 + X_2 + X_3}{3} \tag{7.9}$$

式 (7.7) 分别求出猎物与 α, β, δ 狼之间的距离, 并根据公式 (7.8) 做位置的更新, 最后通过式 (7.9) 得到个体向猎物移动的方向.

灰狼算法通过不断缩小搜索范围, 逼近猎物以及更新灰狼位置进而完成捕食过程. 最终, α 所处的位置即为猎物的位置.

2. 改进的灰狼优化算法

(1) 混沌初始化种群

对于根据种群迭代取优的群体智能优化算法来讲, 种群的初始多样性程度直接影响着算法的搜索效率和搜索精度[11]. 基本 GWO 算法在搜索空间中随机初始化灰狼种群, 这样可能会导致初始种群的多样性较差, 影响算法的搜索效率和精度.

针对这一问题, 为使种群有较高的多样化, 采用混沌算法初始化种群使其尽量均匀分布. 尽管混沌似乎是随机的, 但它隐含着精细的内部结构, 具有遍历性、随机性和规律性, 并且能够在一定范围内根据自身规律不重复地达到所有状态[12].

在以往的研究中, 采用最多的混沌映射是 Logistic 映射, 然而它在映射点边缘处密度很高而在区间中央密度较低, 遍历性较差, 影响寻优的速度和算法的效率[13]. 文献 [14] 证明立方映射产生的序列在均匀性方面要明显优于通过 Logistic 映射所产生的初始化序列, 因而, 使用立方映射对灰狼种群进行初始化.

立方映射表达式如下所示:

$$y(n+1)=4y(n)^3-3y(n),\quad n=0,1,\cdots,L \tag{7.10}$$

式 (7.10) 中, $y(n)\in[-1,1]$.

将立方混沌映射用于灰狼种群的初始化的步骤如下:

步骤 1 对于 D 维空间中的 N 个灰狼个体, 首先随机产生一个 D 维向量, 作为第一个灰狼个体, 即 $Y=(y_1,y_2,\cdots,y_d)$, 其中 $y_i\in[-1,1]$, $1\leqslant i\leqslant d$.

步骤 2 利用式 (7.10) 对 Y 的每一维进行 $N-1$ 次迭代, 进而产生其余 $N-1$ 个灰狼个体.

步骤 3 将产生的混沌变量按照下式映射到解的搜索空间:

$$x_i^d=L^d+(1+y_i^d)\frac{U^d-L^d}{2} \tag{7.11}$$

式 (7.11) 中, y_i^d 是利用式 (7.10) 产生的第 i 个灰狼的第 d 维, U^d 和 L^d 分别是搜索空间第 d 维的上下限, x_i^d 即为第 i 个灰狼在搜索空间第 d 维的坐标.

(2) 收敛控制参数调整

由上面分析可知当 $|A|>1$ 时进行全局搜索, 当 $|A|<1$ 时进行局部搜索, 收敛系数 A 直接决定灰狼 (GWO) 算法的全局搜索和局部搜索能力. 收敛系数 A 又由收敛控制参数 a 来决定, 然而收敛控制参数 a 线性递减的方法并不能很好地体现整个搜索过程[15]. 基于此, 提出一种非线性收敛控制参数调整方法, 公式如下所示:

$$a=2-2\cdot\frac{1}{1-e^{-1}}\left(1-e^{-\frac{t}{t_{\max}}}\right) \tag{7.12}$$

式 (7.12) 中, e 为自然指数, t 为迭代次数, $t_{\max}$ 为最大迭代次数, 改进前后收敛控制参数 a 变化趋势如图 7.4 所示.

从图 7.4 可以看出, 改进后的收敛控制参数 a 在迭代初期值较大, 变化较快, 有利于提高搜索的速度, 探索能力较强, 跳出局部最优; 到了算法迭代后期, 收敛控制参数 a 的值较小, 变化较慢, 有利于提高搜索的精度, 进而获得全局最优解.

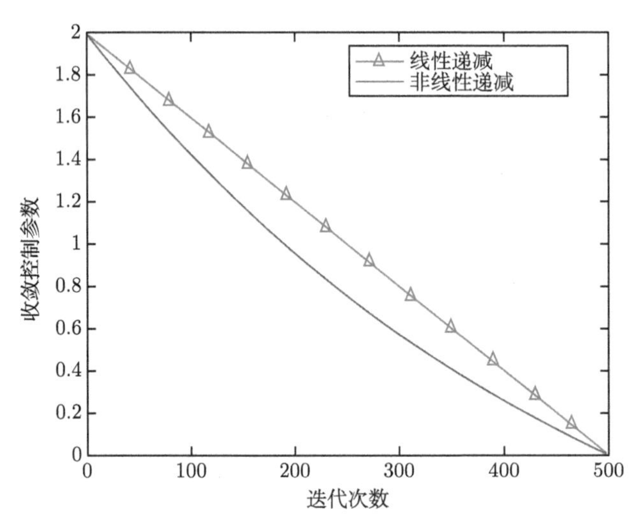

图 7.4　改进前后收敛控制参数 a 变化趋势图

(3) 基于种群适应度值的位置更新

在传统 GWO 算法中, 由式 (7.9) 可知, α, β 和 δ 在位置更新的过程中起到了同等重要的作用. 实际上, 种群位置的更新应当在考虑所有解的前提下向最优解 α 靠近, 这样才能体现出灰狼捕食行为的真实情况. 基于此, 提出一种根据不同等级个体适应度大小的位置更新策略[16], 如下所示:

$$X^d(t+1) = \sum_{i=\alpha,\beta,\delta} w_i X_i^d(t+1) \tag{7.13}$$

式 (7.13) 中, $w_i(i=\alpha,\beta,\delta)$ 表示为 α, β, δ 的适应度占三者总适应度的比值, 由下面式子所确定:

$$w_i = \frac{f(X_i(t))}{f(X_\alpha(t)) + f(X_\beta(t)) + f(X_\delta(t))} \tag{7.14}$$

式 (7.14) 中, $f(X_i(t))$ 表示第 i 只狼在第 t 代的适应度值.

(4) 改进型 GWO 算法步骤

综上所述, 本书所提出来的改进型 GWO 算法步骤如图 7.5 所示.

步骤 1　设置算法参数.

设置灰狼种群规模为 N, 最大的迭代次数为 $t_{\max}$, 以及初始化 a, A 和 C.

步骤 2　初始化种群.

立方映射初始化种群 X_i, $i=1,2,\cdots,N$.

步骤 3　计算种群中每个个体的适应度并排序.

计算个体的适应度值 $f(X_i)$, $i=1,2,\cdots,N$, 并记录最优解 α, 次优解 β, 第三优解 δ, 以及所对应的位置 X_α, X_β 和 X_δ.

步骤 4 更新各参数.

按照式 (7.12) 更新收敛控制参数 a, 按照式 (7.6) 更新收敛系数 A, 按照式 (7.4) 更新扰动系数 C.

步骤 5 更新种群个体位置.

根据公式 (7.7)、(7.8)、(7.13) 和 (7.14) 计算并更新个体的位置.

步骤 6 计算选择较好的个体.

计算种群中个体的适应度, 最优解 α, 次优解 β, 第三优解 δ, 以及所对应的位置 X_α, X_β 和 X_δ.

步骤 7 判断是否达到终止条件.

判断是否达到最大的迭代次数或者达到预定的精度, 如果达到, 则进入步骤 8, 否则返回执行步骤 3.

步骤 8 算法结束.

返回最优灰狼个体位置 X_α.

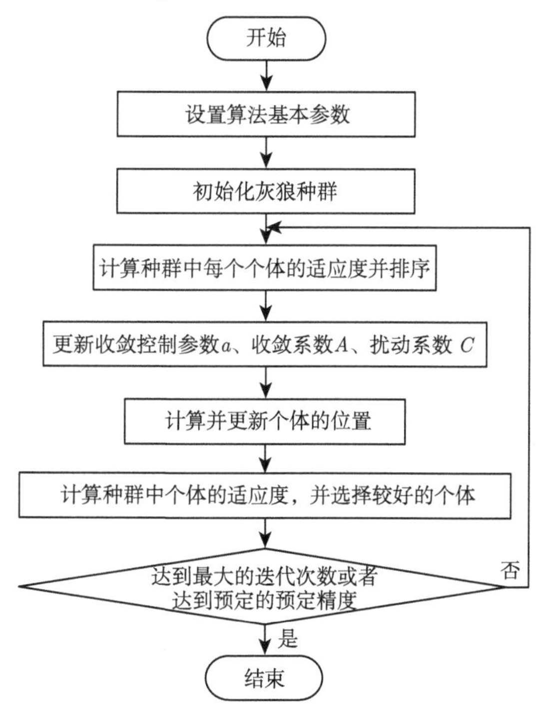

图 7.5 基于立方混沌和自适应策略的灰狼优化算法流程

7.2.3 CAGWO-SVM 回归预测评估方法

这里将 CAGWO 算法和 SVM 方法有机结合建立 ATR 系统性能回归预测方法. 采用 CAGWO 算法来寻求 SVM 的最佳惩罚因子 C 以及核函数参数 σ, 进而以提高方法的回归预测能力. CAGWO-SVM 回归预测方法的原理如图 7.6 所示.

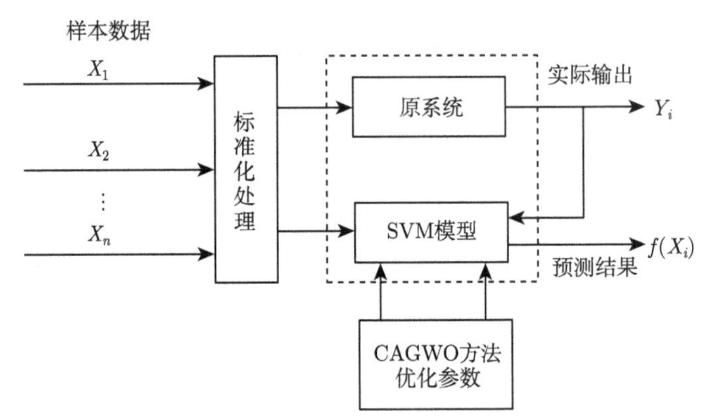

图 7.6　CAGWO-SVM 回归预测方法原理

具体步骤如下.

步骤 1　样本数据预处理.

构建 CAGWO-SVM 回归预测模型前, 首先需要对样本数据进行归一化处理, 使得数据值在区间 $[0,1]$ 上.

步骤 2　设定相关参数.

设置灰狼种群大小 N、最大迭代次数 $t_{\max}$、收敛系数 A 和收敛控制参数 a, 设定支持向量机模型参数 C, g 的寻优范围.

步骤 3　对灰狼个体进行操作.

对每个灰狼个体进行如下操作:

(1) 将灰狼位置分解成 SVM 惩罚因子 C 和核函数参数 g;

(2) 混沌初始化灰狼的位置;

(3) 根据设定的参数对模型进行预训练, 并计算灰狼个体的适应度值.

步骤 4　更新灰狼个体位置.

比较每个灰狼个体的适应度值, 记录最优解 α、次优解 β 和第三优解 δ, 以及所对应的位置 X_α, X_β 和 X_δ, 然后更新个体位置.

步骤 5　重复步骤 3 和步骤 4, 直至达到最小的适应度值或者达到最大的迭代次数.

步骤 6　返回最优灰狼个体位置 X_α, 即优化后的惩罚因子 C 和核函数参数 g.

步骤 7　将得到的最优参数用于模型的训练, 比较模型预测值和真实值之间的误差.

7.2.4 性能预测实例

采用优化支持向量机的预测评估方法对雷达景象匹配 ATR 系统进行预测评估能够解决 ATR 系统性能评估问题中小样本、低精度的问题. 为了解 ATR 系统在实际工作中的性能状态提供参考, 进而提升整个武器系统的作战效能.

(1) 样本选择

本章选取雷达景象匹配制导装置性能指标对其进行评估, 选取的指标包括视角范围 T_1、成像实时性 T_2、空间分辨率 T_3、图像动态范围 T_4、辐射分辨率 T_5、积分旁瓣比 T_6、匹配定位实时性 T_7、定位精度 T_8 以及最大匹配搜索区域 T_9. 选取仿真得到的 50 组归一化的样本数据作为实验数据, 每个样本均包括与评估指标对应的多维输入参数和雷达景象匹配 ATR 系统的综合评估值 (以 S 表示), 如表 7.1 所示.

表 7.1 训练样本以及测试样本

样本	T_1	T_2	T_3	T_4	T_5	T_6	T_7	T_8	T_9	S
1	0.21	0.576	0.26	0.53	0.67	0.563	0.762	0.53	0.152	0.47
2	0.16	0.659	0.24	0.32	0.84	0.432	0.363	0.54	0.154	0.43
3	0.14	0.631	0.23	0.71	0.88	0.478	0.766	0.91	0.158	0.53
...	...	...	...	...	...	...	...	...	...	...
48	0.11	0.721	0.27	0.61	0.106	0.828	0.566	0.59	0.158	0.4502
49	0.32	0.734	0.26	0.53	0.54	0.789	0.681	0.51	0.184	0.4931
50	0.22	0.614	0.24	0.51	0.51	0.904	0.798	0.52	0.096	0.4901

这里以均方误差 MSE(Mean Squared Error) 和平均绝对百分比误差 MAPE(Mean Absolute Percentage Error) 两个指标来评估模型的性能和预测效果, 当 MSE 和 MAPE 的值越小, 表明模型回归预测性能越好. 二者表达式如下:

$$\mathrm{MSE} = \frac{1}{s}\sum_{i=1}^{s}(y_i' - y_i)^2 \tag{7.15}$$

$$\mathrm{MAPE} = \frac{100\%}{m}\sum_{i=1}^{m}|(y_i' - y_i)/y_i| \tag{7.16}$$

式 (7.15) 中, 当 MSE 作为改进灰狼优化算法的适应度函数时, s 为训练样本个数 n; 当 MSE 作为评估模型性能和预测效果的指标时, s 为测试样本个数 m.

(2) 预测评估结果及分析

这里选取实验样本数据中前 35 组作为训练数据, 后 15 组作为测试数据. 算法的各参数设置如下: 灰狼种群规模为 50, 惩罚因子 C 和核函数参数 g 的初始搜索范围分别是 [0.01, 100] 和 [0.01, 100]. 当迭代 300 次后, 适应度值达到最小, 采用改进后灰狼算法对参数寻优的结果如表 7.2 所示.

表 7.2 CAGWO 算法参数寻优结果

参数寻优方法	适应度值	惩罚因子 C	核函数参数 g
CAGWO	3.39×10^{-5}	10.16	0.01

测试样本训练结果如表 7.3 所示. 可以看出, 在一定训练条件下, CAGWO-SVM 评估模型计算的雷达景象匹配 ATR 系统性能预测值与评估值非常接近, 拟合效果较好. 同时, 比较好地拟合从达景象匹配 ATR 系统性能评估指标到整体性能的映射, 具有相当好的泛化能力.

表 7.3 测试样本训练结果

样本	评估值	预测值	训练误差
36	0.4701	0.4719	0.38%
37	0.4608	0.4660	1.12%
38	0.4892	0.4947	1.13%
39	0.4993	0.4893	2.00%
40	0.4901	0.4887	0.28%
41	0.4803	0.4702	2.10%
42	0.4605	0.4598	0.14%
43	0.4708	0.4642	1.41%
44	0.4784	0.4778	0.12%
45	0.4912	0.4880	0.64%
46	0.4952	0.4917	0.72%
47	0.5104	0.5026	1.52%
48	0.4502	0.4580	1.73%
49	0.4931	0.4892	0.79%
50	0.4901	0.4838	1.28%

7.3 基于改进证据理论的评估结果可信度检验方法

7.3.1 证据理论基本原理

DS 证据理论是对贝叶斯理论的扩展, 作为一种不确定性推理的理论, 它不需要先验知识, 采用 “区间” 的方法描述不确定信息, 解决了不确定信息的表示问题, 在区分模糊信息和精确反映证据源聚合方面表现出很大的优势. 下面介绍一下 DS 证据理论的基本概念和方法.

(1) 基本概念

假设 Θ 表示一个识别框架, 它是关于所讨论命题的所有可能解或相互独立的假设的一个穷举集合. 设 Θ 中元素的个数为 N 个, 则 Θ 的幂集表示为 2^{Θ}, 它是 Θ 的所有子集的集合, DS 证据理论提供计算 Θ 中所有幂集元素之间的逻辑, 进而对这个辨识框架 Θ 进行相应运算. 然后利用所得到的计算结果来度量命题的不确定性程度.

定义 7.1 设 Θ 为一识别框架, 函数 $m:2^{\Theta}\rightarrow[0,1]$ 满足:

$$m(\varnothing)=0,\quad \sum_{A\subseteq\Theta}m(A)=1 \tag{7.17}$$

则称 m 为 Θ 上的基本概率分配函数, 也就是 BPA 函数. $m(A)$ 为 A 的基本概率数, 反映证据对识别框架 A 的支持程度.

定义 7.2 若 $\forall A\subseteq\Theta, m(A)>0$, 则称 A 是 m 的一个焦元, 所以焦元的并集称为核, 用 $C=\bigcup\limits_{A\subseteq\Theta,m(A)>0}A$ 来表示.

定义 7.3 信度函数 (Belief function, Bel): $2^{\Theta}\rightarrow[0,1]$ 满足

$$\operatorname{Bel}(A)=\sum_{B\subseteq A}m(B) \tag{7.18}$$

$\operatorname{Bel}(A)$ 表示证据对 A 的总的信任程度.

定义 7.4 似然函数 (Plausibility function, Pl): $2^{\Theta}\rightarrow[0,1]$ 满足

$$\operatorname{Pl}(A)=1-\operatorname{Bel}(A^{\mathrm{c}})=\sum_{B\subset A}m(B) \tag{7.19}$$

式 (7.19) 中, A^{c} 表示集合 A 识别框架 Θ 上的补集, 似然函数 Pl 表示证据对 A 不否定的信任程度.

$\operatorname{Bel}(A)$ 表示证据对 A 的总的信任程度, $\operatorname{Pl}(A)$ 表示证据对 A 不否定的信任程度, 显然有 $\operatorname{Pl}(A)\geqslant\operatorname{Bel}(A)$, 以 $\operatorname{Pl}(A)-\operatorname{Bel}(A)$ 表示对 A 不知道的信息. 信任区间 $[\operatorname{Bel}(A),\operatorname{Pl}(A)]$ 表示 A 的不确定区间. 它们之间的关系如图 7.7 所示.

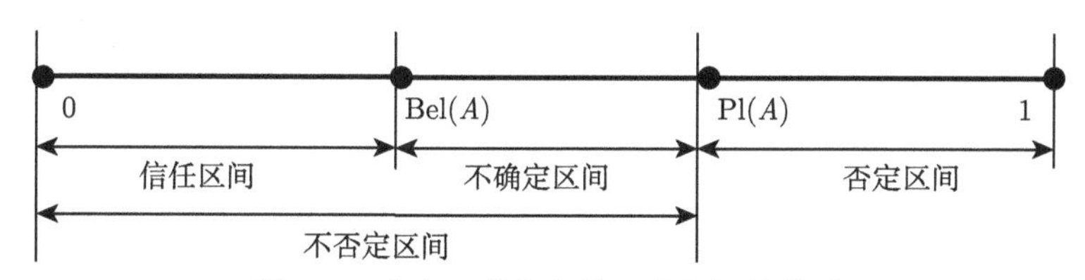

图 7.7 信任函数与似然函数之间的关系

(2) DS 证据理论组合规则

对于相同的证据来说, 由于证据源不一样, 所得到的概率分配函数也不同. 要想获得合理的判断结果, 需要有一定的组合规则对这些基本概率分配函数进行融合处理. DS 证据理论正是用于解决不确定信息环境下多个证据之间相互作用的组合规则. 它根据多个证据的信任函数, 通过正交和组合规则得到一个总的信任函数, 而该总的信任函数就可以表示以上多个信任函数, 通过这种方法实现对相关联证据的融合处理.

设 $m_1, m_2, \cdots, m_n$ 为识别框架 Θ 上 n 个相互独立的基本概率分配函数, 它们的 DS 合成 $m = m_1 \oplus m_2 \oplus \cdots \oplus m_n$ 为

$$m(A) = \begin{cases} \dfrac{\sum\limits_{\cap A_i = A} \prod\limits_{1 \leqslant j \leqslant n} m_j(A_i)}{1-k}, & A \neq \varnothing \\ 0, & A = \varnothing \end{cases} \tag{7.20}$$

式 (7.20) 中, $k = \sum\limits_{\cap A_i = \varnothing} \prod\limits_{1 \leqslant j \leqslant n} m_j(A_i)$ 称为冲突系数, 用来反映各证据在融合过程中的冲突程度, $0 \leqslant k \leqslant 1$, k 值越大, 则证据之间的矛盾越明显, 冲突程度越激烈. 当 $k = 1$ 时, DS 合成规则失效, 可能会出现冲突系数所表现的冲突程度与实际情况不符以及对一致证据的"误判"的情况.

(3) DS 证据理论自身缺陷

在 DS 证据理论中, Dempster 采用引入冲突系数 k 的方法对识别框架 Θ 的理论进行了完善, 解决了在证据合成时对空集赋予非零的概率分配函数的问题, 在非空集上按比例分配空集所丢弃的信度. 但是, 据此也造成了 DS 证据理论的一大不足——无法处理高度冲突的证据, 当一条证据与其他多条证据完全不一致时, 组合后出现一票否决问题. 下面通过例子来具体分析.

1) 当 $k = 1$, 即证据之间完全冲突时, 无法使用 DS 合成规则进行融合.

例 1 设识别框架 $\Theta = \{A, B\}$, 有两组证据 m_1 和 m_2:

$$m_1 : m_1(A) = 0, m_1(B) = 1$$

$$m_2 : m_2(A) = 1, m_2(B) = 0$$

根据 Dempster 合成规则, 组合过程如表 7.4 所示.

表 7.4 证据完全冲突时 DS 组合规则运算

m_1	m_2	
	$A(1)$	$B(0)$
$A(1)$	$A(1)$	$\varnothing(0)$
$B(0)$	$\varnothing(0)$	$B(0)$

采用 Dempster 合成规则进行融合后得 $k = 1$, $k - 1 = 0$, 即合成规则的分母为零, 此时 DS 合成规则失效.

2) 当 $k \to 1$, 即证据之间高度冲突时, 又往往会产生与直觉相悖的融合结果.

例 2 设识别框架 $\Theta = \{A, B, C\}$, 有两组证据 m_1 和 m_2:

$$m_1 : m_1(A) = 0.9, m_1(B) = 0.1, m_1(C) = 0$$

$$m_2 : m_2(A) = 0, m_2(B) = 0.1, m_2(C) = 0.9$$

根据 Dempster 合成规则, 组合过程如表 7.5 所示.

表 7.5 证据高度冲突时 DS 组合规则运算

m_1	m_2		
	$A(0)$	$B(0.1)$	$C(0.9)$
$A(0.9)$	$A(0)$	$\varnothing(0.09)$	$\varnothing(0.81)$
$B(0.1)$	$\varnothing(0)$	$B(0.01)$	$\varnothing(0.09)$
$C(0)$	$\varnothing(0)$	$B(0)$	$C(0)$

融合结果为支持 B, 对 A 和 C 的支持度均为 0, 显然不符合常理.

3) 一票否决问题.

当一条证据与其他多条证据完全不一致时, 融合之后会出现一票否决问题.

例 3 设识别框架 $\Theta = \{A, B, C\}$, 有多组证据 $m_2 m_1, m_2, \cdots, m_n$:

$$m_1 : m_1(A) = 0.9, m_1(B) = 0.1, m_1(C) = 0$$

$$m_2 : m_2(A) = 0, m_2(B) = 0.1, m_2(C) = 0.9$$

$$m_1 = m_3 = m_4 = \cdots = m_n$$

采用 Dempster 合成规则进行融合后得 $m(A) = 0$. 由于某一个证据 m_2 否定了 A, 不管再补充多少新的证据支持 A, 但最后的合成结果仍然否定了 A. 显然这样的结果是不合理的.

7.3.2 改进的 DS 证据理论

针对 7.3.1 节分析的 DS 证据理论所存在的问题, 目前主要有两种解决思路, 一种是以 Yager 为代表的基于修改融合规则的方法[17-20], 一种是以 Murphy 为代表的基于修改证据源的方法[21-23]. 这两种方法分别从不同的方面解释了证据组合规则, 但是两类解决方法均存在一定的不足. 对证据源的修正和预处理的方法虽然提高了融合的可信程度, 但另一方面却降低了聚焦能力; 基于修改组合规则的方法收敛性较好, 能够完全处理掉冲突信息, 但这也造成了可靠性较差的结果. 事实上, 冲突信息也是一种有用信息. 针对这一问题, 本小节在充分分析 Dempster 合成规则处理冲突的不足的基础上, 从修正证据源和修正证据融合规则两个角度出发, 在处理冲突信息的同时对证据源进行修正, 然后将两者相结合, 提出一种新的证据合成方法.

(1) 修正证据源

设 Θ 是一个包含 N 个互斥命题的完备的识别框架, $m_1, m_2, \cdots, m_n$ 是识别框架 Θ 下的 n 个证据, $|\Theta| = N$, $2^\Theta = \left\{A_i \,\middle|\, i = 1, 2, \cdots, 2^N\right\}$. 根据 Jousselme 所

给出的距离函数, 定义证据 m_1, m_2 之间的距离为[24]

$$d(m_1, m_2) = \sqrt{\frac{1}{2}(m_1 - m_2)^{\mathrm{T}} D(m_1 - m_2)} \tag{7.21}$$

式 (7.21) 中, $D = (D_{ij})$ 是一个 $2^N \times 2^N$ 阶的矩阵:

$$D_{ij} = \frac{|A_i \cap A_j|}{|A_i \cup A_j|}, \quad i, j = 1, 2, \cdots, 2^N \tag{7.22}$$

式 (7.22) 中 $|\cdot|$ 为焦元属性所包含基元个数, $d(m_i, m_j)$ 的具体计算方式为

$$d(m_i, m_j) = \sqrt{\frac{1}{2}\left(\|m_i\|^2 + \|m_j\|^2 - 2\langle m_i, m_j\rangle\right)} \tag{7.23}$$

式 (7.23) 中 $\|m\|^2 = \langle m, m\rangle$, $\langle m_i, m_j\rangle$ 是两向量的内积, 即 $\sum\limits_{i=1}^{2^N}\sum\limits_{j=1}^{2^N} m_1(A_i)\, m_2(A_j)$ $\dfrac{|A_i \cap A_j|}{|A_i \cup A_j|}$, $A_i, A_j \in 2^{\Theta}$.

定义证据 m_1, m_2 之间的相似度为

$$\mathrm{sim}(m_1, m_2) = 1 - d(m_1, m_2) \tag{7.24}$$

从式 (7.24) 可知, 相似度和距离相对的, 不同证据源之间的距离越小, 那么它们之间的相似度就越大.

证据 $m_i\,(i = 1, 2, \cdots, n)$ 被其他证据所支持的程度用支持度函数 $\mathrm{Sup}(m_i)$ 来表示:

$$\mathrm{Sup}(m_i) = \sum_{j=1, j\neq i}^{n} \mathrm{sim}(m_i, m_j) \tag{7.25}$$

从而可以得到所有证据的平均支持度为

$$\mathrm{Sup}_{\mathrm{avg}} = \sum_{i=1}^{n} \mathrm{Sup}(m_i) \Big/ n \tag{7.26}$$

通过证据的支持度, 可以来判断证据之间的冲突程度. 如果 $\mathrm{Sup}(m_i) \geqslant \mathrm{Sup}_{\mathrm{avg}}$, 则认为证据可靠; 如果 $\mathrm{Sup}(m_i) < \mathrm{Sup}_{\mathrm{avg}}$, 则认为证据源可信度较低, 判定为冲突证据, 需要采用证据修正系数对其进行修正. 证据修正系数如下所示:

$$\alpha(i) = \begin{cases} 1, & \mathrm{Sup}(m_i) \geqslant \mathrm{Sup}_{\mathrm{avg}} \\ \dfrac{\mathrm{Sup}(m_i)}{\mathrm{Sup}_{\mathrm{avg}}}, & \mathrm{Sup}(m_i) < \mathrm{Sup}_{\mathrm{avg}} \end{cases} \tag{7.27}$$

利用证据修正系数对证据源进行修正, 得到新的 BPA 函数如下所示:

$$m_i'(A)=\begin{cases}\alpha(i)\,m_i(A), & A\neq\Theta\\ 1-\sum\limits_{B\subseteq\Theta}\alpha(i)\,m_i(A), & A=\Theta\end{cases} \tag{7.28}$$

从式 (7.28) 可以看出, 在修正的基本概率分布函数中, 从低可信度的证据源中的元素 $A\subset\Theta$ 所得到的确定信息将减少, 而从不确定元素 Θ 所得到的不确定信息将增加. 因此, 在证据融合过程中低可信度的证据源对结果的影响将大大减小.

(2) 修正证据融合规则

一个证据被其他证据支持程度的高低可以间接反映证据的可信度, 证据 m_i 的相对可信度定义如下:

$$\mathrm{Crd}(m_i)=\frac{\mathrm{Sup}(m_i)}{\sum\limits_{i=1}^{n}\mathrm{Sup}(m_i)} \tag{7.29}$$

在证据源修正的基础上, 考虑将证据可信度用于证据冲突的分配, 新的证据融合规则如下所示:

$$\begin{cases}m(\varnothing)=0\\ m(A)=\sum\limits_{\cap A_i=A}\prod\limits_{1\leqslant j\leqslant n}m_j'(A_i)+k'q(A),\ A\subseteq\Theta, A\neq\varnothing\end{cases} \tag{7.30}$$

式 (7.30) 中, $k'=\sum\limits_{\cap A_i=\varnothing}\prod\limits_{1\leqslant j\leqslant n}m_j'(A_i)$ 表示修正后证据之间的总冲突, $q(A)=\sum\limits_{i=1}^{n}\mathrm{Crd}(m_i)\cdot m_i(A)$ 表示分配给证据冲突的比例.

对于 $\forall A\subseteq\Theta$, $A\neq\varnothing$, 显然有

$$\begin{aligned}\sum_{A\subseteq\Theta}m(A)&=\sum_{A\subseteq\Theta}\left(\sum_{\cap A_i=A}\prod_{1\leqslant j\leqslant n}m_j'(A_i)+k'q(A)\right)\\&=\sum_{A\subseteq\Theta}\sum_{\cap A_i=A}\prod_{1\leqslant j\leqslant n}m_j'(A_i)+\sum_{A\subseteq\Theta}\sum_{i=1}^{n}\mathrm{Crd}(m_i)\cdot m_i(A)\,k'\\&=1-k'+\sum_{i=1}^{n}\mathrm{Crd}(m_i)\sum_{A\subseteq\Theta}m_i(A)\cdot k'\\&=1-k'+k'\\&=1\end{aligned}$$

说明式 (7.30) 的融合结果仍然符合基本概率分配函数的要求.

7.3.3　性能评估结果的可信度检验方法

本小节采用上述改进的 DS 证据理论和模糊理论相结合, 构造 ATR 系统性能评估结果可信度校验方法: 该方法将识别框架看作模糊集合, 根据专家评语建立识别框架的隶属函数, 利用隶属函数得到各个专家的评语的隶属度, 进而得到专家意见的可信度表示, 最后用改进的 DS 证据理论对专家意见进行融合, 获得最终的可信度评估结果.

(1) 评估结果可信度量化表达

对评估结果进行可信度评估, 需要提前建立评估的标准, 根据已有知识或者相关经验, 提前确定一组可以分辨和评判的等级. 本书将评估结果的信任等级划分为五个等级, 分别为优、良、中、差和很差, 即信任等级集 $\Omega=\{优\,(D_1)\,,良\,(D_2)\,,中\,(D_3)\,,差\,(D_4)\,,很差\,(D_5)\}$, 它作为评估结果可信度的评估准则. 由于这些定性表达的信任等级具有一定模糊性, 需要对这些模糊性评语等级进行量化表达. 本书将各等级的量化值分别定为 0.9, 0.7, 0.5, 0.3 和 0.1. 同时考虑专家的模糊评语和犹豫度, 根据高斯型隶属函数, 求出专家对评估结果可信度的模糊评语意见隶属于不同信任等级的程度. 令五个不同信任等级对应的隶属函数的中心分别为 1, 0.75, 0.5, 0.25 和 0, 专家 j 对评估结果的模糊评语到 Ω 中信任等级元素的隶属函数如下所示:

$$\mu_j\left(D_i\right)=e^{-\frac{(x-c)^2}{2\sigma^2}},\quad i=1,2,3,4,5;j=1,2,\cdots,N \tag{7.31}$$

式 (7.31) 中, $\mu_j\left(D_i\right)$ 表示专家 j 对评估结果可信度的模糊评语到信任等级 D_i 对应的隶属函数, $\mu_j\left(D_i\right)\in[0,1]$, c 表示隶属函数的中心, σ 表示专家的犹豫度.

五种隶属函数的分布图如图 7.8 所示.

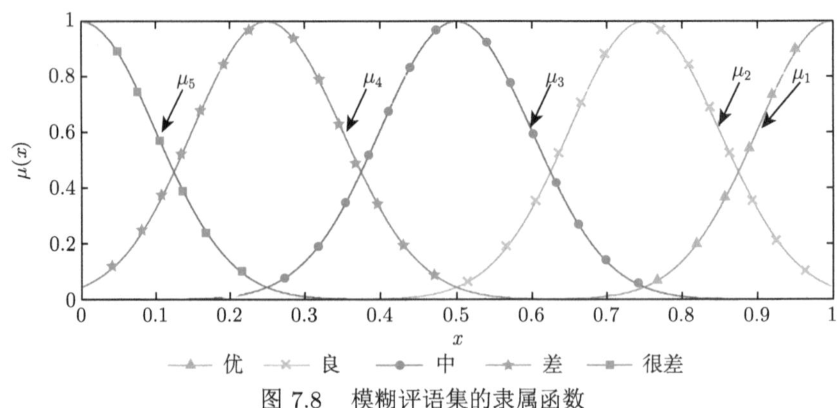

图 7.8　模糊评语集的隶属函数

将式 (7.31) 归一化处理得

$$\bar{\mu}_j(D_i) = \frac{\mu_j(D_i)}{\sum\limits_{i=1}^{5} \mu_j(D_i)} \tag{7.32}$$

$\bar{\mu}_j(D_i)$ 仍然反映了专家 j 的模糊评语与信任等级元素之间的隶属程度, 可以记作:

$$Q_j = \{\bar{\mu}_j(D_1), \bar{\mu}_j(D_2), \bar{\mu}_j(D_3), \bar{\mu}_j(D_4), \bar{\mu}_j(D_5)\} \tag{7.33}$$

(2) 专家评判意见的信度 mass 函数建立

由于各个专家在知识层次、偏好以及经验的不同, 各个专家的评判意见的可信度会存在一定的差异. 根据专家的权威程度和知识水平, 给定各个专家的权重为

$$(w_1, w_2, \cdots, w_N), \quad 且 \sum_{j=1}^{N} w_j = 1 \tag{7.34}$$

因此, 专家 j 对评判结果的相对可靠度为

$$\alpha_j = \frac{w_j}{\max\limits_{1 \leqslant j \leqslant N} w_j}, \quad j = 1, 2, \cdots, N \tag{7.35}$$

专家 j 对评判意见的修正隶属度表达式为

$$Q_j^* = \alpha_j \cdot Q_j \tag{7.36}$$

由上式可知, $\sum\limits_{i=1}^{5} \alpha_j \bar{\mu}_j(D_i) \leqslant 1$, 而专家 j 对评判意见的不确定部分为 $1 - \sum\limits_{i=1}^{5} \alpha_j \bar{\mu}_j(D_i)$.

将信任等级集 Ω 作为判别空间, 则专家 j 的评判意见的 mass 函数为

$$m_j(D) = \begin{cases} \alpha_j \cdot \bar{\mu}_j(D_1), & D = \{D_1\} \\ \alpha_j \cdot \bar{\mu}_j(D_2), & D = \{D_2\} \\ \alpha_j \cdot \bar{\mu}_j(D_3), & D = \{D_3\} \\ \alpha_j \cdot \bar{\mu}_j(D_4), & D = \{D_4\} \\ \alpha_j \cdot \bar{\mu}_j(D_5), & D = \{D_5\} \\ 1 - \sum\limits_{i=1}^{5} \alpha_j \cdot \bar{\mu}_j(D_i), & D = \Omega \end{cases} \tag{7.37}$$

式 (7.37) 体现了专家 j 对评估结果可信度和信任等级的匹配程度, 可以记为

$$m_j(D)=(m_j(D_1),m_j(D_2),m_j(D_3),m_j(D_4),m_j(D_5),m_j(\Omega)) \tag{7.38}$$

(3) 评判意见的信度 mass 函数融合算法

由于专家评判意见具有不确定评判信息, 需要进行专家的意见进行融合, 以得到确定的结果. 因此, 本书采用 7.3.2 节提出的改进 DS 证据融合算法对专家评判意见的信度 mass 函数进行融合.

首先, 根据 7.3.2 节修改证据源的方法对 mass 函数进行修正, 得到修正后的 mass 函数如下所示:

$$m_j^*(D)=\left(m_j^*(D_1),m_j^*(D_2),m_j^*(D_3),m_j^*(D_4),m_j(D_5),m_j^*(\Omega)\right) \tag{7.39}$$

然后, 在 mass 函数修正的基础上, 根据 7.3.2 节修正的融合规则 mass 函数进行融合, 如下所示:

$$\begin{cases} m(\varnothing)=0 \\ m(D)=\sum\limits_{\cap D_i=D}\prod\limits_{1\leqslant j\leqslant N} m_j^*(D_i)+k'q(D),\ D\subseteq\Omega, D\neq\varnothing \end{cases} \tag{7.40}$$

式 (7.40) 中, $k'=\sum\limits_{\cap D_i=\varnothing}\prod\limits_{1\leqslant j\leqslant N} m_j^*(D_i)$ 表示修正后的 mass 函数之间的总冲突, $q(A)=\sum\limits_{j=1}^{N}\mathrm{Crd}(m_j)\cdot m_j(D)$ 表示分配给 mass 函数冲突的比例.

进而, 可以得到专家意见关于评估结果可信度的融合评判结果:

$$m=(m(D_1),m(D_2),m(D_3),m(D_4),m(D_5),m(\Theta)) \tag{7.41}$$

最终, 利用反模糊化方法对融合评判结果进行加权平均处理, 可以得到评估结果综合可信度为

$$R=\sum_{i=1}^{5} d_i\cdot m(D_i)+d_\Theta\cdot m(\Theta) \tag{7.42}$$

式 (7.42) 中, d_i 为各等级的量化值, $d=(d_1,d_2,d_3,d_4,d_5)=(0.9,0.7,0.5,0.3,0.1)$, $d_\Theta=0$.

7.3.4　可信度检验实例

以 ATR 系统某次性能评估为例, 经过指标体系的构建, 指标权重计算, 评估方法选择等步骤, 最终得到 ATR 系统性能的评估结果. 为了校验评估结果的可靠程度, 需要对 ATR 系统性能的评估结果进行可信度评测. 选择 $N=5$ 位专家组成评估专家组对评估结果进行相关评判, 专家的评判意见如表 7.6 所示.

表 7.6 专家评判意见

评估项	评估专家				
	专家 I	专家 II	专家 III	专家 IV	专家 V
模糊评语	良	中	优	中	良
量化值	0.7	0.5	0.9	0.5	0.7
不确定度	0.15	0.2	0.1	0.15	0.1

根据式 (7.31)~(7.33), 可以得到归一化后的专家评判意见的量化结果, 如表 7.7 所示.

表 7.7 专家评判意见的归一化量化结果

评估专家	信任等级				
	优 D_1	良 D_2	中 D_3	差 D_4	很差 D_5
专家 I	0.0900	0.6292	0.2734	0.0074	0
专家 II	0.0219	0.2285	0.4991	0.2285	0.0219
专家 III	0.6511	0.3485	0.0004	0	0
专家 IV	0.0026	0.1655	0.6638	0.1655	0.0026
专家 V	0.0108	0.8576	0.1315	0	0

根据式 (7.34) 给出基于 Delphi 法得到的专家的权重:

$$W = (w_1, w_2, w_3, w_4, w_5) = (0.20, 0.19, 0.18, 0.21, 0.22)$$

再由式 (7.35) 可得出各专家的相对可靠度为

$$\{\alpha_1, \alpha_2, \alpha_3, \alpha_4, \alpha_5\} = \{0.9091, 0.8636, 0.8182, 0.9545, 1\}$$

然后再由式 (7.36)~(7.38) 可以得到 5 位专家对评估结果可信度的 mass 函数:

$$\begin{aligned}
m_1(D) &= (0.0818, 0.5720, 0.2486, 0.0067, 0, 0.0909) \\
m_2(D) &= (0.0189, 0.1973, 0.4310, 0.1973, 0.0189, 0.1364) \\
m_3(D) &= (0.5327, 0.2852, 0.0003, 0, 0, 0.1818) \\
m_4(D) &= (0.0024, 0.1580, 0.6336, 0.1580, 0.0024, 0.0455) \\
m_5(D) &= (0.0108, 0.8576, 0.1315, 0, 0, 0.0001)
\end{aligned}$$

根据 7.3.2 节修改证据源的方法对 mass 函数进行修正, 并且结合式 (7.39) 可以得到修正后的 mass 函数:

$$\begin{aligned}
m_1^*(D) &= (0.0818, 0.5720, 0.2486, 0.0067, 0, 0.0909) \\
m_2^*(D) &= (0.0189, 0.1973, 0.4310, 0.1973, 0.0189, 0.1364) \\
m_3^*(D) &= (0.4538, 0.2429, 0.0003, 0, 0, 0.3031) \\
m_4^*(D) &= (0.0024, 0.1544, 0.6193, 0.1544, 0.0024, 0.0671) \\
m_5^*(D) &= (0.0099, 0.7842, 0.1203, 0, 0, 0.0856)
\end{aligned}$$

根据式 (7.40) 和 (7.41) 可以得到综合可信度 mass 函数:

$$
\begin{aligned}
m &= (m(D_1), m(D_2), m(D_3), m(D_4), m(D_5), m(\Theta)) \\
&= (0.1023, 0.3926, 0.2945, 0.0750, 0.0046, 0.1310)
\end{aligned}
$$

由式 (7.42) 可得评估结果的综合可信度为

$$
\begin{aligned}
R =& 0.9 \times 0.1023 + 0.7 \times 0.3926 + 0.5 \times 0.2945 \\
&+ 0.3 \times 0.075 + 0.1 \times 0.0046 + 0 \times 0.1310 \\
=& 0.5371
\end{aligned}
$$

将专家评判与改进的 DS 证据理论相结合, 不但将专家的模糊评语很好地映射到信任等级上, 实现了评估结果可信度的量化描述, 评估结果的综合可信度的度量值 0.5371 也很好地反映了对 ATR 系统性能评估结果的信任状况.

本章小结

为了提高 ATR 系统性能的预测评估精度, 提出一种基于改进灰狼优化算法对支持向量机进行参数寻优的预测模型. 在参数寻优中, 引入混沌搜索机制、非线性收敛和自适应权重对传统灰狼优化算法进行改进, 灰狼优化算法的全局寻优能力得到了极大的提升, 进而构建 CAGWO-SVM 模型对 ATR 系统性能做出准确客观的评估.

为了解决 ATR 系统评估结果的可信度评估问题, 提出了一种基于改进证据理论的仿真系统可信度评估方法. 该方法将模糊理论与 DS 证据理论相结合, 克服了评估中主观性强的问题. 针对传统 DS 证据理论在高冲突条件下失效问题, 从修正证据源和修改融合规则两个角度出发对证据理论进行改进. 同时, 该方法利用模糊集和隶属函数确定各可信度函数的分布, 克服了传统证据理论中确定各证据分布的困难. 应用结果表明, 该方法考虑了专家对复杂事物判断的模糊性, 克服了主观判断和偏好的影响, 对评估结果的可信度值评定是合理的.

文献和历史评述

对于 ATR 系统而言, 其性能指标复杂且相互存在一定的影响, 仅仅依赖传统的基于专家经验的评估方法难免会影响评估结果进而影响决策的过程, 如何精确衡量 ATR 系统的各方面性能成为比较关键的问题. 文献 [25] 在分析 ATR 系统的相关性能指标的基础上, 将群决策和层次分析法 (AHP) 结合, 提出了一种基于专家决策信息一致性和灰色关联分析的方法进行综合评估, 但该方法本质上是基于专家赋权的主观评判, 不能充分利用样本数据. 文献 [26] 在综合考虑雷达 ATR 系统所可能面临的各种电磁环境因素的基础上构建了抗干扰性能指标体系, 并按照专家评判的方法进行综合评估, 但该方法在评估过程中具有较强的主观依赖性, 评估结果的可靠性较差.

由于目前仿真模型结构的复杂性, 模型与仿真系统可信度评估逐渐演变为一项复杂的多指标综合评估问题. 在这种情况下需要使用各种定性和定量的方法, 从多个角度考虑仿真系统或模型的可信度. 例如基于层次分析的方法[27]、基于模糊综合评判的方法 (MSE)[28]、基于 DS 证据理论的方法[29]、基于贝叶斯网络的方法[30] 和基于粗糙集的方法[31] 等的模型可信度综合评估方法. 这些综合评估方法在模型可信度评估领域得到广泛应用.

但是上述的方法大多应用在仿真模型可信度评估中, 较少涉及评估模型. 事实上, 仿真模型和评估模型有着很大的区别, 仿真模型虽然在机理、结构和规模等方面比评估模型表现出更大的复杂性, 但仿真模型往往存在可供对照的研究实体, 而评估模型作为极度抽象化的数学表达, 在现实世界中几乎不存在可供参考的对象. 目前评估结果的可信程度缺乏检验的方法和工具, 因此, 有必要对评估模型的可信度进行研究, 以减小评估过程中的风险.

参考文献

[1] Das S P, Padhy S. A novel hybrid model using teaching–learning-based optimization and a support vector machine for commodity futures index forecasting[J]. International Journal of Machine Learning & Cybernetics, 2018, 9(1): 97-111.

[2] Widodo A, Yang B S. Support vector machine in machine condition monitoring and fault diagnosis[J]. Mechanical Systems & Signal Processing, 2007, 21(6): 2560-2574.

[3] Mavroforakis M E, Theodoridis S. A geometric approach to support vector machine (SVM) classification[J]. IEEE Trans. on Neural Networks, 2006, 17(3): 671-682.

[4] Singh T, Kumar P, Misra J P. Surface roughness prediction modelling for WEDM of AA6063 using support vector machine technique[J]. Materials Science Forum, 2019, 969: 607-612.

[5] Min J H, Lee Y C. Bankruptcy prediction using support vector machine with optimal choice of kernel function parameters[J]. Expert Systems with Applications, 2005, 28(4): 603-614.

[6] Huang W, Nakamori Y, Wang S Y. Forecasting stock market movement direction with support vector machine[J]. Computers & Operations Research, 2005, 32(10): 2513-2522.

[7] Cortes C, Vapnik V. Support-vector networks[J]. Machine Learning, 1995, 20(3): 273-297.

[8] Zheng H, Zhang Y, Liu J, et al. A novel model based on wavelet LS-SVM integrated

improved PSO algorithm for forecasting of dissolved gas contents in power transformers[J]. Electric Power Systems Research, 2018, 155(feb.): 196-205.

[9] Mirjalili S, Mirjalili S M, Lewis A. Grey wolf optimizer[J]. Advances in Engineering Software, 2014, 69: 46-61.

[10] Mirjalili S, Saremi S, Mirjalili S M, Coelho L D S. Multi-objective grey wolf optimizer: a novel algorithm for multi-criterion optimization[J]. Expert Systems with Applications, 2015, 47: 106-119.

[11] Syafaruddin, Narimatsu H, Miyauchi H. Optimal energy utilization of photovoltaic systems using the non-Binary genetic algorithm[J]. Energy Technology & Policy, 2015, 2(1): 10-18.

[12] 蒙文川, 邱家驹, 张彦虎. 约束优化问题的免疫混沌算法 [J]. 浙江大学学报 (工学版), 2007, 41(2): 299-303.

[13] Xu C H, Li C X, Yu X, et al. Improved grey wolf optimization algorithm based on chaotic Cat mappingand Gaussian mutation[J]. Computer Engineering and Applications, 2017, 53(4): 1-9.

[14] Chen G, Wu X, Zhu X, et al. Efficient string matching with wildcards and length constraints[J]. Knowledge and Information Systems, 2006, 10(4): 399-419.

[15] Pan T S, Dao T K, Nguyen T T, et al. A communication strategy for paralleling grey wolf optimizer[A]. 9th International Conference on Genetic and Evolutionary Computing (ICGEC), 2015, 253-262.

[16] 王梦娜, 王秋萍, 王晓峰. 基于 Iterative 映射和单纯形法的改进灰狼优化算法 [J]. 计算机应用, 2018, 38(S2): 21-25, 59.

[17] Yager R R . On the dempster-shafer framework and new combination rules[J]. Information Sciences, 1987, 41(2): 93-137.

[18] JoSang A, Diaz J, Rifqi M. Cumulative and averaging fusion of beliefs[J]. Information Fusion, 2010, 11(2): 192-200.

[19] Fu C, Yang S. Conjunctive combination of belief functions from dependent sources using positive and negative weight functions[J]. Expert Systems with Applications, 2014, 41(4): 1964-1972.

[20] Zhang W, Ji X, Yang Y, et al. Data fusion method based on improved D-S evidence theory[C]. IEEE International Conference on Big Data & Smart Computing. IEEE Computer Society, 2018.

[21] Murphy C K. Combining belief functions when evidence conflicts[J]. Decision support systems, 2000, 29(1): 1-9.

[22] Nakama T, Ruspini E. Combining dependent evidential bodies that share common knowledge[J]. International Journal of Approximate Reasoning, 2014, 55(9): 2109-2125.

[23] 王路, 邢清华, 毛艺帆. 基于信任度和确定度的证据加权组合方法 [J]. 通信学报, 2017, 38(1): 83-88.

[24] Jousselme A L, Grenier D, Bosséé. A new distance between two bodies of evidence[J]. Information Fusion, 2001, 2(2): 91-101.

[25] Wang H, Wang Y, Mei G. Based on AHP the Model of Evaluating the ECCM Equipment Support Command System[J]. Ship Electronic Engineering, 2006, 15(4): 52-54.
[26] Xue L I, Xue W W. Research of radar/ir composite seeker anti-jamming index system[J]. Infrared Technology, 2015, 37(3): 258-262.
[27] Guo Z. Research on assessment theory of simulation credibility [A]. IEEE 11th International Conference on Dependable, Autonomic and Secure Computing [C], Chengdu, China, 2013: 545-550.
[28] Wu J, Wu X Y, Gao Z C. FAHP-based fuzzy comprehensive evaluation of M&S credibility[C]. 4th International Symposium on Intelligence Computation and Applications. Springer Berlin Heidelberg, 2009.
[29] Sun Y, Guo J, Reliability assessment based on D-S evidence theory[C]. 2009 8th International Conference on Reliability, Maintainability and Safety, Chengdu, 2009: 411-414.
[30] Dai Z, Wang Z, Jiao Y. Bayes Monte-carlo assessment method of protection systems reliability based on small failure sample data[J]. IEEE Trans. on Power Delivery, 2014, 29(4): 1841-1848.
[31] Rafalak M, Bislki P, Wierzbicki A. Analysis of demographical factors' influence on websites' credibility evaluation[J]. Lecture Notes in Computer Science, 2014, 8512: 57-68.

第 8 章　ATR 评估系统及其应用

8.1 引　　言

随着 ATR 评估理论与方法的不断发展, 人们对于 ATR 评估过程中的分析实现等过程也愈加关心. 由于 ATR 评估具有一定的特殊性, 一般的测试和分析工具不够灵活方便, 因此有必要针对 ATR 评估问题设计开发专用的应用软件系统, 促进评估工作的实际有效开展.

为实现 ATR 评估过程的自动化, 有必要对 ATR 评估方法做规范化处理. 首先必须解决的就是各类评估指标的规范化处理, 即进行指标分析, 针对 ATR 系统底层性能指标的特殊性, 研究各类指标, 特别是针对几类特殊性能指标的规范化方法, 提供各种指标的规范化模型. 其次, 由于 ATR 评估目的往往需要进行逐级分解, 各级子目标 (包括底层的评估指标) 之间的相对重要程度对于最终的评估结果有很大影响, 因而需要有效地获取决策者的主观价值取向, 即科学合理地赋权. 另外, 由于 ATR 评估目的和方法的多样性, 经常需要综合多个评估指标, 采用多种评估方法展开综合分析, 因此还有必要研究适用于 ATR 评估的指标聚合 (综合评估) 方法和多方法评估结果集结技术.

对于多指标赋权的问题, 目前已有多种指标赋权方法, 根据原始数据的来源不同, 大致可分为主观赋权法和客观赋权法两大类. 主观赋权法是由评估分析人员根据自己理解的各项指标的相对重要性而赋权的一类方法, 其原始数据主要由评估分析人员根据经验主观判断得到, 常见的有专家调查法、循环打分法、二项系数法和层次分析法等. 客观赋权法是利用指标值本身所反映的客观信息赋权的一类方法, 其原始数据由各指标在被评对象中的实际数据形成, 常见的有均方差法、主成分分析法、离差最大化法、熵值法、代表计数法、目标分析最优指标法等. 集结的概念则来自于群决策[1]. 在群决策中, 一个特定的专家所拥有的知识和经验往往是有限的、不够全面的, 因而需要将不同相关知识领域专家的意见综合起来, 作为最终的评估结果. 若将每一种评估方法看作一个 “专家” 对该 ATR 系统给出的评估值, 采用多种评估方法就可得到一个 ATR 系统的多个评估值. 采用一定的集结方法将多种 ATR 评估方法得到的评分值进行集结计算, 可以在一定程度上削弱由于评估方法本身所代表的 “偏好”, 这样得到的最终评估值有利于进行相对公平的优劣排序.

最后, 由于许多 ATR 系统最终需要硬件实现, 测试与演示验证系统也是 ATR 评估过程中不可缺少的重要工具. 严格地讲, 评估系统或工具平台研制并不完全属于理论方法的范畴, 但各种软/硬件工具平台无疑是实践 ATR 评估方法的物质基础. 工具平台技术的发展反过来也可以促进评估方法的改进, 甚至使一些原本难以操作的方法得以实现. ATR 评估对象的各项指标参数、运行稳定性、演示验证以及最后的综合评判, 都需要一个方便、快捷的工具平台作为技术支撑.

本章主要侧重于介绍 ATR 评估工具平台建设及其具体应用实例. 为满足 ATR 评估决策分析的需求, 基于 VC++6.0 开发 "ATR 评估软件系统", 实现指标体系的编辑环境、各种指标的赋权、规范化计算、指标聚合以及多方法评估结果的集结计算等, 并提供评估结果的多种呈现方式, 便于软件用户对评估结果进行分析和研究. 为满足测试需求, 开发了 "ATR 测试与演示系统": 为适应各类 ATR 算法对运算强度、资源消耗及接口关系的需求, 采用高速数字信号并行处理 (DSP) 技术和可重构计算技术, 开发 ATR 信息处理机为算法的工程化研究提供半实物验证平台; 基于 Vega 和 3D 技术开发演示验证系统, 虚拟战场环境对 ATR 进行演示与评估.

8.2 ATR 评估工具平台

ATR 评估工具平台分为软硬件两个系统. ATR 评估软件系统在已知待评估对象的指标参数后为 ATR 评估工作提供决策支持; ATR 测试与演示系统则为 ATR 技术成果的工程化研究提供半实物的测试及演示验证平台.

8.2.1 ATR 评估软件系统

1. 总体架构

ATR 评估软件系统主要由 8 个数据/模型库组成, 并包含 7 个功能模块. 其总体功能结构如图 8.1 所示.

在设计数据结构时, 将评估工程、指标体系文件以及评估指标数据进行分离管理. 每次评估只针对一个特定的评估工程进行, 工程的名称以及工程的一般属性都保存在数据库文件 "ATR.mdb" 中; 评估工程的指标体系以 ".atr" 格式文件保存, 一个工程对应唯一的一个指标体系作为评估准则; 评估工程中所包含评估对象的底层指标数据都保存在数据库文件中. 评估工程、指标体系文件以及评估对象三者间的相互关系图 8.2 所示.

采用上述结构设计的好处在于简化了数据管理, 方便同一个评估指标数据在多个评估工程中的重复利用, 减轻用户录入实验结果数据的工作量.

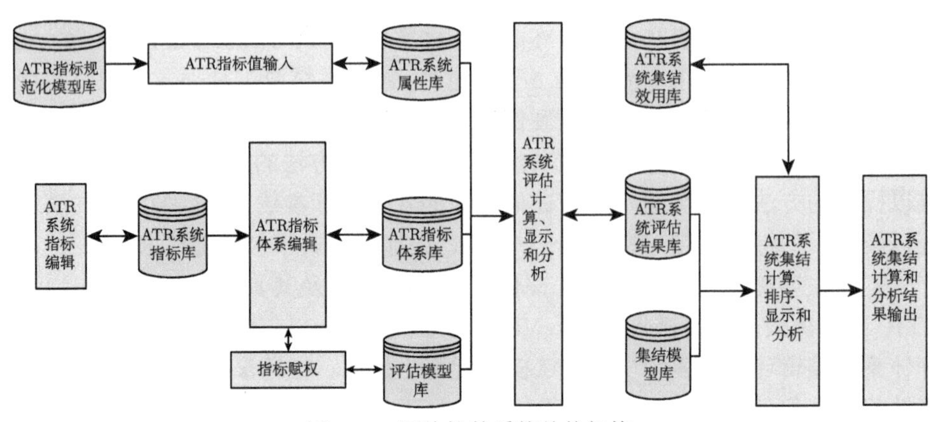

图 8.1　评估软件系统总体架构

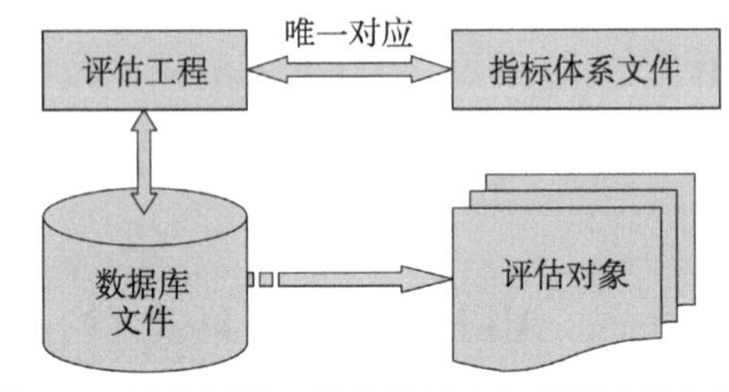

图 8.2　评估工程、指标体系文件及评估对象关系

2. 主要功能

该软件系统主要包括用户管理、评估工程管理、指标体系图形编辑、评估分析计算、评估结果输出和联机帮助等 6 项主要功能, 如图 8.3 所示.

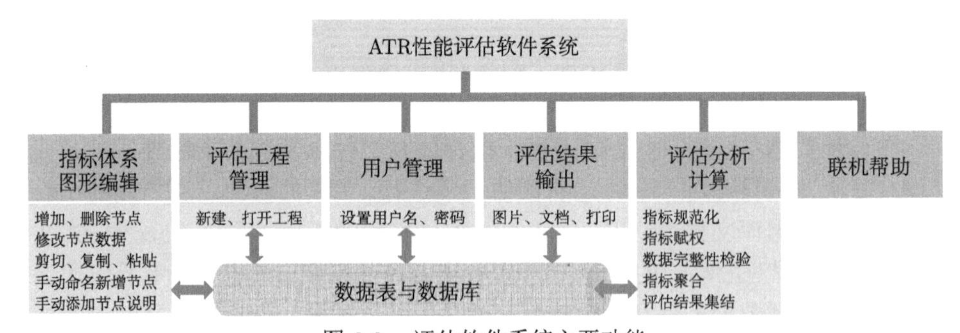

图 8.3　评估软件系统主要功能

各项主要功能的具体内容如下:

1) 用户管理　用户管理主要包括用户的身份确认、用户密码的设置与更改、用户的添加与删除 (仅限管理员级用户)、当前用户资料的查阅与修改等.

2) 评估工程管理　评估工程管理主要包括新建评估工程、打开已有的评估工程、查看评估对象的相关数据以及评估指标清单等.

3) 指标体系的图形编辑　用户可以通过交互式的图形操作方式完成 ATR 评估指标体系的构建, 具体的编辑功能包括: 树状指标体系节点的增加或删除、指标节点的复制/剪切/粘贴、指标节点的属性及数据修改等.

4) 评估分析计算　评估分析计算包括: 指标体系的完整性检验、评估对象数据的完整性检验、指标规范化、指标赋权、指标聚合和单方法评估结果的集结计算等.

5) 评估结果输出　用户可以根据自己的需要将评估结果导出保存为 Word 文档或者图片, 也可以进行打印输出.

6) 联机帮助　提供方便、快捷的详细帮助信息.

3. 内部数据关系

该软件系统主要涉及三方面的数据: 评估工程及评估对象的相关数据、评估模型的相关数据和评估结果的相关数据.

1) 评估工程及评估对象的相关数据

➢ 评估工程本身属性的描述, 包括工程的创建时间、工程的作者、工程文件的存储路径、工程的编号、工程与评估对象的从属关系等, 但不包括工程中具体的装备数据.

➢ 评估对象相关属性的描述, 包括待评估对象的名称、编号、底层指标的名称、底层指标的类型、编号、评估对象的底层指标值以及评估工程中底层指标与中间层指标的隶属关系等信息.

上述相关数据采用 8 个数据表进行存储, 分别是:

a. 工程列表

b. 工程属性

c. 系统列表

d. 系统底层指标值

e. 指标属性

f. 中层指标

g. 指标体系结构

h. 底层指标清单

2) 评估模型的相关数据

➢ 评估指标描述的相关内容, 包括对混淆矩阵、概率型指标、ROC 曲线指标等的相关属性描述.

➢ 指标规范化及指标赋权方法的相关内容, 包括规范化函数、赋权方法等的相关属性描述.

➢ 指标聚合模型的相关内容, 包括指标聚合方法的名称、编号等信息.

➢ 集结模型的相关内容, 包括集结模型的名称、编号等信息.

3) 评估结果的相关数据

➢ 多种方法评估结果的相关数据, 包括评估结果值、所采用赋权方法的编号以及指标聚合方法编号等信息.

➢ 集结评估结果的相关数据, 包括集结结果值、集结方法编号、评估结果对应的指标编号等信息.

8.2.2 ATR 测试与演示系统

ATR 测试与演示系统包括通用测试平台与集成演示验证系统: 测试平台为 ATR 算法的工程化研究提供半实物验证平台; 集成演示验证系统能够产生虚拟战场环境, 对 ATR 进行演示与评估. 通用测试平台中的 ATR 信息处理机采用可重构的、灵活的处理器结构, 使得测试平台能够完成 ATR 算法半实物仿真验证与评估测试的任务. 集成演示验证系统则基于 Vega 和 3D 技术进行实时的战场视景仿真, 并能够设置仿真场景、调度系统运行, 并对 ATR 算法的测试结果进行实时监控与评估. 图 8.4 给出了集成演示验证系统的体系结构, 图 8.5 展示了上位机控制界面 (左) 和部分的评估结果显示 (右).

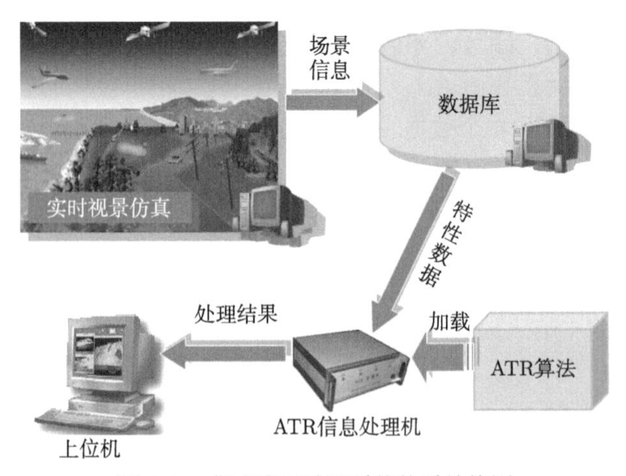

图 8.4 集成演示验证系统体系结构图

通用测试平台为 ATR 算法的工程化研究提供半实物验证平台; 集成演示验证系统能够分别产生对地、对空的虚拟战场环境, 在可控帧时间内完成检测、识别、跟踪与评估处理, 实现两种场景下, 8 类目标的 ATR 进行演示与评估.

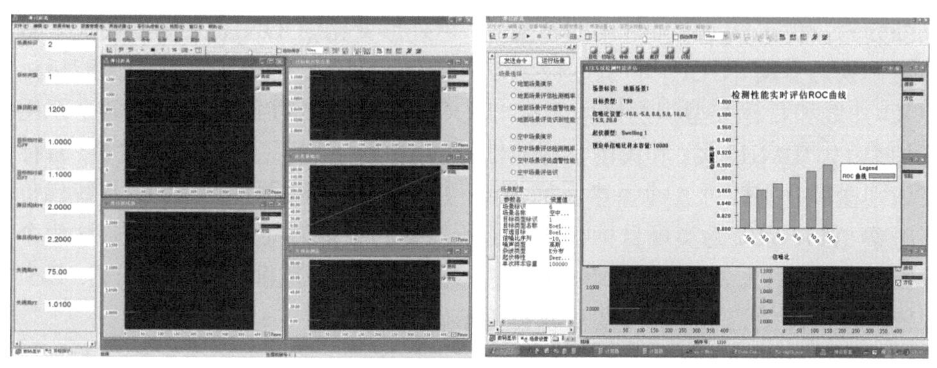

图 8.5 上位机控制界面 (左) 和实时评估结果显示 (右)

8.2.3 评估系统应用实例

下面给出一个空地背景 (Air-to-Ground, A-G)ATR 系统的评估实例, 举例说明如何运用本章所介绍的 ATR 评估工具平台开展实际的性能评估工作.

1. 场景与参评 ATR 系统

在空地背景 ATR 系统评估实例中, 选取 5 个典型待识别对象如下: M1 坦克、T80 坦克、M2 装甲车和 M3 半履带式卡车, 并将这 4 个类型 (Type) 的目标粗略分为 3 种类 (Class), 分别是: 坦克类 (Tank Class), 含 M1 和 T80; 装甲运兵车类 (Armored Person Carrier Class, APC Class), 含 M2; 卡车类 (Truck Class), 含 M3. 此外, 将一款民用的小面包车 (bus) 作为区分于军事目标的民用 (Civilian) 目标类. 这里 ATR 系统的主要功能是从地面场景中区分出军事目标 (M1、T80、M2 和 M3), 然后对其进行分类.

在下面的评估实例中有四个待评估的 ATR 系统. 四个 ATR 系统均具备对 A-G 场景中地面目标的检测 (区分军事目标和民用目标) 和识别 (正确种类分类、正确类型分类) 功能, 所加载的算法各不相同: 基于模板匹配思想的目标识别算法 (缩写为 MSE, 加载于 ATR 系统 1), 基于神经网络结构的目标识别算法 (缩写为 NN, 加载于 ATR 系统 2) 基于支持向量数据描述的目标识别算法 (缩写为 SVDD, 加载于 ATR 系统 3) 和基于支持向量机的目标识别算法 (缩写为 SVM, 加载于 ATR 系统 4). 这些 ATR 系统都基于 HRRP 进行目标检测与分类识别. 训练和测试中各类目标的 HRRP 径向分辨率约 0.3 米, VV 极化.

2. 评估指标体系构建

根据评估需求, 将 ATR 系统性能分为准确性和扩展性两方面. 准确性主要考察 ATR 系统在与其训练条件相接近的标准工作条件下的性能表现, 这里选用混淆矩阵作为性能指标 (软件中做规范化时采用其衍生指标 P_{CC} 和 P_{ID}). 扩展性又细分为三种扩展工作条件下的性能: 目标外形变化 (CON)、传感器相对于目标的俯仰姿态变动 (DEP) 和雷达极化方式变化 (POL). 考察扩展性的性能指标有 ROC 曲线和目标类型识别概率 P_{ID}. ROC 曲线考察 ATR 系统区分各个军用目标种类 (如 TANK 类) 和民用目标的性能, 用曲线下面积 AUC 定量度量; 目标类型识别概率分别针对 4 个军事目标类型, 并以区间数形式描述. ATR 系统代价主要考察 ATR 系统为实现目标识别功能所耗费的处理时间和存储空间. 这两个指标主要利用 ATR 测试与演示系统所得, 其中处理时间用区间数形式描述, 其上下限依靠多次测量记录计算时间后取极值来确定.

通过上述分析, 建立如图 8.6 所示的指标体系. 图中白色方框代表的是顶层和中层指标, 灰色方框代表的是底层指标.

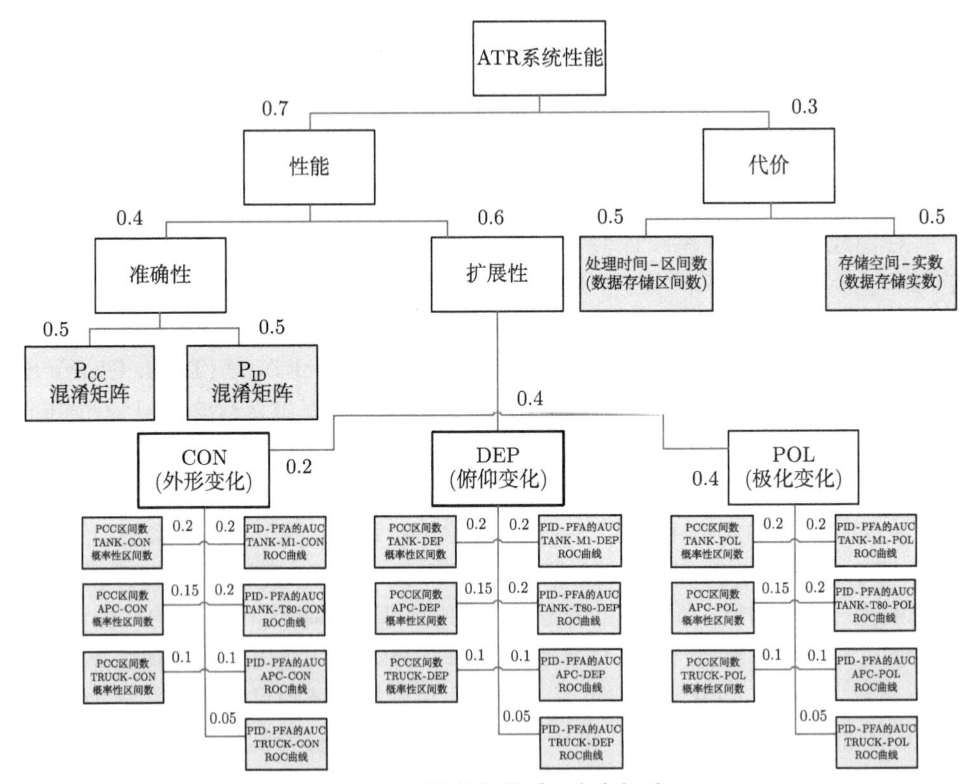

图 8.6　评估指标体系及专家权重

3. 综合评估结果

采用两种赋权方法 (主观赋权法和客观赋权法) 对指标进行聚合运算, 并都采用加权和法对每种赋权方法下的单方法评估结果进行集结, 得到对这 4 个 ATR 系统最终的评估结果.

(1) 专家赋权评估结果

这里采用的主观赋权法是专家赋权法 (对所建立的指标体系的层次结构, 采用专家赋权, 所得权重见图 8.6), 并分别采用加权和法、TOPSIS 法以及灰色关联度法对指标进行综合评估. 以加权和法所得评估结果为例, 评估结果如图 8.7 所示. 利用评估软件的图形展示功能可以很直观地发现, ATR 系统 2(NN) 的性能最优, 评分值为 93.61; 其余依次为 ATR 系统 3(SVDD) 和 ATR 系统 4(SVM), 性能指标的评估值分别为 91.96 和 84.68; 最次为 ATR 系统 1(MSE), 性能评分值为 71.71. 从代价方面的评估结果来看, ATR 系统 2(NN) 的代价最低 (评分值最高), 评估值分别达到 97.09; 其余依次为 ATR 系统 3(SVDD) 的 84.12, ATR 系统 4(SVM) 的 69.23 和 ATR 系统 1(MSE) 的 56.32. 这与 ATR 系统的实际情况是相符合的. 神经网络 (NN) 只需存储权值节点 (存储空间小), 可并行计算 (计算时间短), 其系统代价自然比其他系统要低; 而模板匹配 (MSE) 由于需要大量空间存储模板, 且进行匹配搜索的速度比较慢, 所以代价要高很多.

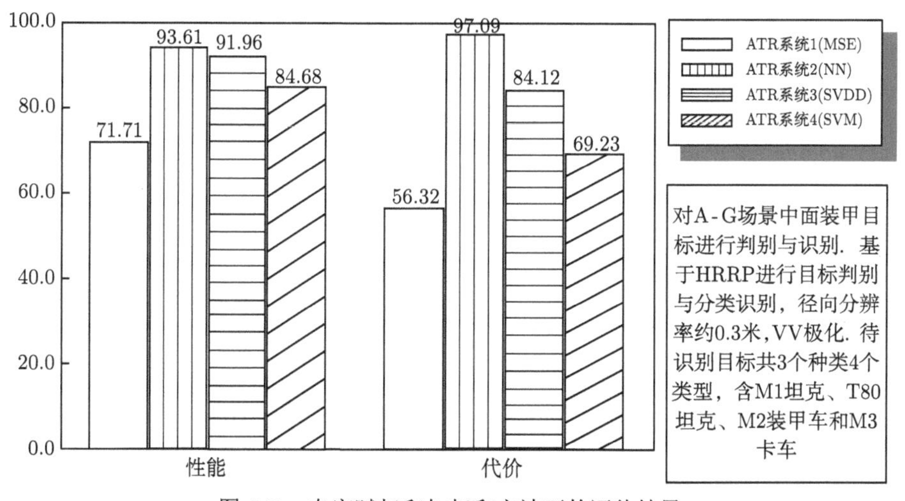

图 8.7 专家赋权和加权和方法下的评估结果

ATR 系统在 TOPSIS 法及灰色关联度方法下的评估结果分别见图 8.8 和图 8.9. 从图 8.8 中不难看出, 在 TOPSIS 方法下性能和代价的评分值有可能很低或很高, 甚至达到极端值, 这是由 TOPSIS 方法的计算原理所决定的. TOPSIS 法在计算时首先要选取某个指标的相对最优值和相对最劣值, 如果一个 ATR 系统的各项底层指标值均为待评估 ATR 系统中相对最劣值, 就会出现评估值为 0 的情况. 同理, 如果一个 ATR 系统的各项底层指标值均为待评估 ATR 系统中的相对

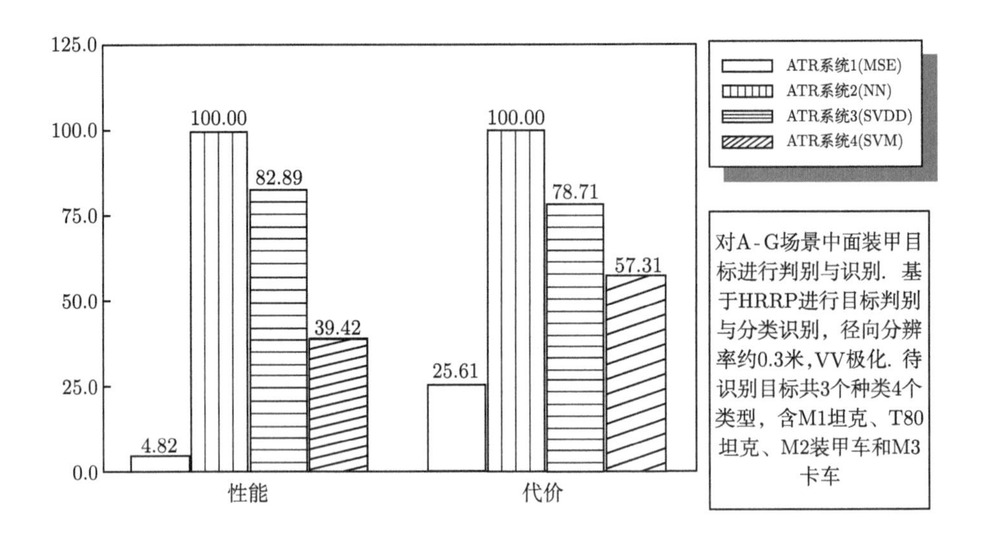

图 8.8　专家赋权和 TOPSIS 方法下的评估结果

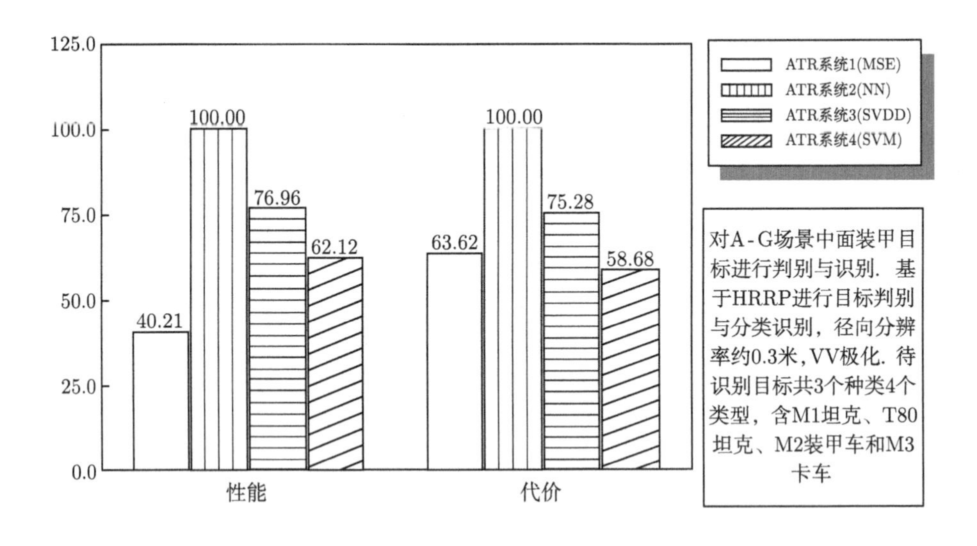

图 8.9　专家赋权法和灰色关联度聚合方法下的评估结果

最优值, 则会出现评估值为 100 (软件采用的是百分制) 的情况. 灰色关联度方法下的评估结果也有类似的现象, 如图 8.9 所示.

图 8.8 和图 8.9 清晰地表明, ATR 系统 2 在这两种评估方法下的性能和代价

方面表现都是最优的, 其次是 ATR 系统 3 和 ATR 系统 4, 而 ATR 系统 1 在 4 个 ATR 系统中相对最劣.

最后考察三种指标聚合方法下的评估结果的集结情况.

以加权算术平均方法下的集结评估结果为例, 在图 8.6 所给出的专家赋权下, 对图 8.7、图 8.8 和图 8.9 所示的三种评估方法的集结结果如图 8.10 所示. 不难看出, 集结后 ATR 系统性能方面以 ATR 系统 2 为最优, 集结评分值为 97.89. 其余依次为 ATR 系统 3、ATR 系统 4 和 ATR 系统 1, 集结评分值分别为 83.87, 62.07 和 38.93.

单方法评估结果集结后, 从代价方面看, ATR 系统 2 代价最低, ATR 系统 3 次之, 集结评分值分别为 99.04 和 79.33, 其余依次为 ATR 系统 4 (集结评分值 61.71) 和 ATR 系统 1 (集结评分值 48.67).

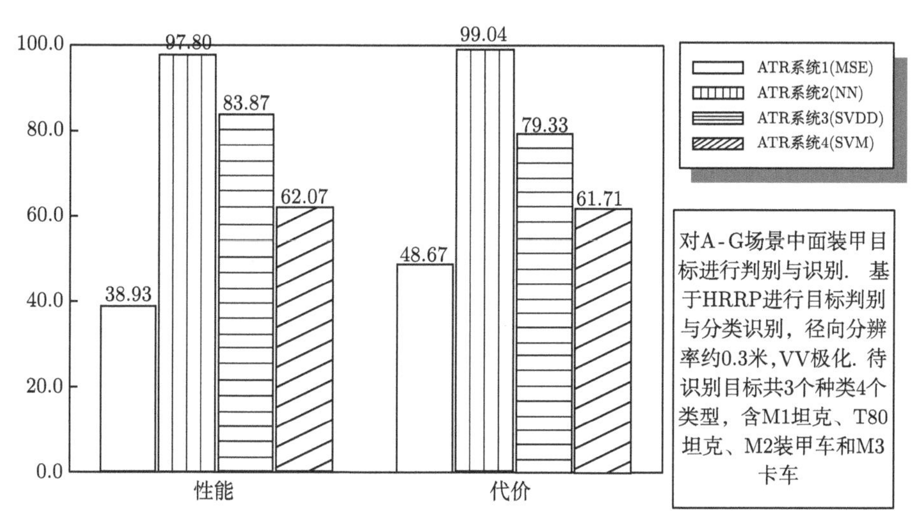

图 8.10 加权算术平均法对专家赋权评估结果的集结

由以上单方法评估结果和集结方法评估结果均可以看出: 在图 86 给定的指标体系和赋权结果下, ATR 系统 2 与其他三个 ATR 系统相比, 不仅性能表现最优, 还有最低系统代价.

(2) 组合赋权评估结果

由于主观赋权法的一些固有缺陷, 下面考虑采用主、客观相结合的赋权方法对指标体系的权重进行调整. 具体思路如下: 根据 4 个 ATR 系统的具体指标值选用范数灰关联度法计算其客观权重, 而 ATR 评估指标体系的中层指标则仍采用专家赋权. 即利用专家的知识确定 ATR 系统各子性能的权重, 而在分配各子性能所辖的具体底层指标的权重时利用指标值之间的差异信息, 从而实现整个 ATR 指标体系的主、客观组合赋权.

选用范数灰关联度法对图 8.6 所示 ATR 评估指标体系的底层指标进行重新赋权 (客观赋权法), 得到只依赖于各 ATR 系统指标值的底层指标权重. 调整后的 ATR 指标体系权重见图 8.11.

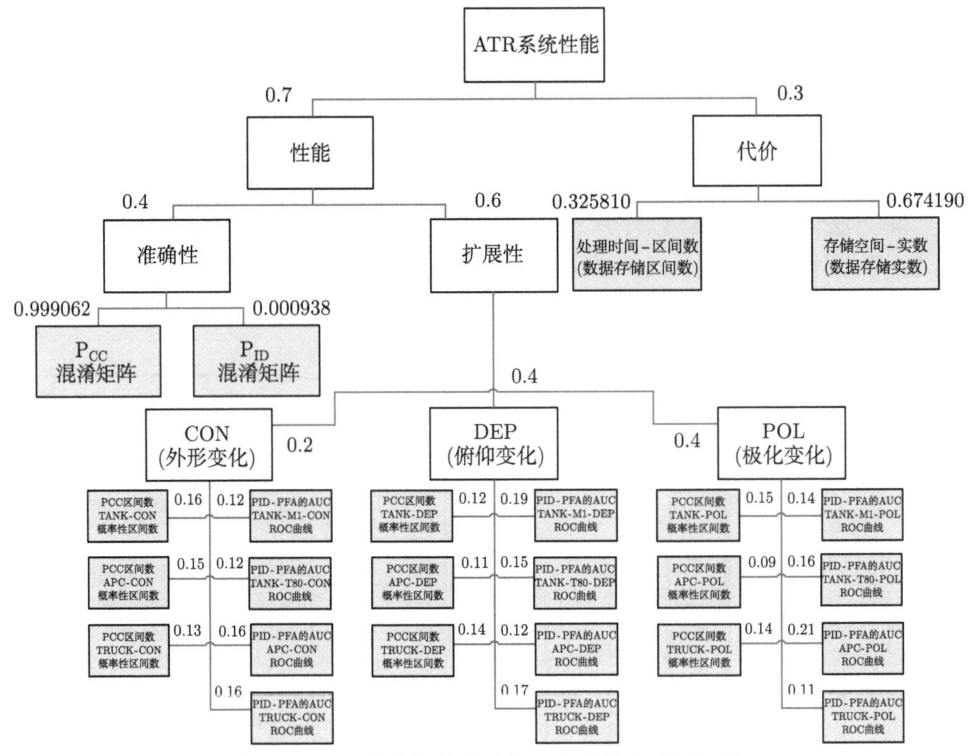

图 8.11　评估指标体系及主、客观组合赋权权重

同样分别采用加权和方法、TOPSIS 方法以及灰色关联度方法对指标进行综合评估, 每种评估方法下的评估结果分别见图 8.12、图 8.13 和图 8.14.

从图 8.12 所示的评估结果来看, ATR 系统 2 与 ATR 系统 3 在性能方面基本相当, 评分值分别为 94.37 和 92.97, 其余依次为和 ATR 系统 1 和 ATR 系统 4, 性能评分值分别为 85.77 和 83.34. 从系统代价方面看, ATR 系统 2 的系统代价最低 (评分值最高), 评估值达 97.79; 其余依次为 ATR 系统 3 (评分值 84.96)、ATR 系统 1 (评分值 70.33) 和 ATR 系统 4 (评分值 69.26). 这说明以加权和法进行指标聚合, ATR 系统 2 从性能表现和系统代价两方面而言都是这 4 个 ATR 系统中最优的.

采用 TOPSIS、灰色关联度的评估方法下的评估结果分别如图 8.13 和图 8.14 所示.

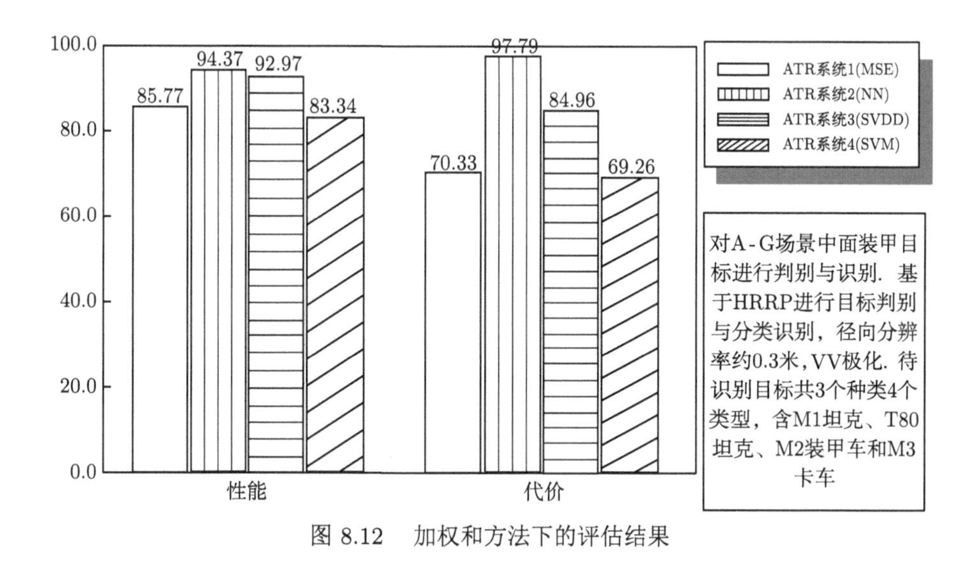

图 8.12 加权和方法下的评估结果

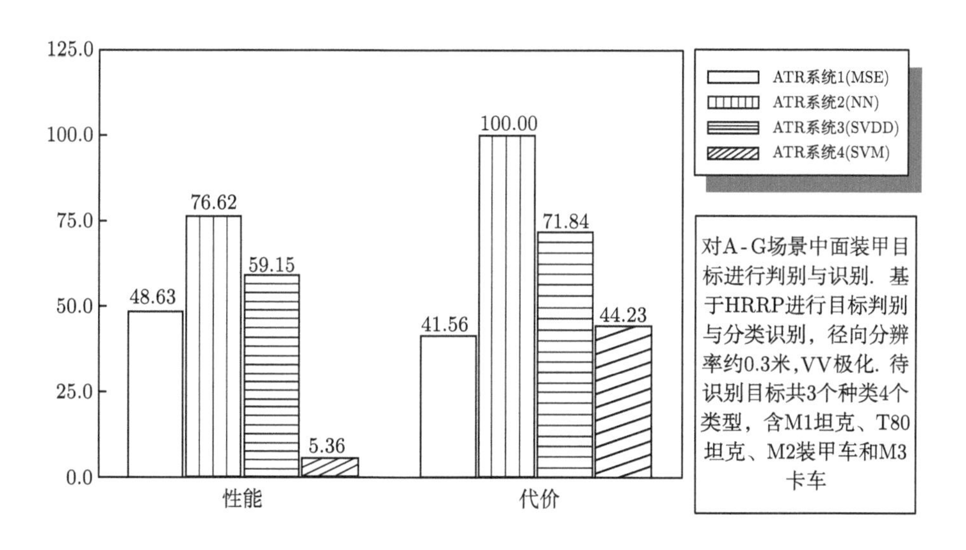

图 8.13 TOPSIS 方法下的评估结果

图 8.13 和图 8.14 也表明, 在这两种评估方法下 ATR 系统 2 性能和代价方面表现都是最优的. 其次是 ATR 系统 3 和 ATR 系统 1, ATR 系统 4 在 4 个 ATR 系统中无论是性能还是代价都是相对最劣的.

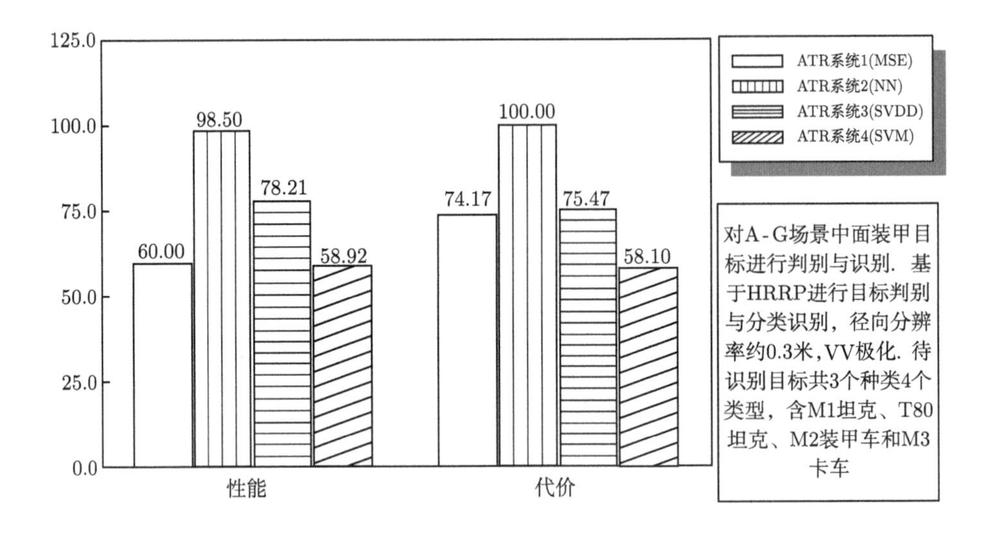

图 8.14　灰色关联度方法下的评估结果

最后, 考察多方法评估结果的集结结果. 选用加权算术平均集结法, 集结评估结果如图 8.15 所示. 从性能方面看, ATR 系统 2 最优, 集结评分值为 89.92; 其

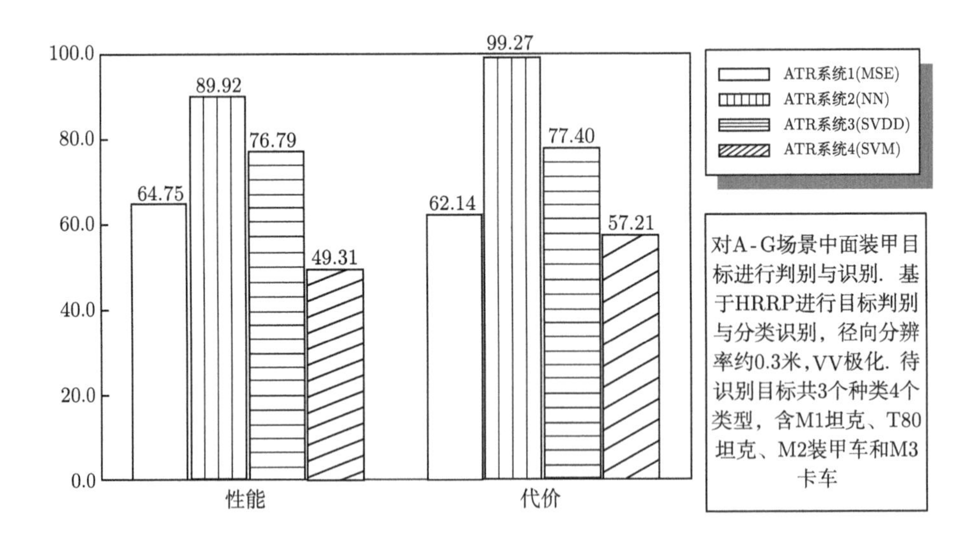

图 8.15　加权算术平均法对组合赋权评估结果的集结

余依次为 ATR 系统 3、ATR 系统 1 和 ATR 系统 4, 其性能集结评分值分别为 76.79、64.75 和 49.31; 从代价方面看, ATR 系统 2 的系统代价最低, ATR 系统 3 的系统代价次之, 代价集结评分值分别为 99.27 和 77.40, 其余依次为 ATR 系统 1 (代价集结评分值 62.14) 和 ATR 系统 4 (代价集结评分值 57.21).

由以上单方法评估结果和集结方法评估结果可以看出, 在图 8.11 给出指标体系和权重下, 还是 ATR 系统 2 的性能表现最优, 系统代价最低.

8.3 性能评估及可信度校验辅助软件

ATR 系统性能评估及可信度校验工作较为复杂且繁琐, 包括评估指标体系的构建、指标的赋权、性能评估和可信度校验等相关内容, 这些工作如果完全依赖人工来完成, 将极大地增加评估的工作成本, 并且评估过程易于出错, 效率低下. 为了提高评估工作的效率, 结合相关的研究内容, 采用 Matlab 软件和 Access 数据库设计并开发了 ATR 系统性能评估及可信度校验辅助软件. 该软件按照 ATR 系统性能评估及可信度校验工作的需求, 分别设计并实现了各个功能模块, 具有较好的人机交互性和实用性.

8.3.1 功能需求与结构组成

针对 ATR 系统性能评估及可信度校验的相关工作流程, 该辅助软件需要包含下列功能: 用户管理、评估对象管理、评估专家管理、评估工程管理、性能评估、可信度校验、评估结果输出以及软件帮助等相关功能, 这些模块又分别由一些子模块所构成. 其中综合性能评估模块包括评估文件管理、指标操作、指标赋权、综合评估以及结果输出等功能. 整个软件环境基于 Windows 操作系统, 采用 Matlab 用于提供软件界面设计、性能评估方法、可信度校验方法的编辑、编译以及调试环境, 使用 Access 数据库存储评估特征知识库, 同时使用 Excel 以及 Word 用于提供指标数据的存储和评估报告的自动生成. 软件的总体结构如图 8.16 所示.

由上述分析可知, ATR 系统性能评估及可信度校验辅助软件主要包括用户管理模块、评估对象管理模块、专家信息管理模块、评估工程管理模块以及综合评估模块. 其中, 用户管理模块用于管理用户的相关信息以及保证软件的安全性, 包括用户注册、用户登录以及用户密码修改. 评估对象管理模块用于管理评估对象的相关信息, 包括新建评估对象、浏览评估对象、编辑评估对象和浏览评估对象. 专家信息管理模块用于管理评估专家的相关信息, 包括新建专家信息、浏览专家信息、编辑专家信息和删除专家信息. 评估工程管理模块主要用于管理指标体系和评估文件, 其中指标体系的管理包括指标的新建、编辑、删除和保存, 评估文件的管理包括评估数据的录入、评估数据的编辑以及评估文件的保存. 综合评估模块用于进行性能评估和可信度校验, 其中性能评估功能包括指标的选取、评估文件的显示、赋权方法的选择、评估方法的选择、评估结果的显示以及评估报告的导出等相关功能, 可信度校验包括可信度校验方法的选择以及可信度评估结果的显示. 软件的具体系统构成如图 8.17 所示.

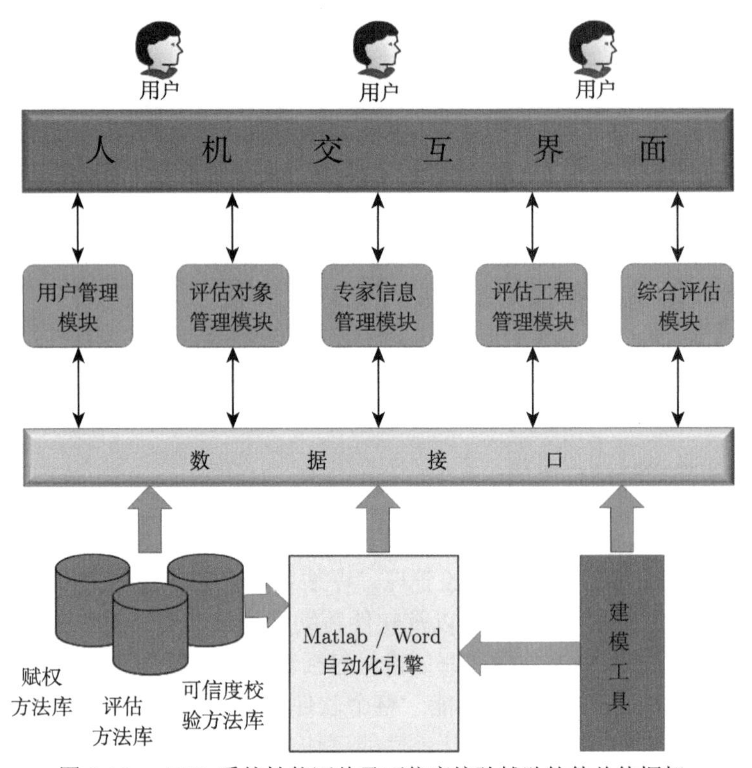

图 8.16 ATR 系统性能评估及可信度校验辅助软件总体框架

8.3.2 软件设计与实现

ATR 系统性能评估及可信度校验辅助软件采用 Matlab 软件和 Access 数据库设计并开发, 界面的设计基于 Matlab GUI 实现, Access 数据库用于存放评估对象和评估专家的相关信息, 采用 Microsoft Office Word 导出评估结果. 该软件的基本功能包括用户管理、评估对象管理、专家信息管理、评估指标体系管理、评估文件管理、综合评估和软件使用帮助等功能. 软件主界面如图 8.18 所示, 分为任务信息区、工作区、菜单栏和过程信息输出区这四个部分. 其中任务信息区用于显示相关的任务操作信息, 工作区用于显示相关对象列表, 菜单用于不同功能之间的切换, 过程信息输出区用于显示执行不同功能的结果信息.

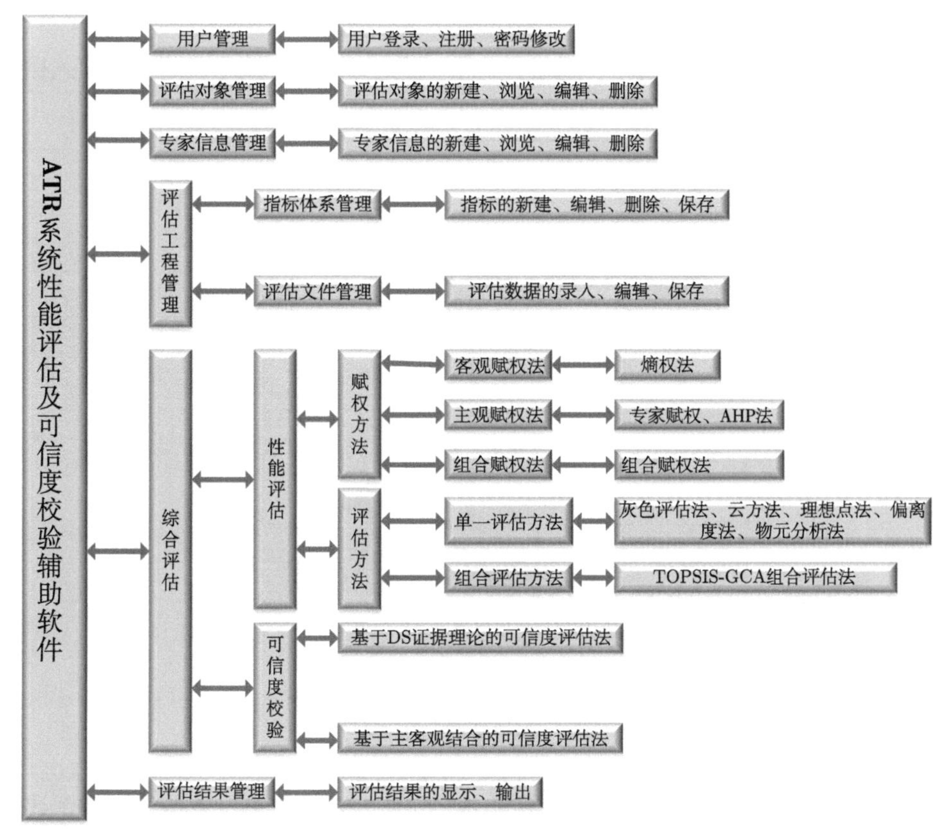

图 8.17 ATR 系统性能评估及可信度校验辅助软件具体系统构成

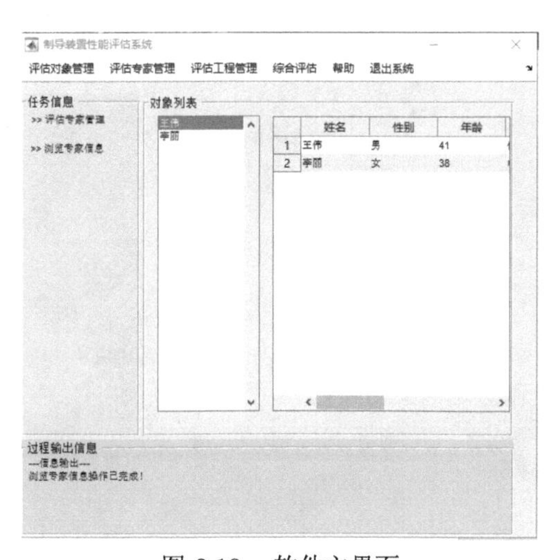

图 8.18 软件主界面

(1) 用户管理模块

在用户管理模块中, 用户可以进行注册、登录以及密码修改的操作, 相关操作的执行流程如图 8.19 所示.

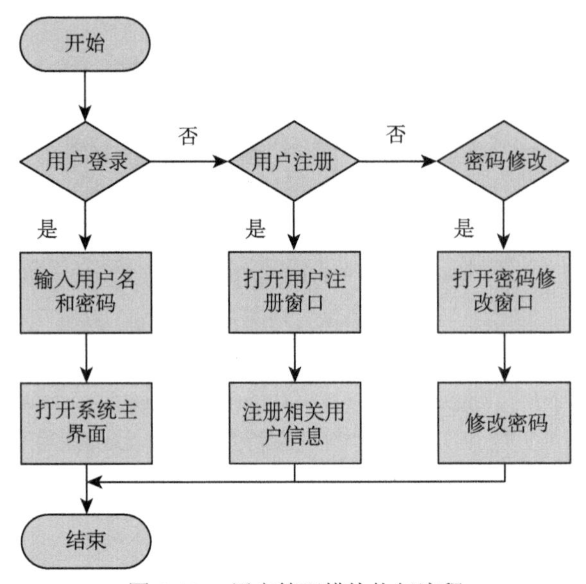

图 8.19　用户管理模块执行流程

用户管理模块主要由三个窗口所构成, 分别为登录窗口、注册窗口和密码修改窗口. 在登录窗口输入正确的用户名和密码后, 单击登录会打开系统主界面. 单击注册账号和修改密码按钮会打开对象的窗口, 进而进行相应的操作（图 8.20）.

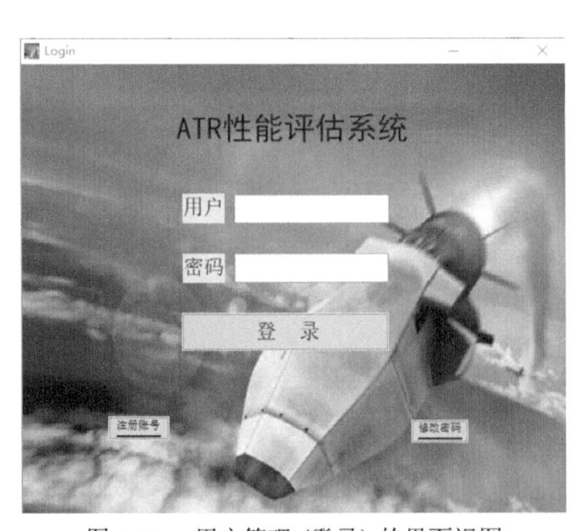

图 8.20　用户管理 (登录) 的界面视图

(2) 评估对象管理模块

在评估对象管理模块中, 可以进行评估对象的新建、评估对象相关信息的浏览、评估对象的编辑以及评估对象的删除, 相关操作的执行流程如图 8.21 所示.

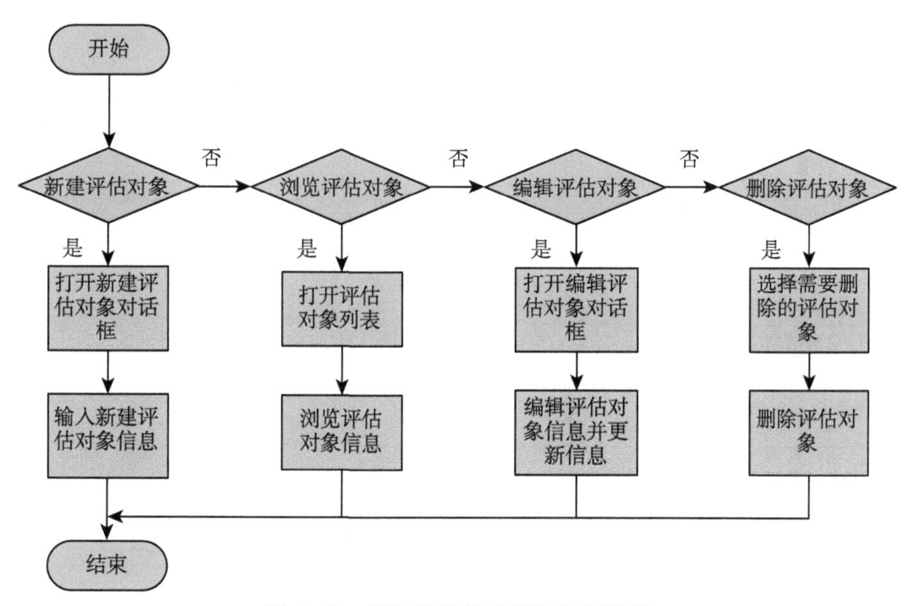

图 8.21 评估对象管理模块执行流程

评估对象管理模块主要由一个输入对话框和一个列表视图构成, 其中输入对话框用于输入评估对象的相关信息, 列表视图用于显示评估对象的相关信息, 如图 8.22 所示.

图 8.22 评估对象管理的界面视图

(3) 专家信息管理模块

在专家信息管理模块中, 可以进行评估专家信息的新建、评估专家相关信息的浏览、评估专家信息的编辑, 以及评估专家信息的删除, 相关操作的执行流程如图 8.23 所示.

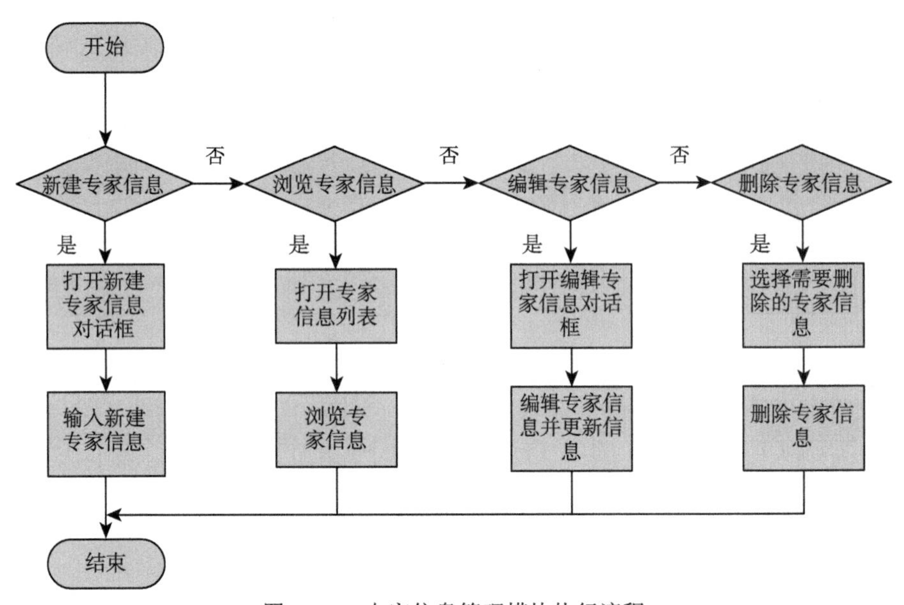

图 8.23　专家信息管理模块执行流程

评估对象管理模块主要由一个输入对话框和一个列表视图构成, 其中输入对话框用于输入评估对象的相关信息, 列表视图用于显示评估对象的相关信息, 如图 8.24 所示.

图 8.24　专家信息管理界面视图

(4) 评估工程管理模块

在评估工程管理模块中, 可以进行指标体系的管理以及评估文件的管理. 其中, 指标体系的管理包括指标新建、指标编辑、指标删除以及指标体系的保存. 评估文件的管理包括评估数据的录入、编辑和保存. 相关操作的执行流程如图 8.25 所示.

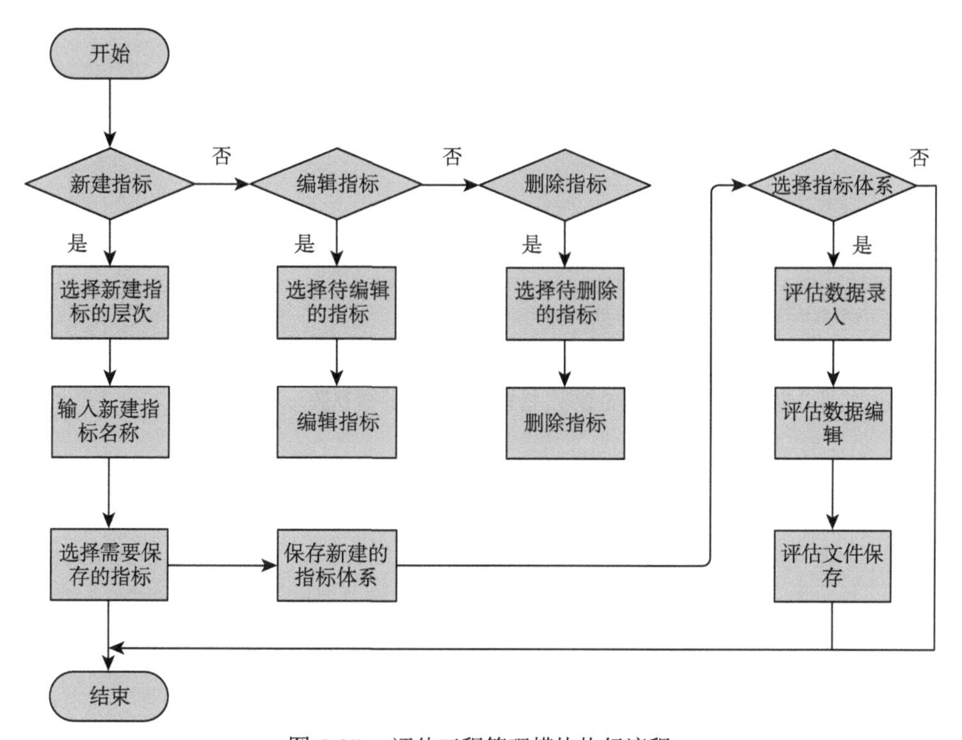

图 8.25 评估工程管理模块执行流程

评估工程管理模块由指标体系管理视图和评估数据管理视图组成. 其中, 指标体系采用树状结构来显示, 可以根据实际需求进行指标的增加、删减以及编辑. 评估数据管理界面用于根据选择的指标体系录入和编辑相关的评估数据, 以及按照需求将评估文件保存到指定的路径下. 评估工程管理的界面视图如图 8.26 和图 8.27 所示.

(5) 性能评估模块

在性能评估模块中可以进行评估数据的显示、评估指标的选取、赋权方法的选择、赋权结果的显示、评估方法的选择、评估结果的显示以及评估报告的导出与存储. 相关操作的执行流程如图 8.28 所示.

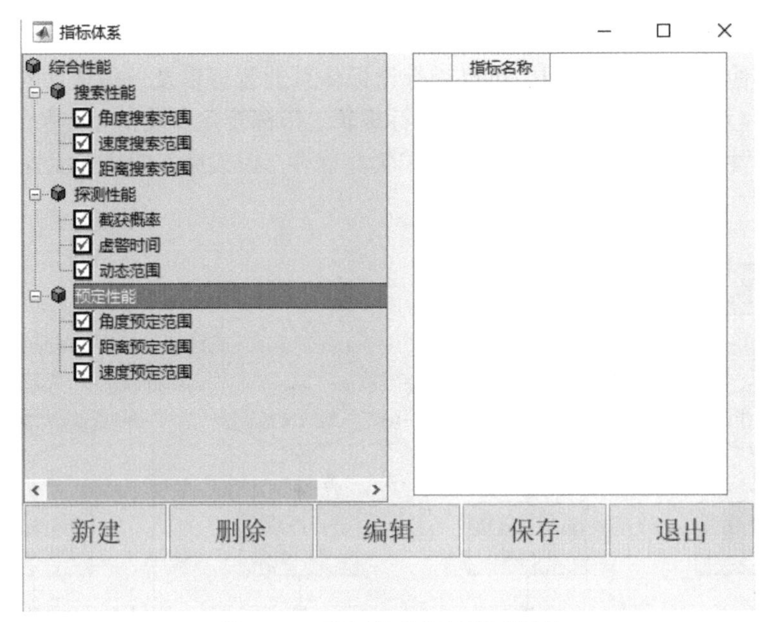

图 8.26 指标体系管理界面视图

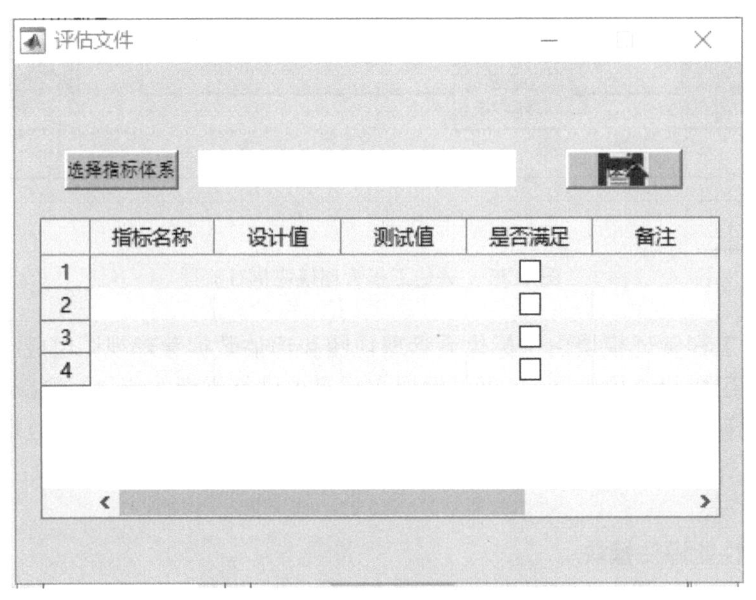

图 8.27 评估文件管理界面视图

性能评估模块的界面由评估文件选择、评估指标选择、综合输出以及结果输出四个功能区域构成. 在评估文件选择功能区域中, 用户可以根据评估需求选择相应的评估文件, 并且将评估文件的路径显示在文本框中, 将评估数据显示在可编辑的表格中, 具有良好的可视化功能. 性能评估模块的界面视图如图 8.29 所示.

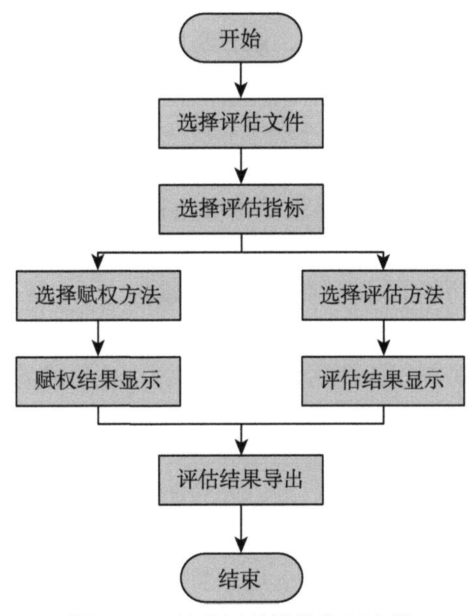

图 8.28　性能评估模块执行流程

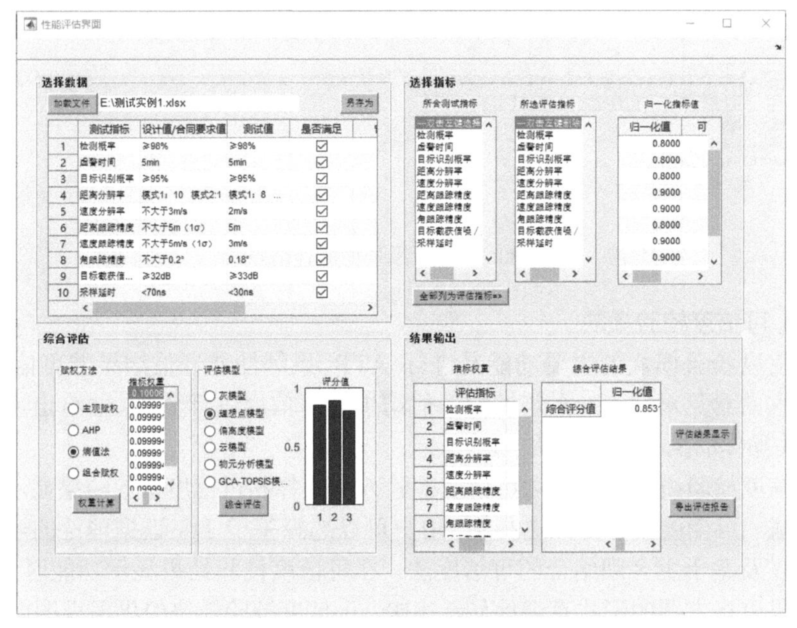

图 8.29　性能评估模块的界面视图

在评估指标选择功能区域, 用户可以双击选择所需要评估的指标, 并且将指标数据显示出来. 在综合评估功能区域, 实现的功能包括赋权方法和评估方法的选择, 以及赋权结果和评估结果的显示. 在赋权方法选择中, 可以选择四种赋权方法, 分别为专家赋权、AHP 法赋权、熵权法赋权以及组合赋权, 相应的赋权结果显示在指标权重输出区域. 在评估方法选择中, 可以选择六种评估模型, 分别为灰模型、理想点模型、偏离度模型、云模型、物元分析模型以及 GCA-TOPSIS 组合模型, 评分值显示在评估结果输出区域. 在结果输出功能区域, 指标权重和综合评估结果以表格的形式显示出现, 并且单击导出评估结果按钮, 可以输出评估报告, 具有预览功能并且可以将其存储到用户指定的路径下.

在评估报告输出功能中, 评估指标数据、赋权方法、评估方法、赋权结果、评估结果以及评估结论的相关详细信息以 Word 文档的形式输出. 我们采用 Matlab Actxserver 控件来实现 Word 评估文档的自动生成, 生成的报告如图 8.30 所示.

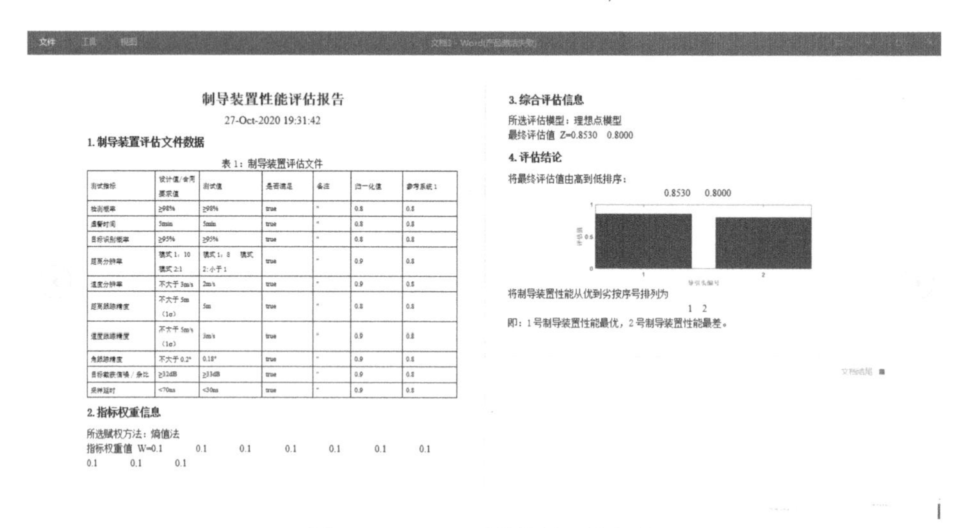

制导装置性能评估报告

27-Oct-2020 19:31:42

1. 制导装置评估文件数据

表 1：制导装置评估文件

测试指标	设计值/合同要求值	测试值	是否满足	备注	归一化值	参考系统 1
检测概率	≥98%	≥98%	true	"	0.8	0.8
虚警时间	5min	5min	true	"	0.8	0.8
目标识别概率	≥95%	≥95%	true	"	0.8	0.8
距离分辨率	模式 1：10 模式 2:1	模式 1：8　模式 2: 小于 1	true	"	0.9	0.8
速度分辨率	不大于 3m/s	2m/s	true	"	0.9	0.8
距离跟踪精度	不大于 5m（1σ）	5m	true	"	0.8	0.8
速度跟踪精度	不大于 5m/s（1σ）	3m/s	true	"	0.9	0.8
角跟踪精度	不大于 0.2°	0.18°	true	"	0.9	0.8
目标截获信噪 / 杂比	≥32dB	≥33dB	true	"	0.9	0.8
采样延时	<70ms	<30ms	true	"	0.9	0.8

2. 指标权重信息

所选赋权方法：熵值法
指标权重值 W=0.1　0.1　0.1　0.1　0.1　0.1　0.1　0.1　0.1　0.1

3. 综合评估信息

所选评估模型：理想点模型
最终评估值 Z=0.8530　0.8000

4. 评估结论

将最终评估值由高到低排序：

将制导装置性能从优到劣按序号排列为

1　2

即：1 号制导装置性能最优，2 号制导装置性能最差。

图 8.30　ATR 系统性能评估报告

(6) 可信度校验模块

可信度校验模块的主要功能是进行 ATR 系统性能评估结果的可信度校验, 根据专家的意见对 ATR 系统性能评估结果的可信度进行分析, 并给出量化的结果. 相关操作的执行流程如图 8.31 所示.

可信度校验模块的界面由可信度检验方法选择和可信度检验结果显示两个功能区组成. 可信度校验方法选择中, 用户可以选择基于 DS 证据理论的可信度校验方法以及基于主客观结合的可信度法. 在可信度校验结果显示功能区, 可信度检验结果以直方图的形式直观地显示出来. 可信度校验模块的界面视图如图 8.32 所示.

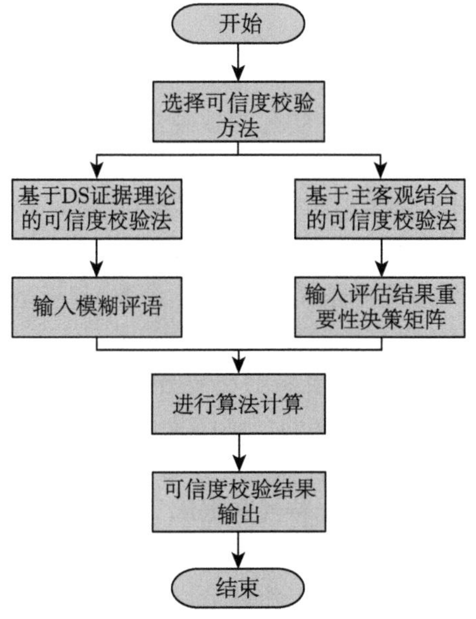

图 8.31 可信度校验模块执行流程

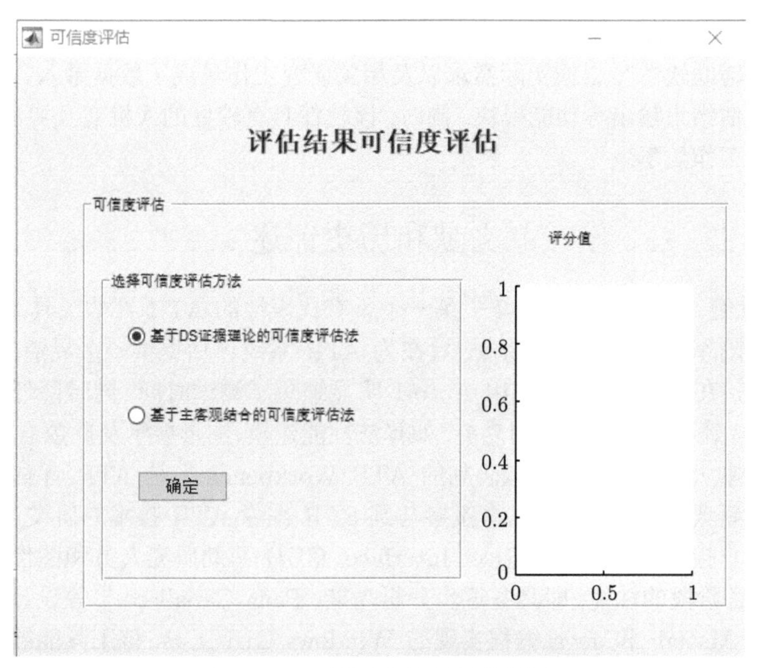

图 8.32 可信度校验模块的界面

本 章 小 结

本章将 ATR 评估理论方法在实际的软硬件工具平台上予以实现.

利用 VC++6.0 和 Access 数据库开发了 "ATR 评估工具", 为 ATR 系统的性能评价和分析提供实用的软件工具支持. 该系统以 ATR 指标规范化模型库、ATR 系统指标库、ATR 系统属性库、ATR 指标体系库、评估模型库、ATR 集结效用库、ATR 系统评估结果库和集结模型库等 8 个数据/模型库为支撑, 主要包括指标体系图形编辑、指标体系打印输出、指标规范化计算、指标赋权计算、指标聚合计算、指标集结计算、评估结果显示及输出等几个功能模块, 提供快捷灵活的指标体系编辑操作功能, 丰富多样的评估结果图形显示及打印输出功能, 准确完备的指标规范化、指标赋权、聚合和集结计算功能. 利用 ATR 信息处理机、实时视景仿真系统、上位机以及目标特性数据库等构建了 ATR 测试与演示系统, 为 ATR 技术的工程化研究提供了半实物仿真验证与演示平台. ATR 评估工具平台集成了 ATR 评估所涉及的大部分工作环节, 实现了 ATR 评估操作的实时、高效化, 为 ATR 评估方法的推广及应用提供了强有力的技术支持. 应用实例中, 实现了对四个 ATR 系统的有效评估, 反映了 ATR 评估工具平台的有效性和实用性.

采用 Matlab 软件和 Access 数据库设计并开发了 ATR 系统 "性能评估及可信度校验辅助软件", 根据实际需求以及相关研究工作集成了数据录入、评估方法选择和评估结果输出等功能模块. 同时, 该软件具有较好的人机交互界面, 能够较大地提高工作效率.

文献和历史评述

20 世纪 90 年代的 Auto-I[2] 是一个具有代表性的 ATR 评估工具系统. 该系统在美国陆军的资助下开展研制, 旨在为 ATR 系统评估提供一个灵活的软/硬件测试环境. 在许多场合中, 使用 Auto-I 明显缩短了测试时间, 同时降低了试验费用. Auto-I 还提供了不少实用功能, 如算法性能建模、图形展示及参数自动优化等. 近年来加拿大 Defence R&D 研制的 ATR Workbench[3] 是 ATR 评估工具平台的又一个新典范. 该平台可以直接参与到 SAR 图像 ATR 技术的研发过程中, 通过图形用户接口 (Graphical User Interface, GUI) 帮助研究人员和图像分析者了解 ATR 各阶段的性能, 即具备逐步分析功能. Pena-Caballero[4] 等设计并开发了一种使用 Matlab 和 Java 编程实现的 Windows GUI 工具, 该工具能够准确模拟合成孔径雷达 (SAR) 和逆合成 SAR(ISAR) 参数配置, 进而使得研究 SAR/ISAR 算法的自动目标识别 (ATR) 技术更为方便. Wright 和 Northern[5] 研制了一种基于 Matlab 算法的 ATR 检测系统, 该系统可对图像的统计模式识别. 国内的华中科技大学的图像识别与人工智能研究所在 ATR 评估系统的实现方面也取得了一系列的研究成果. 陈朝阳等人研制的 GESPATRS[6](General Evaluation Software for Performance of ATR Systems) 为 ATR 系统评估提供了一个通用软件平台, 该平台利用一个通用接口得以实现任意 ATR 系统的性能评估. 为解决数字图像处理算法运算量较大的问题, 张桂林等人还研制了基于 DSP+FPGA 结构的硬件测试平台[7-8]. 葛礼晖[9] 以 Matlab 语言 GUI (图形设计界面) 为基础编程, 设计开发 ISAR 图像质量自动评价软件, 从而实现对 ISAR 成质量的自动分级筛选.

以上评估工具平台基本上都采用了事后分析策略. 然而在许多场合中, “快照” (snapshot) 式的性能评估具有非常重要的价值. 对此, AFRL 的 COMPASE 中心为先进技术演示 (Advanced Technology Demonstration, ATD) 项目研制了一些快速评估工具. 其中, RT-ROC[1] 就是一种对传感器进行准实时评估的工具. 该工具在接收到传感器数据后, 只需 10 至 15 分钟就能够给出 ROC 曲线. 因此在数据采集过程中, RT-ROC 可以及时发现传感器存在的错误.

总体来说, 目前 ATR 评估系统的研制仍处于探索阶段. 尽管各机构在设计和研制 ATR 评估系统时, 一般都会考虑到系统的通用性并大多采用现有的成熟技术进行集成构建, 但各机构在 ATR 评估理念上的差异, 导致这些 ATR 评估系统的最终展示形式各异. 对此, 我们的基本观点是: ATR 评估系统的建设始终是要服务于某项特定的评估目标. ATR 评估系统各具特色实际上反映出 ATR 评估方法尚未统一和规范. 现阶段而言, ATR 评估方法的标准化研究比 ATR 评估系统的规范化建设显得更为迫切.

参 考 文 献

[1] 陈东锋, 雷英杰, 田野. 群决策中不同形式属性权重信息的集结与应用 [J]. 空军工程大学学报 (自然科学版), 2006, 7(6): 51-53.

[2] Nasr H N, Bazakos M. Automatic evaluation and adaptation of automatic target recognition systems[A]. Signal and Image Processing Systems Performance Evaluation, 1990, Orlando, FL, USA, SPIE 1310: 108-119.

[3] English R A, Rawlinson S J, Sandirasegaram N M. ATR workbench for automating image analysis[A]. Algorithms for Synthetic Aperture Radar Imagery X, 2003, Orlando, FL, USA, SPIE 5095: 349-357.

[4] Pena-Caballero C, Cantu E, Rodriguez J, et al. A multiple radar approach for automatic target recognition of aircraft using inverse synthetic aperture radar [A]. 1st International Conference on Data Intelligence and Security, South Padre Island, USA, 2018.

[5] Wright E L, Northern J. Design of a Configurable ATR System Using MATLAB[A]. IEEE Region 5 Conference, Kansas City, USA, 2008: 1-5.

[6] Chen Z Y, Zhang G L. A General quantitative approach to performance evaluation of

automatic target recognition (ATR) systems[A]. Visualization and Optimization Techniques Proceeding, 2001, London, ON, Canada, SPIE 4553: 179-184.
[7] 张桂林, 张留洋. 数字图像处理算法评估系统的硬件设计 [J]. 计算机与数字工程, 2005, 33(12): 88-91.
[8] 张留洋. 评估用数字图像处理系统设计与 Kanade-Lucas 算法研究 [D]. 武汉: 华中科技大学, 2005.
[9] 葛礼晖. ISAR 图像质量多指标加权综合评定及其软件实现 [A]. 第四届高分辨率对地观测学术年会, 中国武汉, 2017: 1019-1035.